高等职业教育计算机类课程
新形态一体化教材

U0685572

信息技术

（拓展篇）

主　编　王瑜琳　牟　刚
　　　　刘学虎
副主编　钱欣丽　李正东
　　　　饶双燕

中国教育出版传媒集团
高等教育出版社·北京

内容简介

　　本书以教育部颁布的《高等职业教育专科信息技术课程标准（2021年版）》为纲，在充分贯彻其要求的基础上，精心组织内容的编写。

　　本书以鲜活案例、新兴技术为载体，将相关知识体系、典型应用案例与信息安全、数据思维等素养融入信息技术拓展模块中。本书共分为5个模块，包含感受身边的信息技术、信息素养与社会责任、进入物联网世界、应用物联网技术、探索大数据技术、应用大数据技术、初探人工智能、体验人工智能编程语言 Python、探索人工智能关键技术及其应用、探索云计算技术、云计算与其他新兴技术共 11 个单元。通过精心选择教学内容、有效设计教学形式，旨在培养高等职业教育专科学生的综合信息素养，提升信息意识与计算思维，促进数字化创新与发展能力，促进专业技术与信息技术融合，并树立正确的信息社会价值观和责任感。

　　本书配套有微课视频、教学设计、授课用 PPT、习题答案等数字化教学资源。与本书配套的数字课程"信息技术（拓展篇）"在"智慧职教"平台（www.icve.com.cn）上线，学习者可登录平台在线学习，授课教师可调用本课程构建符合自身教学特色的 SPOC 课程，详见"智慧职教"服务指南。教师可发邮件至编辑邮箱 1548103297@qq.com 获取相关资源。

　　本书可作为高等职业院校信息技术课程的教学用书，也可作为信息技术爱好者的自学用书。

图书在版编目（ＣＩＰ）数据

　　信息技术. 拓展篇 / 王瑜琳，牟刚，刘学虎主编. -- 北京 ： 高等教育出版社，2023.12
　　ISBN 978-7-04-061472-5

　　Ⅰ. ①信… Ⅱ. ①王… ②牟… ③刘… Ⅲ. ①电子计算机 - 高等职业教育 - 教材 Ⅳ. ①TP3

　　中国国家版本馆CIP数据核字（2023）第232148号

Xinxi Jishu（Tuozhanpian）

策划编辑	傅　波	责任编辑	傅　波	封面设计	张　志	版式设计	杨　树
责任绘图	马天驰	责任校对	刁丽丽	责任印制	赵　振		

出版发行	高等教育出版社	网　　址	http://www.hep.edu.cn	
社　　址	北京市西城区德外大街 4 号		http://www.hep.com.cn	
邮政编码	100120	网上订购	http://www.hepmall.com.cn	
印　　刷	北京利丰雅高长城印刷有限公司		http://www.hepmall.com	
开　　本	787 mm×1092 mm　1/16		http://www.hepmall.cn	
印　　张	15			
字　　数	380 千字	版　　次	2023 年 12 月第 1 版	
购书热线	010-58581118	印　　次	2023 年 12 月第 1 次印刷	
咨询电话	400-810-0598	定　　价	45.00 元	

"智慧职教"服务指南

"智慧职教"（www.icve.com.cn）是由高等教育出版社建设和运营的职业教育数字教学资源共建共享平台和在线课程教学服务平台，与教材配套课程相关的部分包括资源库平台、职教云平台和 App 等。用户通过平台注册，登录即可使用该平台。

- 资源库平台：为学习者提供本教材配套课程及资源的浏览服务。

登录"智慧职教"平台，在首页搜索框中搜索"信息技术（拓展篇）"，找到对应作者主持的课程，加入课程参加学习，即可浏览课程资源。

- 职教云平台：帮助任课教师对本教材配套课程进行引用、修改，再发布为个性化课程（SPOC）。

1. 登录职教云平台，在首页单击"新增课程"按钮，根据提示设置要构建的个性化课程的基本信息。

2. 进入课程编辑页面设置教学班级后，在"教学管理"的"教学设计"中"导入"教材配套课程，可根据教学需要进行修改，再发布为个性化课程。

- App：帮助任课教师和学生基于新构建的个性化课程开展线上线下混合式、智能化教与学。

1. 在应用市场搜索"智慧职教 icve" App，下载安装。

2. 登录 App，任课教师指导学生加入个性化课程，并利用 App 提供的各类功能，开展课前、课中、课后的教学互动，构建智慧课堂。

"智慧职教"使用帮助及常见问题解答请访问 help.icve.com.cn。

前　言

2010 年《国务院关于加快培育和发展战略性新兴产业的决定》中列出了国家战略性新兴产业体系，其中就包括"新一代信息技术产业"，提到"加快建设宽带、泛在、融合、安全的信息网络基础设施，推动新一代移动通信、下一代互联网核心设备和智能终端的研发及产业化，加快推进三网融合，促进物联网、云计算的研发和示范应用"。

2014 年习近平主席在国际工程科技大会上的主旨演讲中提到：信息技术成为率先渗透到经济社会生活各领域的先导技术，将促进以物质生产、物质服务为主的经济发展模式向以信息生产、信息服务为主的经济发展模式转变，世界正在进入以信息产业为主导的新经济发展时期。

可见，当前我们正处在一个信息爆炸的时代，而这个时代的推动力之一就是新一代信息技术。从物联网到大数据，从云计算到人工智能，这些技术正在改变着人们的生活方式、工作方式，甚至思维方式。它们不仅在人们的日常生活中发挥着重要的作用，而且在社会、经济、文化等各个领域都产生了深远的影响。当前，以物联网、大数据、人工智能等为代表的新一代信息技术逐步渗透到各行各业，已经成为建设创新型国家、制造强国、网络强国、数字中国、智慧社会的基础支撑。

在这样一个信息化建设的大背景下，2021 年教育部颁布了《高等职业教育专科信息技术课程标准（2021 年版）》（以下简称《新课标》）。《新课标》进一步明确了信息技术课程需要培养学生信息意识、计算思维、数字化创新与发展、信息社会责任四个方面的学科核心素养，推动各高校开展信息技术通识课程改革，为专业的数字化转型提供基础支撑。然而，新一代信息技术涵盖多个研究领域，实践性强，缺乏有针对性的通识教育教材。为此，依据国家对高职专科信息技术人才培养的目标要求，本书编者依托学校特色鲜明的轨道交通专业办学优势，不断吸取其他院校信息类课程的教学改革成果与经验，通过广泛而深入的行业调研，并邀请新华三技术有限公司一线专家共同研讨、编写本书。

本书以加速培养熟悉新一代信息技术的高素质技术技能人才为基本出发点，帮助高校学生了解物联网、大数据、人工智能、云计算等新一代信息技术的基本概念和原理，熟悉新一代信息技术在各行业中的应用情况，为后续专业课程的学习及专业的数字化建设奠定基础。为了尽可能完整地介绍新一代信息技术的相关知识，同时考虑现阶段相关技术与专业结合的通用性与普适性，本书分为 5 个模块共 11 个单元。

模块一　纵览新时代瞬息万变的信息世界（单元 1 和单元 2），主要介绍信息与信息技术的基本概念，并引出新一代信息技术的内容，并介绍其与各产业的融合情况。

模块二　走进万物互联的物联网技术（单元 3 和单元 4），主要介绍物联网的概念、物联网的体系架构，帮助学生掌握物联网系统的搭建流程，并介绍物联网的行业应用情况。

模块三　走进大浪淘沙的大数据技术（单元 5 和单元 6），主要介绍大数据的基本概念、大数据思维变革、大数据的关键技术以及大数据在各个行业中的应用。

模块四　走进延伸人类感官的人工智能技术（单元 7~单元 9），主要介绍人工智能的概念、发展历史、关键技术以及人工智能在各个行业中的应用和产业发展趋势，同时以 Python 为例介绍人工智能的主要编程语言。

　　模块五　走进使信息自由的云计算技术（单元 10 和单元 11），主要介绍云计算的概念、发展历史、云平台的应用，并简要分析其他新技术与云计算之间的关系等。

　　本书由重庆公共运输职业学院的王瑜琳、牟刚、刘学虎任主编，重庆公共运输职业学院的钱欣丽、李正东和新华三技术有限公司的饶双燕任副主编，重庆公共运输职业学院何艳、洪政、吴宣言、徐晓灵参与了教材的编写。

　　由于时间紧迫和编者水平有限，书中错误在所难免，热诚欢迎读者对本书提出批评与建议。

编　者

2023 年 10 月

目　　录

模块一　纵览新时代瞬息万变的信息世界

模块二　走进万物互联的物联网技术

模块三 走进大浪淘沙的大数据技术

模块五　走进使信息自由的云计算技术

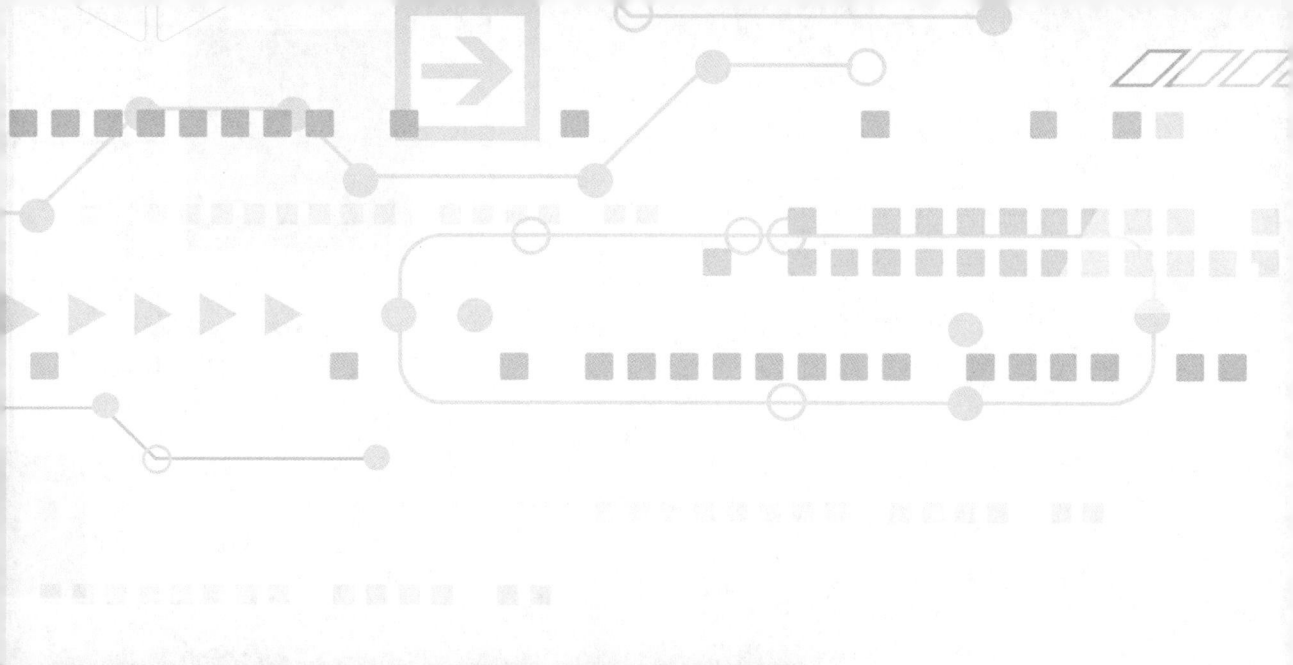

模块一 纵览新时代瞬息万变的信息世界

单元 1

感受身边的信息技术

📇【学习目标】

知识目标：

1. 了解信息、信息技术的概念与发展历程。
2. 了解新一代信息技术，并熟悉其主要技术的概念与特点。
3. 了解新一代信息技术与各产业的融合情况及其发展趋势。

技能目标：

1. 能够简要分析信息技术对人类生产、生活的重要作用。
2. 能够把握信息技术的发展趋势。
3. 能够分析新一代信息技术对未来社会发展的作用。

素养目标：

1. 具备自主学习、协同工作的能力。
2. 能够积极探索新一代信息技术的应用，具备可持续发展的创新创业能力。

【思维导图】

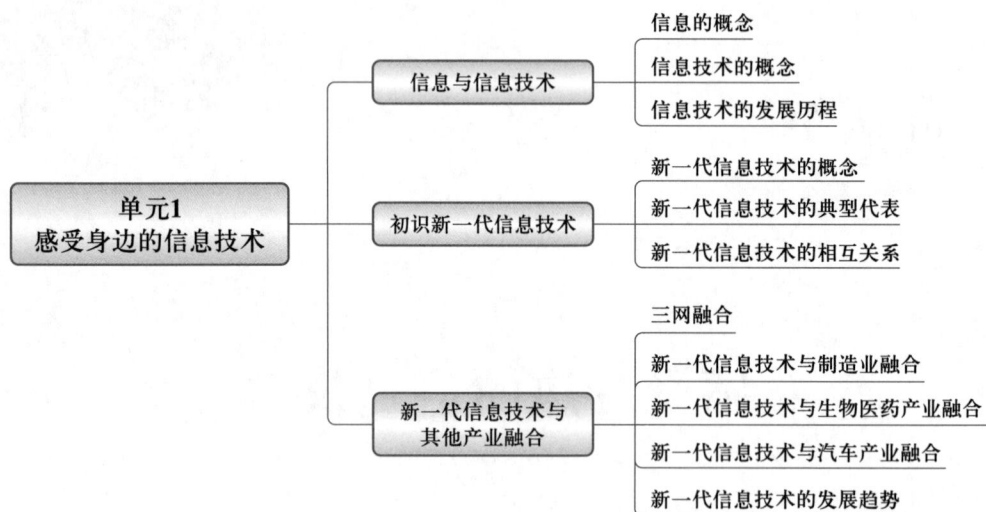

图 1-1   单元 1 知识图谱

【案例导入】

如今，以物联网、大数据、人工智能、云计算、移动互联网等新兴技术为特征的信息化时代已经深入人们生活的方方面面，在这样一个时代，信息技术无时无刻不在对人们的生活、学习和工作产生着影响。

在多媒体课堂，传统的黑板、粉笔和粉笔擦已逐步被淘汰，取而代之的是一块可移动"黑板"，即电子屏幕。借助电子屏幕，教师可以方便地向学生展示计算机上的课件、视频、图片、音乐等，有效地激发学生的学习兴趣。

在出行领域，信息技术的应用亦是遍及大街小巷。交通部门通过在各种交通工具及城市的各个角落安置大量的高清摄像头，构建了一个智能交通网络管理系统。该系统可随时监控车辆和行人的动向，对城市的交通状况进行精准的把控。

在农业领域，融合了各种现代信息技术的温室环境智能监控系统，可以准确采集温室内的温湿度、光照强度等参数，并结合不同作物对环境因素的需求，将环境调至最佳的状态。

种种案例表明，信息技术已经与人们的生活息息相关，可以说未来各行各业的发展都离不开信息技术。作为当代大学生，具备信息意识、掌握信息技术、运用信息技能具有非常重要的意义。

微课 1-1
认识信息与
信息技术

1.1   信息与信息技术

信息已经成为最活跃的生产要素和战略资源之一，融入了人们的生活、工作和学习中。信息技术正深刻影响着人类的生产方式、认知方式和生活方式。通过信息技术人们可以更快速、更便捷地获取和处理信息，提高生产效率和生活质量。那么，信息和信息技术究竟是什么呢？

1.1.1　信息的概念

信息是自然界中事物的变化和特征的反映，又是事物之间相互作用和联系的表征，泛指包含消息、情报、指令、数据、图像、信号等形式的新知识和新内容。

从不同的角度和不同的层次，人们对信息的认识有许多不同的理解。信息论的创始人香农认为"信息是能够用来消除不确定性的东西"。国内有信息学专家认为"信息是事物存在方式或运动状态，以这种方式或状态直接或间接的表述"。国外有信息学专家给信息下的定义是："信息是为了满足用户决策的需要而经过加工处理的数据"。还有专家认为"信息是我们适应外部世界、感知外部世界的过程中与外部世界进行交换的内容"。

简而言之，在当今的数字化时代，信息已经成为一种非常重要的资源和生产力，它可以帮助人们获取知识、创造价值、解决问题等。

1.1.2　信息技术的概念

信息技术是指通过计算机、通信和媒体等技术手段处理和传递信息的技术，包括计算机网络、数据库、多媒体技术、人工智能等，它是用来扩展人们的信息器官功能、协助人们高效进行信息处理操作的一类技术。信息技术的广泛应用和普及，不仅改变了人类的生活方式和生活内容，而且推动了经济与社会的发展和进步。总的来说，信息技术主要包括以下几种：

- 扩展感觉器官功能的感测（获取）与识别技术。
- 扩展神经系统功能的通信技术。
- 扩展大脑功能的计算（处理）与存储技术。
- 扩展效应器官功能的控制与显示技术。

1.1.3　信息技术的发展历程

信息技术的发展经历了一个漫长的时期，从最初的语言、文字，到我国古代的四大发明，再到电话、电视等的出现，信息技术的发展初步经历了以下 5 个阶段：

第一阶段是语言的使用，语言成为人类进行思想交流和信息传播不可缺少的工具。

第二阶段是文字的出现和使用，使人类对信息的保存和传播取得重大突破，较大地超越了时间和地域的局限。

第三阶段是印刷术的发明和使用，使书籍、报刊成为重要的信息存储和传播的媒体。

第四阶段是电话、广播、电视的使用，使人类进入利用电磁波传播信息的时代，进一步突破了时间和空间的限制。

第五阶段是计算机与现代通信技术的普及及应用，将人类推进到数字化的信息时代。

总之，信息技术的发展历程是一个不断演进和创新的过程，它不断地推动着社会的进步和发展。在信息技术的不断发展中，可以看到人类的创造力和智慧，也可以感受到信息技术所带来的巨大变革和影响。未来，随着新技术的不断涌现和应用，信息技术将会继续为人类的生产和生活带来更多的变革和机遇。人们需要积极拥抱信息技术的发展，同时也需要关注信息技术所带来的影响和问题，以更好地利用信息技术和应对信息技术所带来的变革。

【拓展阅读】

影响人类历史的四次工业革命

（1）第一次工业革命：机械化

18世纪60年代中期，从英国发起的技术革命开创了以机器代替手工工具的时代。这不仅是一次技术改革，更是一场深刻的社会变革。这场革命以发明、改进和使用机器开始，以蒸汽机作为动力机被广泛使用为标志。

（2）第二次工业革命：电气化

19世纪最后30年和20世纪初，科学技术的进步和工业生产的高涨，被称为近代历史上的第二次工业革命。世界由"蒸汽时代"进入"电气时代"。

在这一时期，一些发达资本主义国家的工业总产值超过了农业总产值。工业重心由轻纺工业转为重工业，出现了电气、化学、石油等新兴工业部门。

（3）第三次工业革命：自动化

从20世纪40年代以来，人类在原子能、电子计算机、微电子技术、航天技术、分子生物学和遗传工程等领域取得重大突破，标志着新的科学技术革命的到来。这次科技革命被称为第三次工业革命。

这一阶段产生了一大批新型工业，第三产业迅速发展。其中最具划时代意义的是电子计算机的迅速发展和广泛运用，开辟了信息时代。

（4）第四次工业革命：智能化

第四次工业革命始于21世纪初，它是由物联网、大数据、机器人及人工智能等技术所驱动的社会生产方式变革。这场技术革命的核心是网络化、信息化与智能化的深度融合，它推动了工厂之间、工厂与消费者之间的"智能连接"，使生产方式从大规模制造向大规模定制转变，工业增值领域从制造环节向服务环节拓展，程序化劳动被智能化设备所替代。

工业革命的每个阶段，都极大地释放了社会的生产力，创造出前所未有的繁荣，但它们都有一个共同点，就是谁最先抓住了发展的契机，谁就能成为这个世界的领头人。正如习近平总书记所说："科技是国之利器，国家赖之以强，企业赖之以赢，人民生活赖之以好。"建设创新型国家，建设世界科技强国需要当代青年共同为之奋斗！

1.2　初识新一代信息技术

新一代信息技术是我国确定的七个战略性新兴产业之一。党和政府高度重视新一代信息技术产业，有力地推动了我国新一代信息技术产业发展。那么，新一代信息技术包括哪些内容，它们之间又有些什么关系呢？

微课1-2
认识新一代
信息技术

1.2.1　新一代信息技术的概念

社会的信息化、数字化发展离不开新一代信息技术的支撑。新一代信息技术，不单是指信息领域的一些分支技术（如集成电路、计算机、无线通信等）的纵向升级，更主要的是指信息技术的整体平台和产业的代际变迁。近年来，以物联网、大数据、人工智能、云计算、区块链为代表的新一代信息技术产业正在酝酿着新一轮的信息技术革命。新一代信息技术产业不仅重视信息技术本身和商业模式的创新，而且强调将信息技术渗透、融合到社会和经济发展的各个行业，推动行业的技术进步和产业发展。

微课 1-3
新一代信息技术的典型代表

1.2.2　新一代信息技术的典型代表

1. 物联网

物联网（Internet of Things，IoT）是信息科技产业"第三次革命"的产物，它是指通过信息传感设备，按约定的协议将任何物体与网络相连接，物体通过信息传播介质进行信息交换和通信，以实现智能化识别、定位、限踪、监管等功能。

物联网被视为互联网的应用扩展，应用创新是物联网发展的核心，以用户体验为核心的创新是物联网发展的"灵魂"。物联网的目的是实现物与物、物与人、所有物品与网络的连接，以方便识别、管理和控制。

与传统的互联网相比，物联网有其鲜明的特征，体现在以下两个方面。

（1）物联网是各种感知技术的广泛应用

物联网上部署了海量的多种类型的传感器，每个传感器都是一个信息源，不同类别的传感器所捕获的信息内容和信息格式不同。传感器获得的数据具有实时性，按一定的频率周期性地采集环境信息，不断更新数据。

（2）物联网是一种建立在互联网上的泛在网络

物联网技术的重要基础和核心仍旧是互联网，通过各种有线和无线网络与互联网融合，将物体的信息实时、准确地传递出去。物联网上的传感器定时采集的信息需要通过网络传输，由于其数量极其庞大，形成了海量信息，在传输过程中，为了保障数据的正确性和及时性，必须适应各种异构网络和协议。此外，物联网不仅提供传感器的连接，其本身也具有智能处理的能力，能够对物实施智能控制。物联网将传感器和智能处理相结合，利用云计算、模式识别等各种智能技术，扩充其应用领域。从传感器获得的海量信息中分析、加工和处理出有意义的数据，以满足不同用户的不同需求，发现新的应用领域和应用模式。

2. 大数据

大数据（Big Data）也称为巨量资料，指的是所涉及的资料量规模巨大到无法通过目前主流软件工具，在合理的时间内获取、管理、处理，并整理成为帮助人们决策的信息。大数据是体量特别大、数据类别特别多的数据集，且此数据集无法使用传统数据库工具对其内容进行获取、管理和处理。大数据技术的战略意义不在于掌握庞大的数据信息，而在于对这些含有意义的数据进行专业化处理。举个简单的例子，每天乃至每年全国所有移动电话的通话记录就是常见的大数据，这一庞大的数据是人力根本无法解读的，但是通过运营商的服务器整合数据后进行分析，就能得到一些人们感兴趣的信息。例如，中秋节期间长途电话的比例远高于平常，除夕夜短信数量是平常一天的上万倍，等等，这些都是大数据处理技术所能带给人们对于庞大数据的独特解读。

大数据技术（如数据挖掘）就是指从各种类型的数据中，快速获得有价值信息的技术。适用于大数据的技术，包括大规模并行处理数据库、数据挖掘、分布式文件系统、分布式数据库、云计算平台、互联网和可扩展的存储系统等。

随着经济社会的发展，全球市场经济的融合，大数据显得越来越重要。政府部门可以利用大数据整合行政资源，例如整合发展工信、建设、水利等各行业的项目信息，使其同时具备与外部资本、国家投资对接的分析功能；整合各地方各级的医疗、民生、教育资源，实现资源配置的科学化。企业可以通过大数据实现生产与市场的对接分析，使生产的产品更加适销对路；通过大数据进行宣传，既可减少宣传广告的成本，又可使宣传或广告能及时准确地送达用户。例如，某个用户在购物网站搜索过某种产品，购物网站通过大数据技术，在用户下次登录网站时给用户推荐类似的产品，既方便了用户，又推广了产品。

换言之，如果将大数据比作一种产业，那么这种产业实现盈利的关键在于提高对数据的"加工能力"，通过"加工"实现数据的"增值"。

3. 人工智能

人工智能（Artificial Intelligence，AI）作为一门新兴的交叉学科，其目的在于了解人类智能的实质，并生产出一种新的能以与人类智能相似的方式做出反应的智能机器。人工智能并不是人类智能，但能像人类一样思考，也可能超过人类智能。归根结底，人工智能研究的一个主要目的是使机器能够胜任一些需要人类智能才能完成的工作。

人工智能也是研究如何通过计算机的软硬件来模拟人类某些智能行为的基本理论、方法和技术。经过多年的发展，人工智能已经形成了一个由基础层、技术层与应用层构成的、蓬勃发展的产业生态链，并应用于人类生产与生活的各个领域。2017年，人工智能战胜当时排名世界第一的围棋世界冠军，震惊了世界，这是人工智能发展的一个历史性的成果。现在人工智能已经大规模商业化应用，很多科技公司都开始加快人工智能的研究。曾经，人工智能只出现于科幻电影中，但随着科技的不断发展，人工智能将在很多领域得到更加广泛的应用，例如在"AI+交通""AI+教育""AI+电商""AI+制造""AI+建筑""AI+医疗"等领域的应用将层出不穷，人工智能的时代就要到来了。

4. 云计算

从狭义上讲，"云"实质上就是一个网络，是一种提供资源的网络，使用者可以随时获取"云"上的资源，按需使用，并且可以将其看作可无限扩展，只需按需付费即可。"云"就像自来水厂一样，人们可以随时用水，并且不限量，只需根据各自的用水量付费给自来水厂即可。从广义上说，云计算（Cloud Computing）是与信息技术、软件、互联网相关的一种服务，这种计算资源共享池叫作"云"。云计算把许多计算资源集合起来，通过软件实现自动化管理，只需要很少的人参与，就能让资源被快速提供。也就是说，计算能力作为一种商品，可以在互联网上流通，就像水、电、煤气一样，可以方便地取用，且价格较为低廉。

总而言之，云计算不是一种全新的网络技术，而是硬件技术和网络技术发展到一定阶段而出现的一种技术总称。通常，技术人员在绘制系统结构图时会用一朵云来表示网络，云计算的名字就是因此而来的。云计算并不是对某一种独立技术的称呼，而是对实现云计算模式所需要的所有技术的总称。云计算常用的技术包括分布式计算、数据中心、虚拟化、云计算平台、网络、分布式存储、服务器、Hadoop、Storm、Spark 等技术。云计算的服务模式主要分为 3 类，即基础设施即服务（Infrastructure as a Service，IaaS）、平台即服务（Plafom as a Service，PaaS）和软件即服务（Software as a Service，SaaS），如图 1-2 所示。

5. 区块链

区块链（Blockchain）是信息技术领域的一个术语，这一概念于 2008 年被提出。从科技

图1-2　云计算的服务模式

层面来看，区块链涉及数学、密码学、互联网和计算机编程等多门学科。从本质上讲，它是一个共享数据库，存储于其中的数据或信息具有"不可伪造""全程留痕""可以追溯""集体维护"等特征。区块链是指通过去中心化和去信任的方式集体维护一个可靠数据库的技术方案。该技术方案主要让参与系统中的任意多个节点，通过一串使用密码学方法相关联产生数据块（Block），每个数据块中包含一定时间内的系统全部信息交流数据，并且生成数据指纹用于验证其信息的有效性和链接（Chain）下一个数据块。

通俗地说，区块链技术就是一种全民参与记账的方式。所有的系统背后都有一个数据库，也就是一个大账本，那么谁来记这个账本就变得很重要。目前是谁的系统就由谁来记账，各个银行的账本就是各个银行在记。但在区块链系统中，每个人都可以参与记账。在一定时间段内如果有新的交易数据变化，系统中每个人都可以进行记账，系统会评判这段时间内记账最快、最好的人，将其记录的内容写到账本，并将这段时间内的账本内容发给系统内的其他人进行备份，这样系统中的每个人都有一本完整的账本。因此，这些数据就会变得非常安全，篡改者需要同时修改超过半数的系统节点数据才能真正篡改数据。这种篡改的代价极高，导致几乎不可能篡改。

6. 5G

移动通信技术经过第一代（1G）、第二代（2G）、第三代（3G）、第四代（4G）技术的发展，目前已经迈入了第五代技术（5G）发展的时代。5G移动通信技术是当代移动通信技术的制高点，也是新一代信息技术的重要支柱。作为最新一代的蜂窝移动通信技术，5G的特点是高速率、大连接、低延时。和4G相比，5G峰值速率提高了30倍，用户体验速率提高了10倍，频谱效率提升了3倍，移动性能可以支持时速500 km的高铁，无线接口延时减少了90%，连接密度提高了10倍，能效和流量密度各提高了100倍，能支持移动互联网和产业互联网的各方面应用。

中国互联网用户数增长速度在下降，移动电话用户普及率接近天花板，社会生活的快节奏激活了网民对短平快新业态的追求，提速降费减轻了宽带上网的资费压力，短视频、小程序风头正起，但还是很难担当互联网新业态的大任。互联网下一步的发展需要新动能、新模式来破解难题。被看作互联网下半场的工业互联网目前刚起步，它的新动能还不足以弥补消费互联网动能的减弱，现在处在互联网发展新旧动能的接续期，在消费互联网需要深化、工业互联网需要起步的时候，5G可谓来的恰逢其时。

目前5G的主要应用场景如下。

① 增强移动带宽，提供大宽带、高速率的移动服务，面向3D/超高清视频、AR/VR（虚拟现实/增强现实）、云服务等应用。例如2022年的北京冬奥会上，在运动员的头盔、雪橇等装备上布置了5G终端传感器，以更好地捕捉实时场景，让观众直观感受冰雪运动的"速度与

激情"。

②大规模机器类通信，主要面向大规模物联网业务，如智能家居、智慧城市等应用。例如现阶段随着智慧城市的建设进程，路灯、井盖、水表等公共设施都已经拥有了网络连接的能力，可以进行远程管理。基于 5G 网络的强大连接能力，可以将城市中各行业的公共设施都接入智能管理平台，公共设施之间不再是单独工作，而是协同工作，只需少量的维护人员就可以管理整个城市的公共设施，提高城市的运营效率。

③超高可靠低延时通信，将大大助力工业互联网、车联网中的新应用。例如人在开车的时候，从发现情况到脚踩刹车，大脑的反应时间一般是 10~50 ms，而 5G 可以将时延降低到 1 ms。在未来的自动驾驶场景中，车对车、人对车、车对人、车对基础设施等多路通信同时进行，需要瞬间进行大量的数据传输并处理决策，因此亟须网络提供大宽带与低时延的业务保障，唯有 5G 才能同时提供这两项保障。

可以说，5G 的出现对我国科技和经济发展来说是难得的机遇，围绕 5G 技术和产业的国际竞争，对我国也是严峻的挑战。如果说 4G 改变的是人们的生活方式，那么 5G 改变的将是整个社会。未来 5G 的普及将拉动整个国家和社会的全面移动化、数字化和智能化，从而帮助国家在全球的科技竞争中占据领先地位，5G 也将更多地与实体经济产业协同发展，实现共赢。

1.2.3　新一代信息技术的相互关系

物联网、大数据、人工智能、云计算、区块链等虽然都可被看作独立的研究领域，但随着现代信息技术的发展，各个研究领域的技术已经融合，在实际的应用中通常综合运用，以达到相辅相成的效果。

1. 云计算

云计算最初的目标是对资源进行管理，主要包括计算资源、网络资源、存储资源 3 个方面。管理的目标就是要达到两个方面的灵活性：时间灵活性——想什么时候要就可什么时候要；空间灵活性——想要多少就有多少。时间灵活性和空间灵活性即为通常所说的云计算的弹性，而这个问题可以通过虚拟化得到解决。

云计算基本上实现了时间灵活性和空间灵活性，实现了计算、网络、存储资源的弹性。通常，计算、网络、存储资源又被称为基础设施（Infrastructure），因而这个阶段的弹性又被称为资源层面的弹性，管理资源的云平台又被称为 IaaS。虽然资源层面实现了弹性，但应用层面没有弹性，灵活性依然是不够的。有没有办法解决这个问题呢？答案是在 IaaS 平台之上又增加一层，用于管理资源层面以上的应用层面的弹性问题，这一层通常又称为 PaaS。

2. 大数据拥抱云计算

云计算 PaaS 平台中的一个复杂的应用是大数据平台。那么，大数据是如何一步步地融入云计算的呢？

大数据中的数据主要分为 3 种类型：结构化数据、非结构化数据和半结构化数据。

其实，数据本身并不是有用的，必须经过一定的处理，才能被加以利用。例如，人们每天跑步时运动手环所收集的就是数据，网络上的网页也是数据。虽然数据本身没有什么用处，但数据中包含一种很重要的东西，即信息（Information）。

数据十分杂乱，必须经过梳理和筛选才能够称为信息。信息中包含了很多规律，人们将信息中的规律总结出来，称之为知识（Knowledge）。有了知识，人们就可以利用这些知识去应用于实战，有的人会做得非常好，这就是智慧（Intelligence）。因此，数据的应用分为数据—信息—知识—智慧 4 个步骤。

3. 物联网技术完成数据收集

数据的处理分为几个步骤，第一个步骤即是数据的收集。从物联网层面来讲，数据的收集是指通过部署成千上万的传感器，将大量的各种类型的数据收集上来，约占数据总量的 70%。从互联网网页的搜索引擎层面来讲，数据的收集是指将互联网中所有的网页都下载下来，约占数据总量的 25%，这显然不是单独一台机器能够做到的，而是需要由多台机器组成网络爬虫系统，每台机器下载一部分，机器组同时工作，才能在有限的时间内，将海量的网页下载完毕。

但是，伴随着数据量越来越大，众多小型公司又没有足够多的机器处理相当多的数据。此时，又该怎么办呢？

4. 大数据需要云计算，云计算需要大数据

一个典型的案例是，通过大数据技术分析公司的财务情况，可能一周只需要分析一次，如果将上百台机器甚至上千台机器的大部分时间闲置，则会非常浪费。那么，能否按需使用，在需要时用于财务分析，而不需要时，用于其他业务服务呢？怎样能实现这个设想呢？

答案是——云计算，其可以为大数据的运算提供资源层的灵活性，而云计算也会部署大数据应用到它的 PaaS 平台上，作为一个非常重要的通用应用存在。当下的公有云上基本都部署有大数据的解决方案，当一家小型公司需要大数据平台的时候，不再需要真实采购上千台机器，只要到公有云上一点，这些机器就"出来"了，并且其中已经部署好了大数据平台，只需将数据输入进去进行计算即可。所以说，云计算需要大数据，大数据需要云计算，二者相辅相成。

5. 人工智能拥抱大数据、云计算

人工智能算法依赖于大量的数据，而这些数据往往需要面向某个特定的领域（如电商、邮箱）进行长期的积累。如果没有数据，人工智能算法就无法完成计算，所以人工智能程序很少像前面的 IaaS 和 PaaS 一样给某个客户单独安装一套，让客户自己去使用。因为客户没有大量的相关数据做训练，结果往往很不理想。

但云计算厂商往往是积累了大量数据的，可以为云计算服务商安装一套程序，并提供一个服务接口。例如，如果想鉴别一个文本是否涉及暴力，则直接使用这个在线服务即可。这种形式的服务，在云计算中被称为 SaaS，于是人工智能程序作为 SaaS 平台进入了云计算领域。

一个大数据公司，通过物联网或互联网积累了大量的数据，会通过一些人工智能算法提供某些服务；同时一个人工智能服务公司，也不可能没有大数据平台作为支撑。因此，将云计算、大数据、人工智能这样整合起来，便完成了其相遇、相识、相知的过程。

1.3　新一代信息技术与其他产业融合

目前，信息技术已实现与不同的产业深度融合，这不仅可以推动产业升级和经济发展，同时也可以带来许多便利和服务创新。

1.3.1　三网融合

三网是指现代信息产业中的 3 个不同行业，即电信业、计算机业和有线电视业。三网融合主要是指高层业务应用的融合，在技术上表现为趋向一致；在业务

微课 1-4
新一代信息
技术与产业
的融合

上互相渗透和交叉；在网络层实现互联互通与无缝覆盖；在应用层趋向使用统一的 IP（Internet Protocol，网际协议），并通过不同的安全协议最终形成一套在网络中兼容多种业务的运行模式。三网融合的特点主要表现在以下 3 个方面。

（1）强调业务融合

三网融合并不是简单的三网合一，也不是网络的互相代替，而是业务的融合。即通过网络互联互通，资源共享，每个网络都能开展多种业务。例如，用户既可以通过有线电视网打电话，也可以通过电信网看电视。

（2）强调中国特色

要建设符合中国国情的三网融合模式，走中国特色的三网融合之路。全面推进网络数字电视的数字化网络改造，提升对综合业务的支撑能力，同时要推进各地分散运营的有线电视网的整合，组建国家级有线电视网络企业。

（3）明确广电和电信有限度的双向接入

鉴于我国媒体管理和电信管理政策的不同，三网融合只是业务上有限度的融合。例如，广电企业可以申请基于有线电视网络的互联网接入业务，而电信企业可以开展互联网视听节目传输、转播时政类新闻节目、手机电视分发服务等。

三网融合应用广泛，遍及智能交通、公共安全、环境保护、平安家居等多个领域。例如，现在手机可以看电视、上网，电视可以上网、打电话，计算机也可以打电话、看电视，三者之间相互交叉，这就是三网融合技术的主要表现。

1.3.2　新一代信息技术与制造业融合

新一代信息技术与制造业深度融合是推动制造业转型升级的重要举措，是抢占全球新一轮产业竞争制高点的必然选择。目前，我国新一代信息技术与制造业融合发展成效显著，主要体现在以下 3 个方面。

（1）产业数字化基础不断夯实

近年来，我国以融合发展为主线，持续推动新一代信息技术在企业的研发、生产、服务等流程和产业链中的深度应用，带动了企业数字化水平的持续提升。

（2）企业数字化转型步伐加快

工业互联网作为新一代信息技术与制造业深度融合的产物，已经成为制造大国竞争的新焦点。推动工业互联网平台建设，加快构建多方参与、协同演进的制造业新生态，是加快推进制造业数字化转型的重要催化剂。当前，我国工业互联网平台发展取得了重要进展，全国有一定行业区域影响力的区域平台超过 50 家，工业互联网平台对加速企业数字化转型的作用日益彰显。

（3）企业创新能力不断增强

随着我国信息技术产业的快速发展，一大批企业脱颖而出，这些企业在创新能力、规模效益、国际合作等方面不断取得新成就。其中，百强企业的研发投入资金持续增加，它们的平均研发投入强度（研发费用与营收的比例）超过 10%，为产业数字化转型奠定了良好基础。

1.3.3　新一代信息技术与生物医药产业融合

近年来，以云计算、智能终端等为代表的新一代信息技术在生物医药产业得到了广泛的应用。新一代信息技术与生物医药这两个领域正在进行深度融合，这种融合代表着新兴产业发展和医疗卫生服务的前沿。新一代信息技术已渗透到生物医药产业的各个环节，如研发、生产流通、医疗服务等环节。

（1）研发环节

在研发环节，大数据、云计算、"虚拟人"等技术将推进医药研发的进程。很多发达国家正尝试运用信息技术建立"虚拟人"，将药品临床试验的某些阶段虚拟化。另外，针对电子健康档案数据的挖掘和分析，将有助于提高药品研发效率，并降低研发的费用。

（2）生产流通环节

在生产流通环节，射频识别（Radio Frequency Identification，RFID）标签、温度传感器、智能尘埃（超微型传感器）等设备将在药品流通过程中得到广泛应用。提高药品流通领域的电子商务水平，将成为提高药品流通效率的主要方式。

1.3.4　新一代信息技术与汽车产业融合

当汽车保有量接近饱和时，汽车产业曾经一度被误认为夕阳产业，但实际上，全球汽车产业的发展从未止步。尤其是新一代信息技术与汽车产业深度融合之后，汽车产业焕发新生。新一代信息技术与汽车产业的深度融合呈现出以下 3 个新特征。

（1）产品形态特征

从产品形态来看，汽车不只是交通工具，还是智能终端。智能网联汽车配有先进的车载传感器、控制器、执行器等装置，应用了大数据、人工智能、云计算等新一代信息技术，具备智能化决策、自动化控制等功能，实现了车辆与外部节点间的信息共享与控制协同。

（2）制造技术特征

从技术层面来看，汽车从单一的硬件制造走向软硬一体化。其中，硬件设备是真正实现智能化并得以普及的底层驱动力，它是不可变的；而软件是可变的，可变的软件能够根据个人需求而改变。

（3）生产模式特征

从制造方式来看，汽车的生产由大规模同质化生产逐步转向个性化定制生产。在工业 4.0时代，汽车产业在纵向集成、横向集成、端到端集成 3 个维度率先突破，其生产正从大规模同质化生产模式转向个性化定制模式。

1.3.5　新一代信息技术的发展趋势

当下在全球范围内，信息技术的快速发展正在改变这个世界，从产业模式和运营模式，到消费结构和思维方式，信息技术对城市、地区，甚至对国家的发展进程的影响程度将会越来越深，由此带动了新一代信息产业的发展每年都以惊人的速度在攀升。国家在"十四五"规划纲要中明确提出，在"十四五"期间，我国新一代信息技术产业持续向"数字产业化、产业数字化"的方向发展。一方面，培育壮大人工智能、大数据、区块链、云计算、网络安全等新兴数字产业；另一方面，依托新一代信息技术产业，传统产业也将在"十四五"期间深入实施数字化改造升级。当然信息技术自身的发展趋势也会根据"科研技术进展"和"市场热度"不断变化。如今，"数字经济""人工智能""跨界融合""大工程、大平台模式"已成为新一代信息产业发展的新趋势。其主要体现在以下几个方面。

（1）"数字经济"将成为新一代信息技术产业的创新引擎

在过去的 10 年中，移动互联网的成熟发展奠定了数字经济蓬勃发展的基础。在未来的 10 年中，新一代信息技术产业的发展会使数字经济进入一个新的发展平台，即一个由"云 + 数据 + 人工智能"结合的广义数字经济正在浮现：公共云变成基础设施，数据变成生产资料，人工智能变成新的创新引擎，物联网成为互联网智能化技术与实体经济的黏合剂。

（2）人工智能将成为新一代信息产业的新战场

新一代的信息技术是以人工智能为代表的泛技术，人工智能已经变成全球高科技企业之间最重要的一个新的战场，竞争程度将会非常激烈。在新一轮的竞争中，中国的挑战是如何从以市场规模领先转变为技术领先。全球市场里面有非常多的机遇，尤其是中国的互联网科技和人工智能，很有可能在国际上其他国家获得巨大的成功。

（3）产业经济载体向大工程与大平台升级迈进

2018 年流行一个"新四大发明"的说法，分别是网购、高铁、移动支付和共享单车。新"四大发明"代表了中国的两种创新模式，一种是大工程模式，另一种是大平台模式，两者都与中国独有的体制和文化分不开。

大工程模式：从都江堰到大运河，再到高铁、航母、飞机，这些重大的工程承载着国家的战略价值，是国之重器，体现了中国经济发展的制度优势。

大平台模式：中国在移动互联网时代创造了互联网的大平台模式，如淘宝平台、支付宝和微信。这些模式充分发挥了人口红利、网络红利、数据红利和智能手机的渗透性，通过中国一体化的社会文化体系构建了一个大平台模式。这种大平台模式在一些人口稀少的国家是无法想象的。

在这一代人工智能与物联网引领发展的趋势下，同时产生了智能化技术的集聚爆发和各行各业的场景革命两个趋势。在人工智能与相关芯片、物联网技术等方面，需要"产、学、研"联动的一体化"大工程"模式，而在智能化技术与各行各业融合方面，需要一种开放的平台模式做"场景化创新"。实体经济与互联网、大数据、人工智能融合，需要广义的公共云服务才能承载这个"大工程 + 大平台"模式，只有人工智能等新一代信息技术才能最终实现它的价值。

（4）未来五年跨界融合机遇，智能化革命是其关键主题

在智能化的推动下，未来五到十年将出现巨大的跨界融合机遇，智能化革命是其关键主题。全球的新兴科技会有巨大的跨界融合，智能产品与智能化服务的增量可能会呈爆发式增长。在服务领域可能率先实现智能化，在实体经济领域会在智能制造、智能汽车、全屋智能、智能机器人等方面有长足的进步。

【拓展阅读】

5G "驾" 到

当红绿灯装上了"智慧大脑"，当公交车化身城市"AI 巡检员"，会是什么样的景象呢？在 5G 技术的加持下，交通出行及交通管理都发生了哪些数智化蜕变呢？

（1）智能信号灯，给红绿灯装上"智慧大脑"

在江苏徐州，中国移动为当地交管部门打造了一个集 5G、AI 算法、智能摄像头等技术于一体的 5G 智能信号灯系统。该系统能够感知并计算路口车流量的变化、车辆排队长度等信息，自动计算出红绿灯的分配时间，将"车看灯"变为"灯看车"，极大地缩短了

路口的通行时间，提升了通行效率。

（2）行人安全监控，让违规无处可遁

在浙江宁波，一个集信号灯、监控、LED屏和语音播报于一体的智能行人安全监控系统首次落地使用。该系统可对行人闯红灯行为进行语音提醒和视频抓拍，并将违规照片直接显示在LED屏上，还可将抓拍数据推送至交警部门，为违规处罚提供证据，让违规行为无处可遁。

（3）5G车路协同，让出行更安全

通过在路旁和车辆上部署各类传感器，实时采集路况、天气、车辆等相关数据，用高速的5G网络将数据实时传输到边缘计算模块进行处理，并将处理后的数据实时回传给驾驶员，帮助驾驶员快速了解当前道路的车道数量、地面标识标线、出入口、特殊车道、行驶车辆等信息，全方位地为人们的出行保驾护航。

（4）5G智慧安检，让通行更便捷

5G智慧安检通行解决方案凭借其前端预警、精准核查、人员验真、异常告警、快速通行等多种功能为一体，打造了一个高效、精准、快速、便民的快速通行新模式，实现了"全覆盖、非接触"的智慧安检通行，从根本上提升了检查站点的安检查控能力。

（5）5G加持，让交通管理更智能

在陕西咸阳，中国移动与交警支队共同打造的"5G+智慧交通"项目，可为交警支队提供语音通话、数据传输、"5G+无人机""5G+车载视频回传""5G+云业务"等信息化应用，协助交警支队对城市违规车辆、道路安全等进行实时监管，提升了交通管理效率及治理效能。

（6）公交车化身"AI巡检员"，让城市治理更智慧

在浙江温州，借助公交车上安装的摄像头，中国移动打造了"5G+云网融合"城市公交感知系统。该系统利用物联网、5G、AI识别、大数据分析等前沿技术，以公交车作为移动传感器搭载平台，实时采集公交车的内部状况和外部信息，并将这些信息进行实时呈现，形成全域、全时空、全流程的城市智慧治理新模式。

可见，数智化潮流下"5G+智慧交通"将带来更高效、更便捷、更安全的出行体验。我们坚信，随着新一代技术的加持，未来将有更多"聪明的车"行驶在"智慧的路"上，让城市更智慧，让生活更美好！

【实训任务】

信息技术的应用，给人们的生活带来了众多的变化，无论是工作、生活，还是娱乐，正如当第一台计算机面世时，没有人会预料到这个庞然大物能给人类的生活带来多大转变。今天，手掌大小的智能手机已经成为每个人的标配，体积由大到小，功能由少到多，丰富了人们生活的方方面面。

请大家根据自己的了解与认识，通过今昔对比来描述信息技术给人们带来了哪些变化，并将这些变化填入表1-1中。

表 1-1　信息技术今昔对比

对比项	过去	现在
通信方式		
数据存储方式		
手机性能		
购物方式		
开展会议方式		
⋮		

【单元测试】

一、选择题

1. 信息的（　　）使得计算机处理文字、声音、图形、图像等信息成为可能。

　　A. 媒体化　　　　　　　　　　　　B. 数字化

　　C. 电子化　　　　　　　　　　　　D. 网络化

2. 当人们用文字来表达信息时，文字就是信息的（　　）。

　　A. 依附载体　　　　　　　　　　　B. 传递工具

　　C. 表现形式　　　　　　　　　　　D. 价值体现

3. 下列关于信息的说法，不正确的是（　　）。

　　A. 信息有多种不同的表示形式　　　B. 信息需要通过载体才能传播

　　C. 信息可以影响人们的行为和思维　D. 信息就是指计算机中保存的数据

4. 下列不属于获取信息途径的是（　　）。

　　A. 看新闻　　　　　　　　　　　　B. 读报纸

　　C. 讨论　　　　　　　　　　　　　D. 思考

5. 关于信息处理，下列说法中错误的是（　　）。

　　A. 对大量的原始信息进行记录、整理、统计、分析，最终得到可以被人们直接利用的
　　　　信息的过程，称为信息处理

　　B. 信息输入就是通过计算机键盘把数据输入到计算机中

　　C. 信息发布是信息输出的一种方式

　　D. 信息处理是指对信息的加工整理过程，包括信息的输入和输出

6. 信息技术在给人类的生活、学习和工作带来极大便利的同时，也存在一些负面影响。
关于负面影响下列说法中错误的是（　　）。

　　A. 信息犯罪　　　　B. 信息泛滥　　　　C. 信息共享　　　　D. 网络误用

7. 关于信息技术的应用，下列说法中不正确的是（　　）。

　　A. 远程医疗

　　B. 生活中所有事情都可以借助计算机来完成

C. 用银联卡在 POS 机上取钱

D. 十字路口交通违章拍摄

8. 日常生活中人们会经常使用智能化的信息处理技术。下列软件中，没有体现信息的智能化处理技术的是（　　　）。

A. 网页制作软件 　　　　　　　　B. 语音识别软件

C. 翻译软件 　　　　　　　　　　D. 手写输入软件

9. 尽管相隔万里，通过卫星信号全球各地的人们可以坐在家中观看奥运会的精彩比赛。这主要体现了信息的（　　　）。

A. 依附性　　　　B. 时效性　　　　C. 价值性　　　　D. 传递性

10. 关于"信息高速公路"，下列说法中不正确的是（　　　）。

A. "信息高速公路"对社会没有消极影响

B. 信息高速公路实质上是高速信息电子网络

C. 信息高速公路可以极大地改变人们的生活和工作方式

D. "信息高速公路"的概念起源于美国

二、简答题

1. 简述什么是信息、信息技术？

2. 新一代信息技术主要包括哪些技术？

3. 简述物联网、云计算、大数据、人工智能之间的关系。

4. 根据自己的专业方向，浅谈你对新一代信息技术的认识。

单元 **2**

信息素养与社会责任

【学习目标】

知识目标:

1. 了解信息素养的基本概念及主要要素,认识信息素养的发展阶段。

2. 掌握信息安全、信息伦理相关知识,了解信息安全相关的法律法规。

技能目标:

1. 能够正确使用现代化信息手段检索、处理、识别有效信息,并能够快速、准确地辨别虚假信息。

2. 能够基于信息素养与社会责任,理解信息行业从业人员的社会责任。

素养目标:

1. 明白信息社会相关道德伦理,恪守信息社会行为规范,全面提升信息素养。

2. 培养信息素养,树立终身学习的观念。

【思维导图】

```
                                    ┌─ 信息素养的概念和基本要素
                    ┌─ 认识信息素养 ─┤
单元2               │                └─ 信息素养的特征
信息素养与社会责任 ─┤
                    │                ┌─ 信息安全
                    └─ 认识社会责任 ─┤
                                     └─ 信息伦理
```

图 2-1　单元 2 知识图谱

【案例导入】

在信息社会，信息无时不在、无处不有。例如：电视台播报的新闻告诉人们每天发生的大事件；课堂上，老师利用数字化的教学资源给学生传授知识；工作中，人们时不时地在网上查阅相关资料；等等。因此，能够有效地获取信息，客观地利用信息，从而高效地解决问题，已成为人们必须具备的一项技能，可以充分体现一个人信息素养的高低。

那么，信息素养的重要性究竟如何来体现呢？

一是具备网络安全意识。在这个网络发达的时代，人们每天都会花费大量的时间在网上冲浪，因此须保护个人的隐私和信息不被黑客攻击和病毒感染。

二是具备数据分析能力。在信息时代，数据已经成为一种非常重要的资源。如何从大量的数据中提取有用的信息并对其加以利用，以充分挖掘数据的潜在价值显得至关重要。例如在市场营销中，通过数据分析来了解客户的需求和喜好，从而制定更好的营销策略来扩大销售规模等。

三是具备信息检索能力。面对互联网上庞大的信息资源时，如何快速、准确地找到需要的信息，是一个非常重要的问题。因此，要求人们能够利用各种搜索引擎和数据库来查找相关信息。

可以说，信息素养是一种非常重要的能力，也是衡量现代人素质的重要标准。因此，每个现代人都需不断地提高自身的信息素养水平，学习和掌握新的信息技术和工具，以适应信息时代的发展。作为当代大学生，应该具备哪些信息素养呢？

2.1　认识信息素养

信息素养是全球信息化时代的一种基本能力，是人们能够有效地使用、理解和评价信息的能力。提高信息素养，可以帮助人们更好地适应信息社会的发展，提高生产效率和生活质量。

微课 2-1
信息素养

2.1.1　信息素养的概念和基本要素

1. 信息素养的概念

当今世界，人类正处于一个信息呈爆发式增长的时代。信息素养是现代社会中每个人所必须具备的基本素质，因此越来越受到世界各国的关注和重视。现代社会的竞争，越来越表现为信息积累、信息能力和信息开发利用的竞争。因此，了解信息素养的含义，注重提高信息意识，开展信息道德教育，明确信息素养教育内容，具有重要的现实意义。

信息素养最早的概念为：利用大量的信息工具及主要信息源使问题得到解答的技能。这一概念于 1974 年被提出，一经提出，便得到了广泛传播和使用。1987 年，有国外信息学家将信息素养进一步概括为：了解提供信息的系统并能鉴别信息价值、选择获取信息的最佳渠道、掌握获取和存储信息的基本技能。这一概念从信息鉴别、选择、获取、存储等方面对信息素养进行了定义，对最初的概念做了进一步明确和细化。

我国关于信息素养的研究虽起步较晚，但随着这一概念的引进，引发了国内关于信息素养研究的热潮，并形成了一系列比较有影响的定义。

1997年，国内有学者将信息素养定义为：在信息化社会中个体成员具有的各种信息品质，包括信息智慧（涉及信息知识与技能）、信息道德、信息意识、信息觉悟、信息观念、信息潜能、信息心理等。这一定义的提出基本确定了我国信息素养概念的框架。随后，研究学者陆续对信息素养内涵开展研究，并给出了一系列比较有影响的定义。

总的来说，信息素养主要涉及内容的鉴别与选取、信息的传播与分析等环节，它是一种了解、搜集、评估和利用信息的知识结构。随着信息社会的发展，人们对信息素养有了进一步的认识，认为信息素养是信息意识、信息能力和良好的信息道德的总和，是人的整体素质的一部分，是未来信息社会生活必备的基本能力，是创新型人才的基本素养。

2. 信息素养的基本要素

随着信息素养概念的提出，其内涵也随着信息社会的发展不断丰富。信息素养的基本要素包括以下4个方面。

（1）信息意识

信息意识是指对信息的洞察力和敏感度，充分体现了人们对信息的捕捉、分析和判断能力。

（2）信息知识

信息知识是信息活动的基础，包括信息基础知识和信息技术知识。前者主要是指信息的概念、内涵、特征，信息源的类型、特点，组织信息的理论和基本方法，搜索和管理信息的基础知识，分析信息的方法和原则等理论知识；后者则主要是指信息技术的基本常识、信息系统结构及工作原理、信息技术的应用等知识。

（3）信息能力

信息能力是指人们利用信息知识、技术和工具来理解、获取和利用信息技术的能力，它是信息素养的核心组成部分。

（4）信息道德

信息道德是指，在信息的采集、加工、存储、传播和利用等信息活动的各个环节中，用来规范其间产生的各种社会关系的道德意识、道德规范和道德行为的总和。

2.1.2 信息素养的特征

信息素养是信息时代人人所必备的一种基本生存素质，各类信息构成了人们日常经验的重要组成部分。虽然信息素养在不同层次的人们身上体现的侧重点不同，但概括起来，它主要具有五大特征：捕捉信息的敏锐性、筛选信息的果断性、评估信息的准确性、交流信息的自如性和应用信息的独创性。

【拓展阅读】

人工智能时代的信息素养

随着人工智能技术迎来新突破，预示着信息技术将给社会带来更大变化，"应该以怎样的信息素养迎接人工智能时代"这一问题成为人们关注的热点。

面对人工智能技术给人们带来的"不确定"性，人们更需要以信息素养来应对人工智能等信息技术所带来的复杂挑战。一般认为信息素养内涵的演变可以分为四个阶段：一是 1.0 阶段的未成年人网络保护；二是 2.0 阶段的青少年发展；三是 3.0 阶段的全民信息素养与技能的提升；四是 4.0 阶段的人工智能时代的信息素养。这 4 个阶段表现出越来越复杂的特征，而人工智能时代的信息素养，将会更加前沿、更有挑战性。

近期生成式人工智能（Artificial Intelligence Generated Content，AIGC）应用带来了巨大的想象空间，在可以直接转化为生产力的同时，也启发人们思考：AIGC 带来的究竟是技术门槛降低之后的平权，还是技术门槛更高的新的两极分化和"数字鸿沟"？这就需要社会各界一起，打开思路，共同关注信息技术的机遇与挑战，以及全民信息素养与技能提升等前沿话题。

信息素养与技能，是每个人对信息化的适应力、创造力和对于应用信息技术、使用信息技术、驾驭信息技术的能力。"素养"和"技能"并重，不能偏废。"素养"更强调综合的素质底蕴，而"技能"更偏重于在工作当中所具备的信息技术应用能力。信息素养研究不是曲高和寡、阳春白雪的事业，而是与每个人的未来息息相关，需要大多数人参与进来，共同努力、拥抱未来。

2.2　认识社会责任

信息技术的发展带来了一系列新的挑战，如信息安全、隐私保护等问题，需要人们不断探索和解决。同时，身处信息时代，人们也需要加强信息道德的教育，增强人们的责任感和诚信意识，以更好地保护个人信息和公共利益。

微课 2-2
信息安全与
信息伦理

2.2.1　信息安全

信息无论是在计算机上存储、处理和应用，还是在通信网络上传输，都面临着信息安全威胁。例如，信息可能被非授权访问而导致泄密，被篡改而导致不完整，被阻塞拦截而导致不可用，还有可能被冒充替换而导致否认，等等。

信息安全是一个广泛而抽象的概念，国际标准化委员会对信息安全的定义是：为数据处理系统建立和采取的保护，保护计算机硬件、软件及相关数据，使之不因偶然或恶意侵犯的原因而遭到破坏、更改和泄露，保证信息系统能够连续、可靠、正常地运行。

2.2.2　信息伦理

信息伦理，是指涉及信息开发、信息传播、信息加工分析、信息管理和利用等方面的伦理要求、伦理准则、伦理规范，以及在此基础上形成的新型伦理关系。信息伦理对每个社会成员的道德规范要求是相似的，在信息交往自由的同时，每个人都必须承担同等的伦理道德责任，共同维护信息伦理秩序，这也对人们今后形成良好的职业操守有积极的影响。

当然，在信息领域，仅仅依靠信息伦理并不能完全解决问题，还需要强有力的法律法规做支撑，因此与信息伦理相关的法律法规十分重要。法律法规不仅可以有效打击在信息领域造成严重后果的行为，还可以为个体遵守信息伦理构建良好的外部环境。

【实训任务】

为了跟上信息化的脚步，人们需要具备良好的信息素养；作为新时代的公民，需要自觉提升信息素养，以增强自身在信息社会的适应力与创造力。然而，身处信息社会，信息安全事件频频发生。

请思考，作为当代大学生，该如何从自身做起，保障个人信息安全？

【单元测试】

一、选择题

1. 文字的创造是信息第一次（　　）。
   A. 打破时间、空间的限制　　　　　　　B. 打破时间的限制
   C. 打破空间的限制　　　　　　　　　　D. 打破信息传输介质的限制

2. 一条及时的信息可能使濒临破产的企业起死回生，一条过时的信息可能分文不值，甚至使企业丧失难得的发展机遇，造成严重后果，这说明信息具有（　　）特征。
   A. 差异性　　　　　B. 传递性　　　　　C. 时效性　　　　　D. 共享性

3. 一般说来，信息素养包括（　　）。
   A. 信息技能　　　　B. 信息意识　　　　C. 信息伦理　　　　D. 信息知识

4. 第一次信息革命是（　　）。
   A. 语言的使用
   B. 文字的创造
   C. 印刷术的发明和新载体纸张的创造
   D. 电报、电话、广播和电视的发明和普及应用

5. 人肉搜索的特点是（　　）。
   A. 信息精准　　　　　　　　　　　　　B. 侵犯隐私
   C. 符合法律规定　　　　　　　　　　　D. 具有两面性

6. 信息安全是指网络系统的硬件、软件及其系统中的（　　）受到保护。
   A. 文件　　　　　　B. 信息　　　　　　C. 内容　　　　　　D. 应用

7. 下列中属于传播计算机病毒行为的是（　　）。
   A. 信息道德与信息安全失范行为　　　　B. 侵害他人财产
   C. 危害国家安全　　　　　　　　　　　D. 传播有害文件

8. 下列中属于信息道德与信息安全失范行为的是（　　）。
   A. 网恋　　　　　　B. 朋友圈恶作剧　　C. 网络诈骗　　　　D. 网上购物

9. 网络道德的特点是（　　）。
   A. 自主性　　　　　B. 多元性　　　　　C. 开放性　　　　　D. 以上皆是

10. 以下不属于当前社会中存在的信息伦理问题的是（　　）。
    A. 信息侵权　　　　B. 网络舆论暴力　　C. 信息犯罪　　　　D. 信息检索

二、简答题

1. 请简要说明信息素养的四要素。

2. 请简述信息意识、信息知识、信息能力和信息道德的关系。

3. 什么是信息安全？信息安全的基本属性是什么？

4. 信息安全可以应用在哪些领域？请结合自己的专业谈一谈，信息安全对今天的社会发展和人们的生活方式有什么影响？

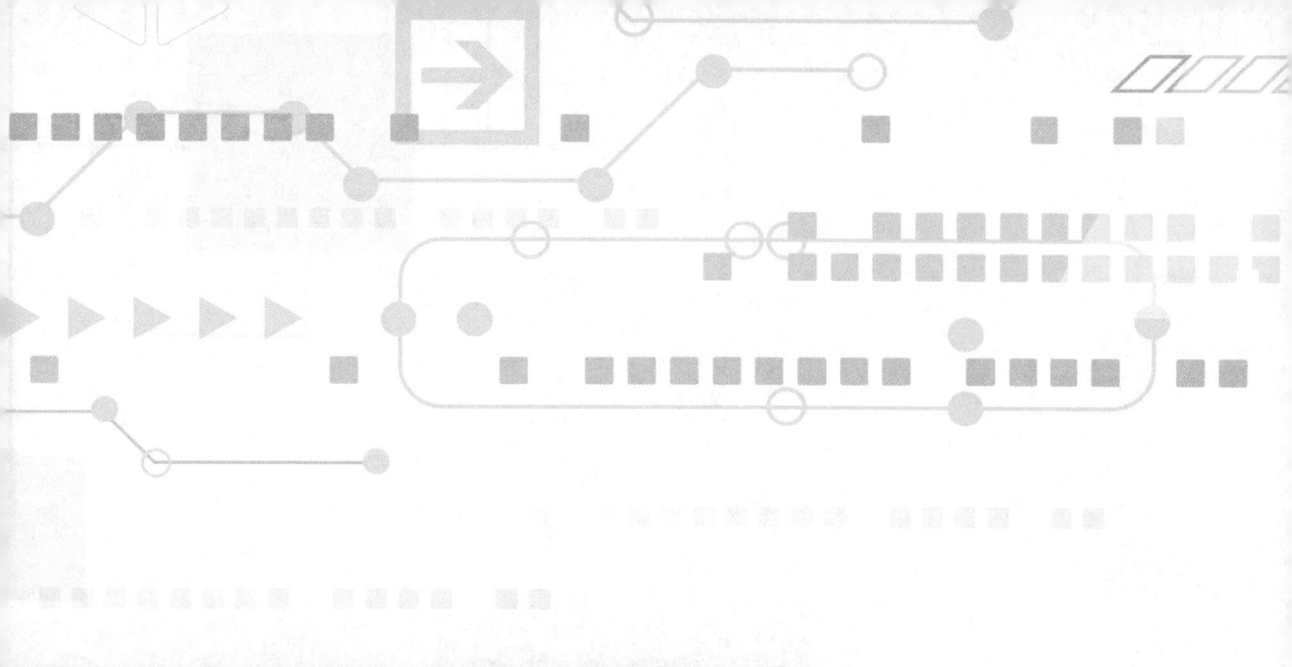

模块二　走进万物互联的物联网技术

单元 3

进入物联网世界

【学习目标】

知识目标：

1. 理解物联网的概念和基本原理，包括物联网的定义、体系结构及关键特征。

2. 了解物联网的起源及发展趋势。

3. 理解物联网的体系结构，了解物联网各组成部分的功能和作用。

技能目标：

1. 熟悉物联网相关硬件和软件，包括传感器、执行器、控制器等。

2. 掌握物联网的体系架构。

3. 能够联系生活关联物联网应用场景，并列举出生活中物联网的应用实例。

素养目标：

1. 具备创新意识和实践能力，能够结合实际进行应用和创新。

2. 具备团队合作能力，能够与他人协作完成简单的物联网系统设计任务。

3. 具备自主学习和终身学习的能力，能够不断跟进物联网领域的发展和技术进步，不断提升自己的技术和能力。

【思维导图】

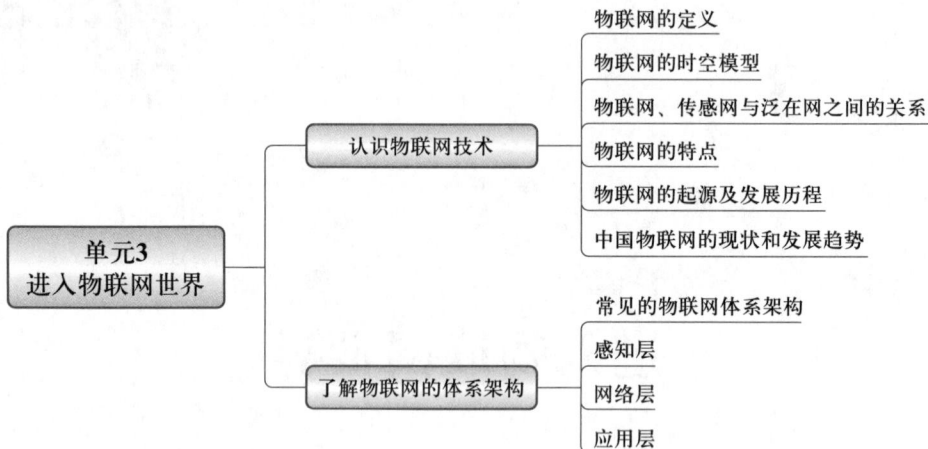

图 3-1 单元 3 知识图谱

【案例导入】

当今社会，人与人的沟通越来越方便，电话、视频和微信等种种通信手段，让人们可以随时了解家人、朋友的最新情况，万水千山一线牵。可是，人们能随时了解远方物件的即时状态，知道家里的电线是否老化、是否漏电、电线温度是否过高、天然气是否泄漏、消防管网里面是否有水吗？随着物联网的发展，这一切都将变为现实。

想象一下这样一个未来：你的闹钟在早晨叫醒你，然后它通知你的咖啡机开始煮咖啡；你出门前，你的冰箱告诉你牛奶快要喝完了，需要补货；你上班时，你家里的空调自动调节温度，保证你回到家时的舒适度。这就是物联网的魔力，一个亿万物体互联的未来已经悄然而至。

3.1 认识物联网技术

微课 3-1
认识物联网
技术

2020 年，被誉为 5G 发展元年。随着 5G 的商用，作为一项颠覆性的技术将彻底改变人们的生活，推动社会迈入万物互联的物联网时代。5G 的本质是把对人的通信延伸到万物互联，带来一场新的革命。那么，物联网究竟是什么呢？

3.1.1 物联网的定义

物联网是指通过各种信息传感设备与技术，如传感器、射频识别技术、全球定位系统、红外感应器、激光扫描器等，实时采集任何需要监控、连接、互动的物体或过程，采集其声、光、热、电、力学、化学、生物、位置等各种信息，通过各类可能的网络接入，实现物与物、物与人的泛在连接，实现对物品和过程的智能化感知、识别和管理。

物联网是新一代信息技术的重要组成部分，意指物物相连，万物互联。由此，物联网就是万物相连的互联网，它是在互联网基础上延伸和扩展的网络。物联网将各种信息传感设备与网络结合起来而形成的一个巨大网络，实现任何时间、任何地点，人、机、物的互联互通。这有两层意思：第一，物联网的核心和基础仍然是互联网，是在互联网基础上延伸和扩展的网络；第二，其用户端延伸和扩展到了任何物品与物品之间，进行信息交换和通信。万物互联的物联网如图 3-2 所示。

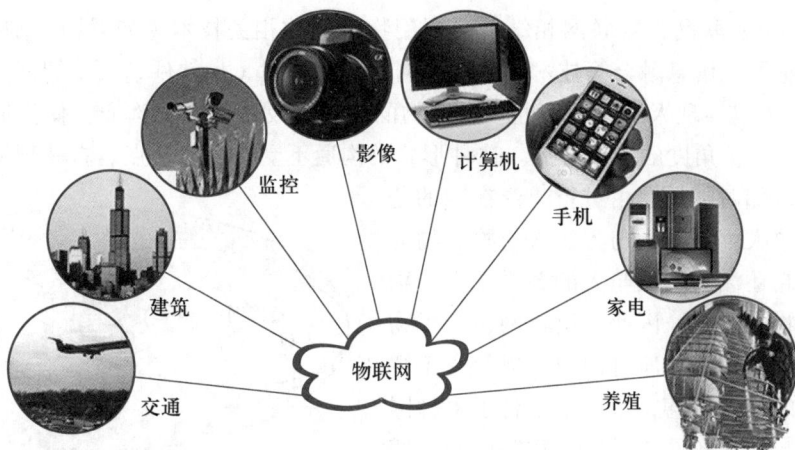

图 3-2　万物互联的物联网

3.1.2　物联网的时空模型

2012 年 6 月，国际电信联盟（International Telecommunication Union，ITU）发布了物联网的场景模型，从时空层面对物联网技术的应用场景进行了形象的描述。物联网时空模型如图 3-3 所示。物联网在"随时"和"随地"通信的基础上，为信息通信技术（Information Communications Technology，ICT）提供了"所有物间通信"功能。

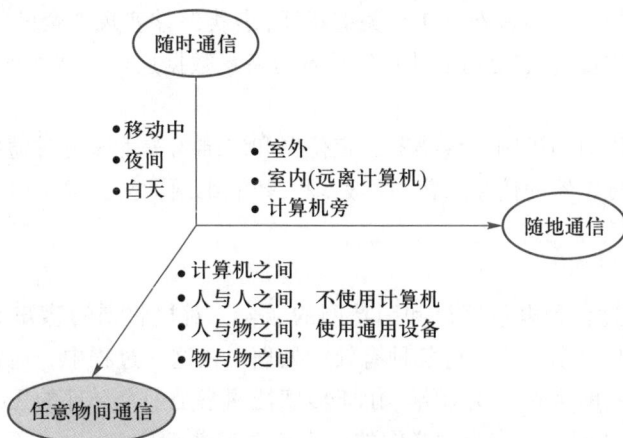

图 3-3　物联网时空模型

3.1.3　物联网、传感网与泛在网之间的关系

传感网又可被称为传感器网。构成传感网需要两种模块，一种是"传感模块"，一种是"组网模块"。传感网更加注重对物体信号的感知，如感知物体的状态、外界环境信息等。而物联网却更注重对物体的标识和指示，如果要标识和指示物体，就要同时用到传感器、一维码、二维码及射频识别装置。从这个层面来看，传感网属于物联网的一部分，它们之间的关系是局部与整体的关系，也就是说物联网包含传感网。

"泛在网"是互联网与物联网相结合，利用物联网的相关技术（如射频识别、无线通信、智能芯片、传感器、信息融合等技术）和互联网的相关技术（如软件、人工智能、大数据、云计算等技术），可以实现人与人的沟通、人与物的沟通以及物与物的沟通，使沟通的形态呈现多渠道、全方位、多角度的整体态势。这种形式的沟通不受时间、地点、自然环境、人为因素等的干扰，可以随时随地自由进行。泛在网的范围比物联网还要大，除了人与人、人与物、物与物的沟通外，它还涵盖了人与人的关系、人与物的关系、物与物的关系。因此，泛在网包含了物联网、互联网、传感网的所有内容，以及人工智能和智能系统的部分范畴，是一个整合了多种网络的更加综合与全面的网络系统。物联网、传感器、泛在网之间的关系如图 3-4 所示。

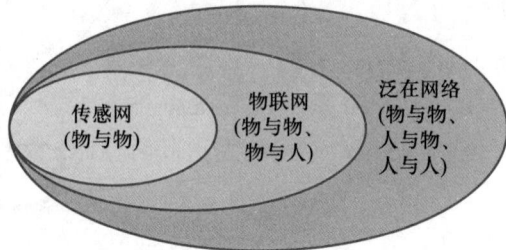

图 3-4　物联网、传感器、泛在网之间的关系

3.1.4　物联网的特点

物联网有着巨大的应用前景，它被认为是将对 21 世纪产生巨大影响力的技术之一。物联网从最初应用于军事侦察等的无线传感器网络，逐渐发展到环境监测、医疗卫生、智能交通、智能电网及建筑物监测等应用领域。随着传感器技术、无线通信技术、计算技术的不断发展和完善，各种物联网将遍布人们的生活。物联网与移动通信网、互联网有着本质的差别。移动通信网、互联网从根本上来说还是属于人与人的互联，网络本身不是智能的；而物联网提出的是物与物的连接，要求网络必须是智能的、自治的。

与传统的互联网相比，物联网有 3 个关键特征：各类终端实现"全面感知"；与电信网、因特网等融合实现"可靠传输"；使用云计算等技术对海量数据进行"智能处理"。

（1）全面感知

全面感知是指利用射频识别、传感器、定位器和二维码等手段随时随地对物体进行信息采集和获取。感知包括传感器的信息采集协同处理、智能组网，甚至信息服务，以达到控制、指挥的目的。

（2）可靠传递

可靠传递是指通过各种电信网络和因特网的融合，对接收到的感知信息进行实时远程传送，实现信息的交互和共享，并进行各种有效的处理。在这一过程中，通常需要用到现有的电信运行网络，包括无线网络和有线网络。由于传感器网络是一个局部的无线网，因而无线移动通信网和 3G、4G、5G 网络是作为物联网的一个有力支撑。

（3）智能处理

智能处理是指利用云计算、模糊识别等各种智能计算技术，对随时接收到的跨地域、跨行业、跨部门的海量数据和信息进行分析处理，以提升对物理世界、经济社会各种活动和变化的洞察力，实现智能化的决策和控制。

根据物联网的以上特征，结合信息科学的观点，围绕信息的流动过程，可以归纳出下列物联网处理信息的功能。

① 获取信息的功能：主要是对信息的感知、识别。对信息的感知是指对事物属性状态及其变化方式的知觉和敏感；对信息的识别是指能把所感受到的事物状态用一定方式表示出来。

② 传送信息的功能：主要是信息的发送、传输、接收等环节，最后把获取的事物状态信息及其变化的方式从时间（或空间）上的一点传送到另一点的任务，这就是常说的通信过程。

③ 处理信息的功能：指信息的加工过程，即利用已有的信息或感知的信息产生新的信息，实际是制定决策的过程。

④ 施效信息的功能：指信息最终发挥效用的过程。该过程有很多种表现形式，比较重要的是通过调节对象事物的状态及其变换方式，始终使对象处于预先设计的状态。

3.1.5 物联网的起源及发展历程

1. 物联网的起源

物联网的实践最早可以追溯到 1990 年的网络可乐贩售机。

1995 年，比尔·盖茨在《未来之路》一书中，也曾提及物联网概念，只是当时受限于无线网络、硬件及传感设备的发展，并未引起广泛关注。

1998 年，美国麻省理工学院创造性地提出了当时被称作 EPC 系统的"物联网"的构想。

微课 3-2
物联网的起源和发展历程

1999 年，"物联网"的概念出现，主要是建立在物品编码、射频识别技术和互联网的基础上。过去在中国，物联网被称为传感网。中国科学院早在 1999 年就启动了传感网的研究，并已取得了一些科研成果，建立了一些适用的传感网。与其他国家相比，我国的技术研发水平处于世界前列，具有同发优势和重大影响力。同年，在美国召开的移动计算和网络国际会议上提出了"传感网是下一个世纪人类面临的又一个发展机遇"。

2003 年，美国《技术评论》杂志提出传感网络技术将是未来改变人们生活的十大技术之首。

2005 年 11 月 17 日，在突尼斯举行的信息社会世界峰会（WSIS）上，ITU 发布了《ITU 互联网报告 2005：物联网》，正式提出了"物联网"的概念。报告指出，无所不在的"物联网"通信时代即将来临，世界上所有的物体，从轮胎到牙刷、从房屋到纸巾都可以通过因特网主动进行交换。射频识别技术、传感器技术、纳米技术、智能嵌入技术将得到更加广泛的应用和关注。

2006 年，中国国务院发布的《国家中长期科学和技术发展规划纲要（2006—2020 年）》首次提及物联网，这是我国最早的关于物联网的政策。

2009 年 6 月，欧盟发表《物联网——欧洲行动计划》，提出要加强对物联网的管理，促进行业发展。

2009 年 8 月，中国首次提出"感知中国"，正式开始在物联网行业进行战略部署，并在无锡建立"感知中国"研究中心，中国科学院、运营商、多所大学在无锡建立了物联网研究院，标志着中国的物联网行业发展步伐明显加快，物联网进入到快速发展期。

2011 年，国家工业和信息化部印发了《物联网"十二五"发展规划》，以加快物联网发展，培育和壮大新一代信息技术产业。

2015 年，欧盟成立物联网创新联盟。

2016 年 12 月，国务院发布《"十三五"国家信息化规划》，其中有 20 处提到"物联网"。

2018 年 6 月，3GPP 全会批准了第五代移动通信技术标准（5G NR）独立组网功能冻结，5G 已经完成第一阶段全功能标准化工作，进入了产业全面冲刺新阶段。

2021 年 7 月 13 日，中国互联网协会发布了《中国互联网发展报告（2021）》，物联网市场规模达 1.7 万亿元，人工智能市场规模达 3 031 亿元。

2021 年 9 月，工业和信息化部等八部门印发《物联网新型基础设施建设三年行动计划（2021—2023 年）》，明确到 2023 年底，在国内主要城市初步建成物联网新型基础设施，社会现代化治理、产业数字化转型和民生消费升级的基础更加稳固。

2. 物联网的发展历程

目前物联网发展经历了三个阶段。

第一阶段是物联网连接大规模建立阶段。越来越多的设备在放入通信模块后通过移动网络、Wi-Fi、蓝牙、RFID、ZigBee 等连接技术连接入网。在这一阶段网络基础设施建设、连接建设及管理、终端智能化是核心。

第二阶段是快速发展阶段。大量连接入网的设备状态被感知，产生海量数据，形成了物联网大数据。在这一阶段，传感器、计量器等器件进一步智能化，多样化的数据被感知和采集，汇集到云平台进行存储、分类处理和分析。

第三个阶段是初级人工智能已经实现，对物联网产生数据的智能分析和物联网行业应用及服务将体现出核心价值。该阶段物联网数据发挥出最大价值，企业对传感数据进行分析并利用分析结果构建解决方案实现商业变现。

3.1.6　中国物联网的现状和发展趋势

1. 中国物联网的现状

微课 3-3
中国物联网
的现状和发
展趋势

我国的物联网行业虽起步晚，但发展迅速，随着互联网的普及、物联网技术的不断改进和智能产品的普及，我国的物联网行业正在不断地发展壮大。在政府的大力支持和企业的积极参与下，我国已形成了一个良好的物联网发展新格局，主要体现在以下两个方面。

（1）市场规模不断扩大

中国是物联网应用实践和创新开发最多的国家，占到了全球物联网产值的 1/4 左右。目前，国内物联网已较为成熟地运用于安防监控、智能交通、智能电网、智能物流等。2019 年我国物联网市场规模约为 1.76 万亿元人民币，2020 年根据赛迪公布的数据，我国物联网市场规模达到 2.14 万亿元人民币，预计到 2025 年将达到 5 万亿元人民币。

（2）生态体系渐渐完善

随着科技的发展、产品的升级，我国物联网各层级设备已进入成熟期。我国对于传感器的研制、生产和应用的企业众多，连接层在国内发展比较成熟，竞争度相对集中，在应用环节也具有一定优势。但仍然能看到我国在基础芯片设计、高端传感器制造和智能信息处理等环节仍受制于国外。平台层是由网络运营、平台运营和应用层组成。网络运营主要是移动、联通、电信三大电信运营商，平台运营我国还是起步阶段，应用层也不断实现新突破。海尔、美的等家电巨头和小米、华为等智能终端厂商都已经处于国际行业的领军地位。在渠道、技术、供应链和管理能力方面很多公司都形成了自己的生态圈，依托我国消费大国地位，在智能制造、车联网、消费智能终端市场等发展迅速，增长趋势明显。

2. 中国物联网的发展趋势

随着 5G 技术的普及和人工智能等新技术的发展，中国物联网的未来发展前景广阔，具有以下几个方面的趋势。

（1）医疗保健行业更多地采用物联网

物联网解决方案极大地改善了医疗保健行业，为远程医疗、新冠肺炎症状监测甚至消毒铺平了道路。为了防止进一步感染的风险，医院部署了消毒机器人，用特殊的紫外线对医院进行消毒。随着越来越多的医疗机构继续创新系统和流程，预计未来几年会看到更多应用。

（2）智慧城市开始涌现

智慧城市是物联网和信息技术、传感器技术结合应用的结果，已成为物联网解决方案的主要应用场景之一。智慧城市是科技含量较高的现代城市区域，其使用各类通信方法、语音激活方式及传感器采集特定数据，并将该数据用于管理资产、资源及服务，以优化城市营运及服务的效率并与市民连接。中国政府已颁布一系列政策以规范及支持智慧城市的发展，包括住房和城乡建设部于 2021 年发布的《实施城市更新行动》。在中国政府的支持下，智慧城市建设有望加快，这将进一步推动物联网市场的发展。目前，智慧城市的发展也是 2023 年中国物联网发展的重要特征。

【拓展阅读】

从"首航"到"领航"，无锡以数字经济感知世界

无锡被誉为"物联网之都"。走在无锡的街头，人们可以真切地感受到万物互联构建出的"智慧大脑"正在背后默默支撑着这座城市运行。在无锡，"物联网"与每个人息息相关，它存在于生活中的每一份智慧、便捷之中。

早在 2006 年初，无锡就建立了"太湖国际科技园"，开始关注微纳电子产业，并对物联网产业进行战略部署，大力发展微纳传感网产业，建立起国内首座"微纳传感国际创新园"。

2009 年，无锡在国家政策的支撑下，成为我国唯一的国家传感网创新示范区，担起了在物联网领域先行探路的使命，也由此，拉开了中国物联网发展的序幕。作为中国物联网的"首航之城"，无锡勇担重任，开启了物联网发展之路。

结合《无锡国家传感网创新示范区发展规划纲要（2012—2020 年）》要求，无锡打造了"专业园区"+"特色小镇"，以加快物联网发展所需的各类要素在园区和小镇的集聚，加强无锡示范区与周边地区的协调配合和区域联动，拓展发展空间，增强示范区的辐射带动效应。目前，无锡基本形成了涵盖传感器、感知设备、网络通信、应用服务和智能硬件等较完整的物联网产业链。

随着《无锡市重大物联网应用示范项目管理暂行办法》的正式出台，汽车电子标识、居民健康信息管理、气象物联网、财税物联网等重大物联网应用示范项目先后通过正式立项并实施，一大批关键技术和行业标准应运而生，为全国物联网规模化应用提供试点示范。

物联网赋能成为无锡产业发展的鲜明特色，逐步应用于工业、农业、环保、金融、物流、健康、体育、交通、安防等各个领域，无锡企业承接的物联网工程已遍及全球60多个国家700多座城市和全国31个省、自治区、直辖市。

当前，物联网已成为推动数字经济和实体经济深度融合的重要引擎。无锡将继续在物联网技术和产业发展上作出新探索，努力走在物联网发展最前列，成为名副其实的中国物联网发展领航者。

微课 3-4
认识物联网
的体系架构

3.2　了解物联网的体系架构

随着科学技术的不断进步和物联网技术的快速发展，物联网已经成为连接世界的重要基础设施。物联网的体系架构是构建和组织物联网系统的基础框架，它定义了物联网中各个组成部分之间的关系和交互方式。

3.2.1　常见的物联网体系架构

依据不同的标准，物联网的体系架构主要分为三层和四层两种。

按三层架构的分法，从底层到上层，分别为感知层、网络层、应用层。物联网三层架构示意图如图 3-5 所示。

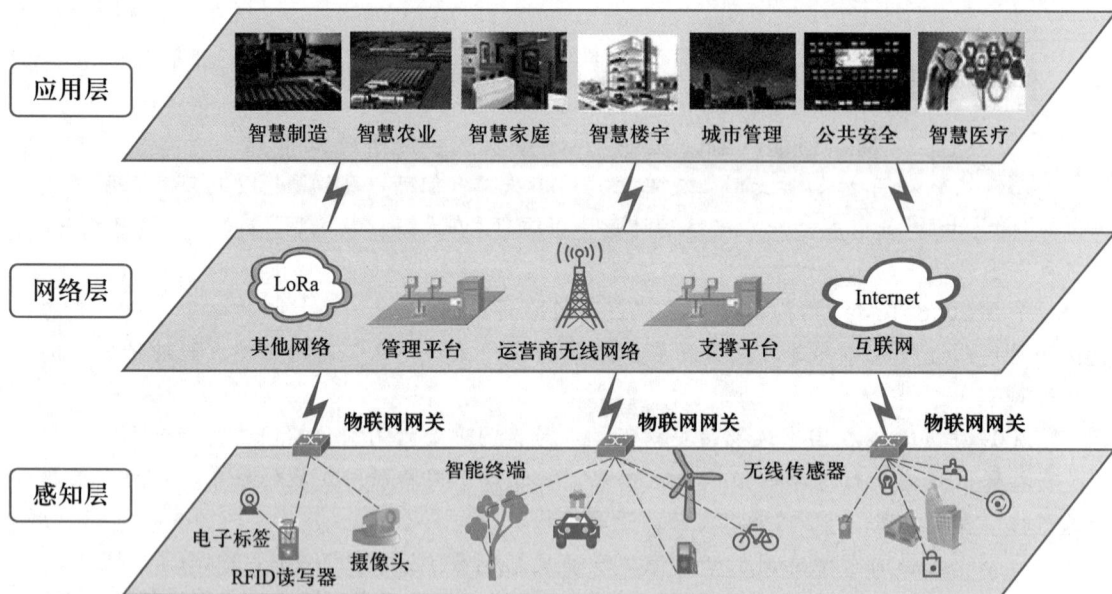

图 3-5　物联网三层架构模型

按四层架构的分法，从底层到上层，分别为感知层、网络层、平台层、应用层。物联网四层架构示意图如图 3-6 所示。

三层架构与四层架构两种划分方式的差异主要在于，在三层分法中划出的"应用层"，根据软件应用的不同，它被进一步细分了，被拆分成了"平台层"和"应用层"。

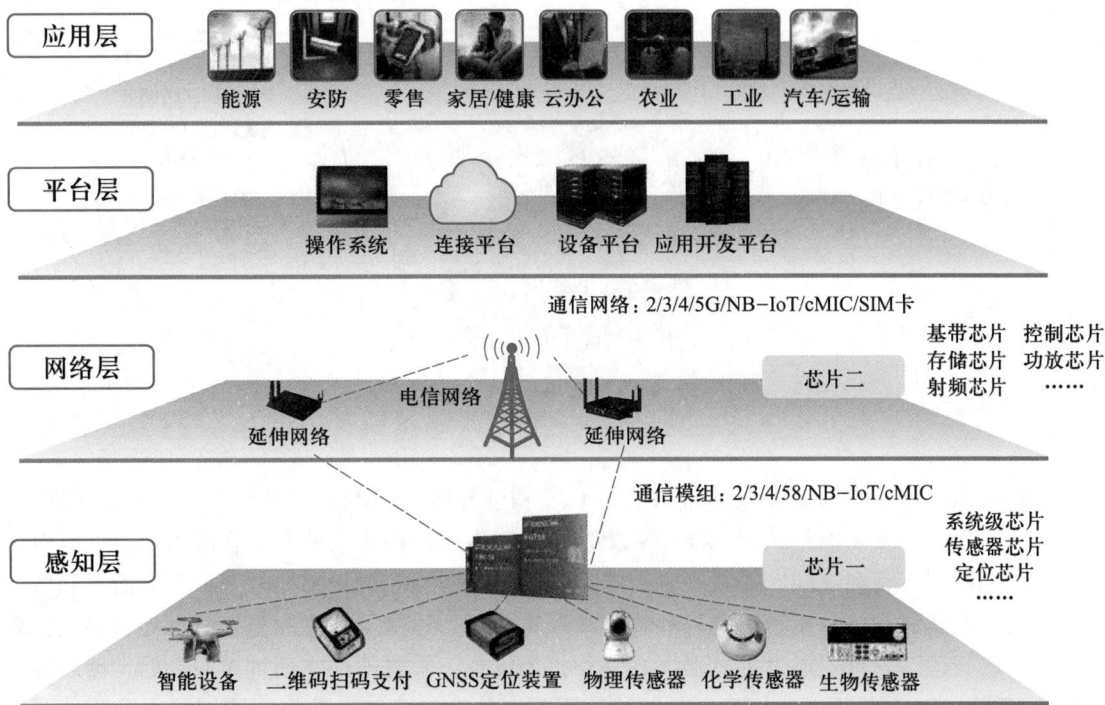

图 3-6　物联网四层架构模型

下面主要就物联网三层体系架构进行分析。如果拿人来比喻，那么感知层就像人的皮肤和五官，用来识别物体，采集信息；网络层则像人的神经系统，将信息传递到大脑进行处理；应用层类似人们从事的各种复杂的事情，完成各种不同的应用。物联网涉及的关键技术非常多，从传感器技术到通信网络技术，从嵌入式微处理节点到计算机软件系统，包含了自动控制、通信、计算机等不同领域，是跨学科的综合应用。物联网数据处理流程如图 3-7 所示。

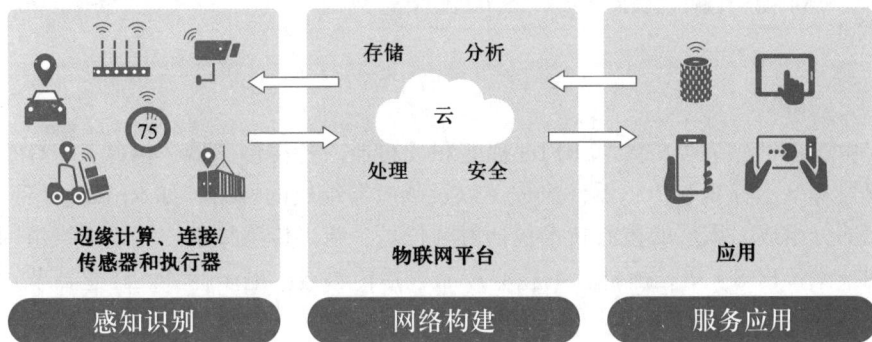

图 3-7　物联网数据处理流程

3.2.2　感知层

感知层是物联网的核心，是信息采集的关键部分。感知层位于物联网三层结构中的最底层，其功能为"感知"，即通过传感网络获取环境信息。感知层基本架构如图 3-8 所示。

图 3-8　感知层基本架构

感知层包括二维码标签和识读器、RFID 标签和读写器、摄像头、GPS、传感器、M2M 终端、传感器网关等，主要功能是识别物体、采集信息，与人体结构中皮肤和五官的作用类似。对人类而言，是使用五官和皮肤，通过视觉、味觉、嗅觉、听觉和触觉感知外部世界。而感知层就是物联网的五官和皮肤，用于识别外界物体和采集信息。感知层解决的是人类世界和物理世界的数据获取问题。它首先通过传感器、数码相机等设备，采集外部物理世界的数据，然后通过 RFID、条码、工业现场总线、蓝牙、红外等短距离传输技术传递数据。感知层所需要的关键技术包括检测技术、短距离无线通信技术等。物联网感知层系统构成如图 3-9 所示。

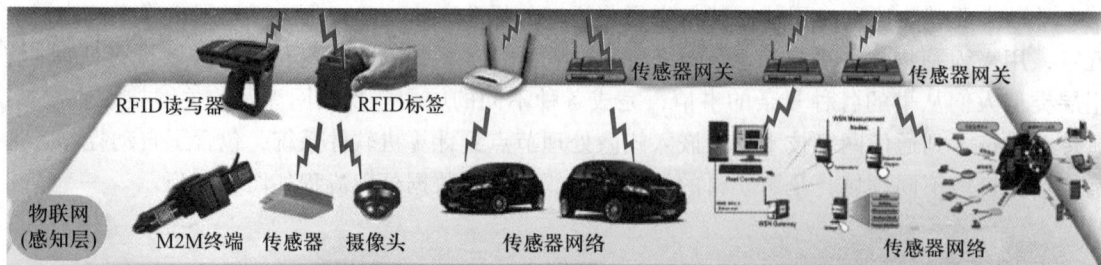

图 3-9　物联网感知层系统构成

感知层由基本的感应器件（如 RFID 标签和读写器、各类传感器、摄像头、GPS、二维码标签和识读器等基本标识和传感器件组成）以及感应器组成的网络（如 RFID 网络、传感器网络等）两大部分组成。该层的核心技术包括射频技术、新兴传感技术、无线网络组网技术、现场总线控制技术（FCS）等，所涉及的核心产品包括传感器、电子标签、传感器节点、无线路由器、无线网关等。

感知层常见的关键技术如下。

1. 传感器技术

物联网技术的核心之一是信息的收集与反馈，而信息收集需要依靠大量的传感器来完成。传感器是物联网中获取信息的主要设备，它利用各种机制把被测量转换为电信号，然后由相应的信号处理装置进行处理，并产生响应动作。常见的传感器包括温度、湿度、压力、光电传感器等。从仿生学观点来看，如果把计算机看成处理和识别信息的"大脑"，把通信系统看成传递信息的"神经系统"，那么传感器就是"感觉器官"。微型无线传感技术及以此组建的传感网是物联网感知层的重要技术手段。

2. 射频识别（RFID）技术

RFID 又称为电子标签，它是通过无线电信号识别特定目标并读/写相关数据的无线通信技术。它主要用来为物联网中的各物品建立唯一的身份标识。在国内，RFID 技术已经在身份证、电子收费系统和物流管理等领域有了广泛应用。RFID 市场应用成熟，标签成本低廉，多用来进行物品的甄别和属性的存储，但 RFID 一般不具备数据采集功能，且在金属和液体环境下应用受限。

3. 二维码技术

二维码技术是用特定的几何图形按一定规律在平面（二维方向）上分布的黑白相间的矩形方阵记录数据符号信息的新一代条码技术。二维码由一个二维码矩阵图形、一个二维码号以及下方的说明文字组成。通过专用读码设备或者智能手机，就能读取二维码中的大量信息。二维码技术具有信息量大、纠错能力强、识读速度快、全方位识读等特点。

4. 无线传感器网络技术

无线传感器网络（Wireless Sensor Network，WSN）的基本功能是将一系列空间分散的传感器单元通过自组织的无线网络进行连接，从而将各自采集的数据通过无线网络进行传输汇总，以实现对空间分散范围内的物理或环境状况的协作监控，并根据这些信息进行相应的分析和处理。传感器网络需要支持灵活的网络管理和灵活的路由机制，支持多种类型设备的协同工作，支持带宽管理、节能管理、特定设备的 QoS 管理等。无线传感器网络技术是实现物联网广泛应用的重要底层网络技术，可以作为移动通信网络、有线接入网络的神经末梢网络，进一步延伸网络的覆盖。

5. 蓝牙技术

蓝牙（Bluetooth）是一种支持设备短距离通信（一般在 10 m 内）的无线电技术。能在包括移动电话、PDA、无线耳机、笔记本计算机、相关外设等众多设备之间进行无线信息交换。利用蓝牙技术，能够有效地简化移动通信终端设备之间的通信，也能够成功地简化设备与 Internet 之间的通信，从而使数据传输变得更加迅速高效，为无线通信拓宽道路。蓝牙采用分散式网络结构以及快跳频和短包技术，支持"点对点"及"点对多点"通信，工作在全球通用的 2.4 GHz ISM（Industrial Scientific Medical，工业、科学、医学）频段。蓝牙采用时分双工传输方案实现全双工传输，其数据速率为 1 Mb/s。

6. ZigBee 技术

ZigBee 也称紫蜂，是一种低速短距离传输的无线网上协议，底层是采用 IEEE 802.15.4 标准规范的媒体访问层与物理层。主要特色有低速、低耗电、低成本，支持大量网上节点，支持多种网络拓扑，低复杂度、快速、可靠、安全。ZigBee 无线通信技术是基于蜜蜂相互间联系的方式而研发生成的一项应用于互联网通信的网络技术。相较于传统网络通信技术，ZigBee 无线通信技术表现出更为高效、便捷的特征。作为一种近距离、低成本、低功耗的无线网络技术，ZigBee 无线通信技术关于组网、安全及应用软件方面的技术基于 IEEE 批准的 802.15.4 无线标准。该技术尤为适用于数据流量偏小的业务，可便捷地在一系列固定式、便携式移动终端中进行安装，与此同时，ZigBee 无线通信技术还可实现 GPS 功能。

3.2.3　网络层

网络层是位于物联网三层结构中第二层的信息处理系统，其功能为"传送"，即通过通信网络进行信息传输。

网络层作为纽带连接着感知层和应用层，它由各种私有网络、互联网、有线和无线通信网等组成，相当于人的神经中枢系统，负责将感知层获取的信息安全可靠地传输到应用层，然后根据不同的应用需求进行信息处理。物联网网络层系统构成如图 3-10 所示。

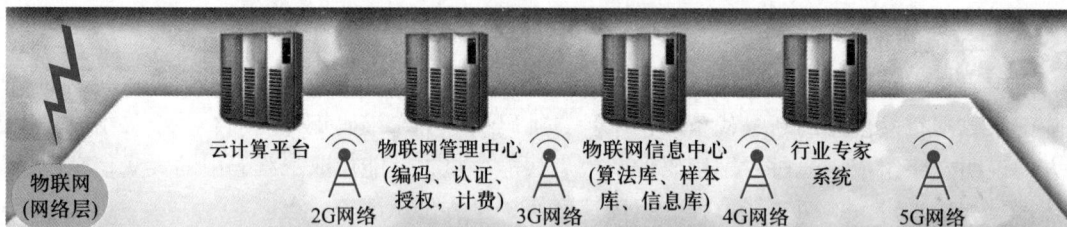

图 3-10　物联网网络层系统构成

物联网网络层包含接入网和传输网，分别实现接入功能和传输功能。接入网包括光纤接入、无线接入、以太网接入、卫星接入等各类接入方式，实现底层的传感器网络、RFID 网络最后一千米的接入。传输网由公网与专网组成，典型传输网络包括电信网（固网、移动通信网）、广电网、互联网、电力通信网、专用网（数字集群）。

物联网的网络层基本上综合了已有的全部网络形式来构建更加广泛的"互联"。每种网络都有自己的特点和应用场景，互相组合才能发挥出最大的作用，因此在实际应用中，信息可能经由任何一种网络或几种网络组合的形式进行传输。

而由于物联网的网络层承担着巨大的数据量，并且面临更高的服务质量要求，物联网需要对现有网络进行融合和扩展，利用新技术以实现更加广泛和高效的互联功能。物联网的网络层，自然也成了各种新技术的舞台，如 5G 通信网络、IPv6、Wi-Fi 和 WiMAX、蓝牙、ZigBee 等。网络层常见的关键技术如下。

1. 移动通信网络（2G/3G/4G/5G）

当前的移动通信网络涵括了第二代数字通信服务（2G）、第三代数字通信服务（3G）、第四代数字通信服务（4G）、第五代数字通信服务（5G）通信网络。

2G 业务比模拟移动业务提供的容量更多，在相同数量的频谱中，因使用了复用接入技术可承载更多的语音流量。2G 空中接口是全球移动通信系统(UGSM)和码分多址系统(CDMA)。

3G 标准统称为 IMT-2000 国际移动通信标准，其中最广泛的应用是 WCDMA、TD-SCDMA 和 CDMA2000。

4G 协议的标准由国际电信联盟无线电通信组制定，WiMAX 和 LTE 协议通常被称为 4G 业务。4G 的核心技术有接入方式和多址方案、调制与编码技术、智能天线技术、MIMO 技术、基于 IP 的核心网、多用户检测技术。4G 的优点是速度快、频谱宽、高质量、高效率、通信灵活、兼容性好。

5G 是最新一代蜂窝移动通信技术，特点是广覆盖、大连接、低延时、高可靠。和 4G 相比，5G 峰值速率提高了 30 倍，用户体验速率提高了 10 倍，频谱效率提升了 3 倍，移动性能达到支持速度为 500 km/h 的高铁，无线接口延时减少了 90%，连接密度提高了 10 倍，能效和流量密度各提高了 100 倍，能支持移动互联网和产业互联网的各方面应用。5G 技术目前主要有三大应用场景：一是增强移动宽带，提供大带宽、高速率的移动服务，面向 3D/超高清视频、增强现实、虚拟现实、云服务等应用；二是海量机器类通信，主要面向大规模物联网业务，智能家居、智慧城市等应用；三是超高可靠低延时通信，将大大助力工业互联网、车联网中的新应用。

2. 广电网络

广电网络通常是各地有线电视网络公司负责运营的，通过"光纤 + 同轴电缆混合网"（HFC）向用户提供宽带服务及电视服务网络，宽带可通过电缆调制解调器（Cable Modem）连接到计算机，理论到户最高速率达 38 Mb/s，实际速率要视网络情况而定。

3. NGB 广域网络

中国下一代广播电视网（NGB）是以有线电视数字化和移动多媒体广播（CMMB）的成果为基础，以自主创新的"高性能带宽信息网"核心技术为支撑，构建的适合我国国情的、三网融合的、有线无线相结合的、全程全网的下一代广播电视网络。

4. 因特网（Internet）

因特网又称国际互联网，指的是网络与网络之间所串连成的庞大网络，这些网络以一组通用的协议相连，形成逻辑上的单一巨大国际网络。这个网络中有交换机、路由器等网络设备，有各种不同的连接链路、种类繁多的服务器和数不尽的计算机、终端。使用因特网可以将信息瞬间发送到千里之外的人手中，它是信息社会的基础。截至 2022 年年末，中国 3 家基础电信企业的固定因特网宽带接入用户总数达 58 965 万户，比上年末增加 5 386 万户。中国固网宽带的平均下载速率和移动网络平均下载速率都居世界前列。

3.2.4　应用层

应用层位于物联网三层结构中的最顶层，其功能为"处理"，即通过云计算平台进行信息处理。应用层与最低端的感知层一起，是物联网的显著特征和核心所在，应用层可以对感知层采集数据进行计算、处理和知识挖掘，从而实现对物理世界的实时控制、精确管理和科学决策。物联网应用层系统构成如图 3-11 所示。

图 3-11　物联网应用层系统构成

物联网应用层的核心功能围绕两个方面：一是"数据"，应用层需要完成数据的管理和数据的处理；二是"应用"，仅仅管理和处理数据还远远不够，必须将这些数据与各行业应用相结合。例如在智能电网中的远程电力抄表应用：安置于用户家中的读表器就是感知层中的传感器，这些传感器在收集到用户用电的信息后，通过网络发送并汇总到发电厂的处理器上。该处理器及其对应工作就属于应用层，它将完成对用户用电信息的分析，并自动采取相关措施。

从结构上划分，物联网应用层包括以下三部分。

1. 物联网中间件

物联网中间件是一种独立的系统软件或服务程序，中间件将各种可以公用的功能进行统一封装，提供给物联网应用使用。

2. 物联网应用

物联网应用就是用户直接使用的各种应用，如智能操控、安防、电力抄表、远程医疗、智能农业等。

3. 云计算

云计算可以助力物联网海量数据的存储和分析。依据云计算的服务类型可以将云分为基础架构即服务、平台即服务、服务和软件即服务。

从物联网三层结构的发展来看，网络层已经非常成熟，感知层的发展也非常迅速，而应用层不管是从受到的重视程度还是实现的技术成果上，以前都落后于其他两个层面。但因为应用层可以为用户提供具体服务，是与人们最紧密相关的，因此应用层的未来发展潜力很大。

【拓展阅读】

中国主导的 ISO/IEC 30141：2018《物联网 参考体系结构》国际标准正式发布

2018 年 8 月 30 日，ISO/IEC JTC 1/SC 41（物联网及相关技术分技术委员会）标准项目 ISO/IEC 30141：2018《物联网 参考体系结构》正式发布。

该国际提案于 2013 年 9 月由中国电子标准化研究院（以下简称"电子标准院"）和无锡物联网产业研究院联合提出，在国家标准化管理委员会、工业和信息化部等相关部门的指导下，经历了 5 年的努力推进，最终获得了突破性的成果。体系架构标准的制定历来都是各领域标准化工作的必争之地和制高点，物联网体系架构标准由我国主导提出并制定，体现了我国在物联网国际标准化领域的技术领先优势。在制定物联网总体架构国际标准的同时，由全国信息技术标准化技术委员会归口，国家物联网基础标准工作组组织编写的国家标准 GB/T 33474—2016《物联网 参考体系结构》于 2016 年先于国际标准发布。

该国际标准规定了物联网系统特性、概念模型、参考模型、参考体系结构视图（功能视图、系统视图、网络视图、使用视图等），以及物联网可信性。该国际标准的发布将为全球物联网实现提供体系架构、参考模型的总体指导，对促进国内外物联网产业的快速、健康发展具有重要意义。

标准之争，历来是大国利益的诉求和博弈。在全球化的今天，谁掌握了标准，谁就赢得市场主导权。中国在物联网领域前瞻性强，布局早，速度快，形成了较强的技术积淀和人才储备，在技术层面毫不逊色于西方国家；我国成立了国家物联网基础标准工作组和多个物联网应用标准工作组，在物联网标准的制定方面已占得先机，领先其他国家，这些都是我国能推动国际标准制定的坚实基础。

【实训任务】

如今，物联网技术可以说融入了人们生活的方方面面，请大家结合自己的生活实际，描述一下你周围有哪些物联网的应用场景，并简要分析这些物联网设备的引入给人们的生活带来了哪些便利。

【单元测试】

一、选择题

1. 物联网的特点有（   ）、（   ）、（   ）。
   A. 全面感知   B. 可靠传递   C. 智能处理   D. 网络优化
2. 物联网处理信息的功能有（   ）、（   ）、（   ）、（   ）。
   A. 获取信息功能   B. 传送信息功能
   C. 处理信息功能   D. 施效信息功能
3. 构成传感器网需要两种模块，一种是（   ），另一种是（   ）。
   A. 传感模块   B. 组网模块   C. 通信模块
4. 物联网产业链主要分为（   ）、（   ）、（   ）、（   ）四部分。
   A. 感知识别   B. 网络传输   C. 平台管理   D. 应用服务
5. 在物联网产业链中，（   ）和（   ）为接入基础，（   ）与（   ）为上层建筑。
   A. 感知识别   B. 应用服务   C. 平台管理   D. 网络传输
6. 物联网的体系架构主要分为两种：一种为（   ）架构，另一种为（   ）架构。
   A. 二层   B. 三层   C. 四层   D. 五层
7. 物联网按三层架构的分法，从底层到上层，分别为（   ）、（   ）、（   ）。
   A. 感知层   B. 应用层   C. 网络层   D. 会话层
8. 物联网按四层架构的分法，从底层到上层，分别为（   ）、（   ）、（   ）、（   ）。
   A. 平台层   B. 应用层   C. 网络层   D. 感知层
9. RFID 属于物联网的（   ）。
   A. 平台层   B. 应用层   C. 网络层   D. 感知层
10. 5G 属于物联网的（   ）。
    A. 平台层   B. 应用层   C. 网络层   D. 感知层
11. Zigbee 属于物联网的（   ）。
    A. 平台层   B. 应用层   C. 网络层   D. 感知层
12. LoRa 属于物联网的（   ）。
    A. 平台层   B. 应用层   C. 网络层   D. 感知层
13. 在物联网三层架构中，（   ）就像人的皮肤和五官，用来识别物体，采集信息。
    A. 感知层   B. 网络层   C. 应用层
14. 在物联网三层体系架构中，（   ）就像人的神经系统，将信息传递到大脑进行处理。

　　　A．感知层　　　　　　　B．网络层　　　　　　　C．应用层

15．在物联网三层体系架构中，（　　　）类似人们从事的各种复杂的事情，完成各种不同的应用。

　　　A．感知层　　　　　　　B．网络层　　　　　　　C．应用层

二、判断题

1．物联网就是万物相连的互联网，它是在互联网基础上延伸和扩展的网络。　　　（　　　）

2．物联网包括传感网。　　　　　　　　　　　　　　　　　　　　　　　　　　（　　　）

3．物联网是互联网的一种。　　　　　　　　　　　　　　　　　　　　　　　　（　　　）

4．物联网包含泛在网。　　　　　　　　　　　　　　　　　　　　　　　　　　（　　　）

5．人工智能将与物联网相结合，为物联网提供更加智能的能力。　　　　　　　（　　　）

三、简答题

1．物联网的概念是什么？

2．物联网、传感网、泛在网之间的逻辑关系是什么？

3．物联网未来有哪些发展趋势？

4．说明物联网的体系架构及各层次的功能。

5．说明物联网的技术体系架构及各层次的关键技术。

6．说明物联网的主要应用领域及应用前景。

7．请以生活中的物联网应用为例，具体分析其三层体系架构，绘制其数据流程图。

单元 4

应用物联网技术

【学习目标】

知识目标：

1. 了解物联网中"物"的含义，知道哪些对象可接入物联网。

2. 熟悉物联网连接网络的方式，理解搭建物联网系统的流程。

3. 了解物联网在各领域的应用情况及所涉及的相关技术。

4. 了解物联网涉及的安全和隐私问题。

技能目标：

1. 能够基于具体的应用搭建一个简单的物联网应用系统。

2. 能够基于物联网平台按流程搭建监测系统。

3. 能够结合自身专业，使用物联网相关技术解决实际问题。

素养目标：

1. 养成善于思考、深入研究的良好自主学习习惯和创新精神。

2. 养成爱岗敬业、遵守职业道德规范、诚实、守信的高尚品质。

【思维导图】

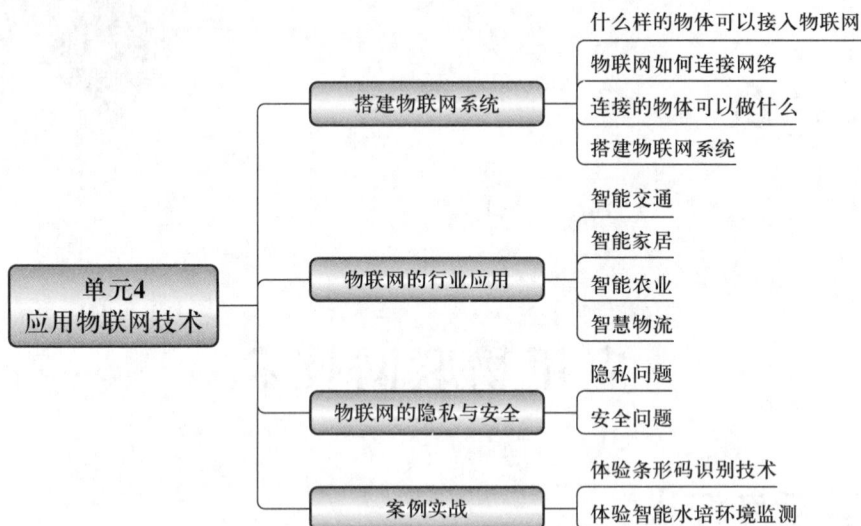

图 4-1 单元 4 知识图谱

【案例导入】

2022 年中国国际智能产业博览会（简称"智博会"）在重庆开幕，作为智博会重要承载地，位于重庆两江新区嘉陵江畔的礼嘉智慧公园，乘着 2022 智博会东风，隆重推出其换新升级的"智慧生活的一天"。作为打造智慧生活的"样板间"，在这里人们可以体验到最新的物联网技术。

智能卧室让起居更舒适——清晨醒来，一句语音指令就能唤醒所有智能家居，窗帘也会自动打开，卧室的透明电视会自动播放今日天气、家中环境数据及昨日睡眠数据。

智能阳台让家务更轻松——当洗衣机完成洗衣时，晾衣架会下降，衣柜会自动打开以便于拿取衣架。挂上洗好的衣物后，晾衣架便会自动上升并开始晾晒。

智能厨房让厨房新手避免"翻车"——在操作台自动生成的烹饪方式指引下制作美食，全套操作台、橱柜彼此智能交互，能够通过语音控制，互相联动变换。此外，智能厨房还做足了安全性保护，漏水、漏气都可以第一时间被发现。

智茶大师让品茗更简便——沏茶、泡茶、冲茶……双臂六轴机械臂的机器人智茶大师能根据不同茶叶的品种调整水温，全程只需要 2~3 分钟，就能做出一杯比肩大师级水平的茗茶。

在智慧工作馆，AI 化学实验室让日常教学更有趣——黑板、粉笔不再是承载知识的唯一载体，239 种药品，111 种器材可自由组装实验，操作步骤不受局限，可根据不同实验步骤，呈现精确的实验结果及逼真的实验现象，让使用者在寓教于乐中掌握正确的实验方法。

"智慧生活的一天"让人们切身感受数字生活新方式妙不可言，科技赋能美好生活的愿望已从梦想照进现实。作为支撑智慧生活的关键技术——物联网俨然成为人们生活的重要组成部分。

4.1　搭建物联网系统

物联网前景广阔，意义重大，并深刻地影响着人们的生活。物联网结合各种技术和协议，再加上新奇有趣的方式，最终在人们每天的生活和互动中实现了各种各样的自动化。它把各种相对简单的技术组合起来，却成就了比把这些零件简单叠加起来更伟大的东西。那么，如何搭建一个物联网系统呢？

微课 4-1
搭建物联网
系统

4.1.1　什么样的物体可以接入物联网

总的来说，物联网都是关于物体的。这很重要，但是人们讨论的到底是什么物体呢？

本质上说，物联网中的一个"物体"可以是任何东西，只要大到可以包含一个无线发射器（利用 Wi-Fi、蓝牙或者其他无线协议），而且足够独特，让人们觉得有必要为其分配一个互联网地址。它也可以是一个别针那么小，还可以是一个房子那么大。

物联网可以连接的物体很多，主要包括以下几个类别：

- 家用电子设备，如智能电视和智能空调。
- 医疗设备，如血压传感器和脉搏传感器。
- 家用电器，如智能电冰箱、烤箱和洗衣机。
- 汽车，如自动驾驶汽车。
- 飞机，从商业航线飞机到自动飞行的无人飞机。
- 家居自动化设备，如恒温器、烟雾探测器和报警系统。
- 家居、城市和国家，包括所有可以被监测和控制的物体。

然而，物联网上的物体并不见得都是无生命的。像人类一样，类似狗、猫和奶牛这样的动物都可以被嵌入和连接。例如，生物芯片转发器，就可以跟踪动物的行踪，或者人体所佩戴的植入式设备，可以监测物理位置和医学状态。

除了它们互相连接的能力之外，所有这些物体的共性是，它们要么包含一个传感器，要么具有执行某种特别操作的能力，或者两样都有。也就是说，它们要么可以与其他物体沟通，要么是可以完成什么具体的操作。

这样的结果就是，成千上万的物体通过物联网连接起来。这是一个巨大的数字，使得今天通过互联网相互连接的计算机和智能手机的数量都相形见绌。

实际上，由于有太多的物体被连接入物联网，以至于有些人把它叫作"所有物体的互联网"。这可能把物联网的"物"的范围扩展得有点大，但你可以体会到"物"的含义。

4.1.2　物联网如何连接网络

物联网的连接方式主要有以下几种。

1. 以太网

以太网是目前最常用的局域网组网方式（主要的标准是 IEEE 802.3），通过集线器、交换机和路由器构成一个网络，利用双绞线（或者光纤）将这些网络设备与主机连接起来。以太网常见于工业和楼宇自动化中，它在包含同一网络许多节点的系统中被广泛应用。

2. 无线网络

无线网络（Wi-Fi）代表了无线局域网组网技术（主要的标准是 IEEE 802.11），广泛应用于家庭、商业和工业场景中，成为最主流的联网方式之一。Wi-Fi 为建筑物内组网提供了极大的便利，避免了物理布线和施工，同时 Wi-Fi 网络的范围可以小到一个房间的范围，也可以大到城镇的级别，带宽可从数十兆比特每秒到数百兆比特每秒。在范围较小的空间，可以用一个无线路由器连接所有的联网设备；若碰到墙壁导致信号较弱，或者范围略大导致远处的信号较弱，则可以加入信号放大器或者使用多个无线路由器级联的方式来组网。在范围较大的空间，比如跨楼层的办公空间，则可以采用 "AC（Access Controller）+APs（Access Points）" 的方式来组建无线局域网，这些 AP 通过有线方式连接起来，从而空间上不受无线传输距离的影响，而用户的无线连接可以在整个区域内进行漫游。

3. 低功耗广域网

低功耗广域网（LPWAN）适合广域范围内实现物联网终端连接互联网，典型技术有两种：NB-IoT 和 LoRa。其中，NB-IoT 是一种利用移动基站进行通信的窄带低功耗广域网络技术，它使用了授权的频段，可直接部署于现有的移动通信网络上，需要运营商提供服务和支持。NB-IoT 针对低功耗、广域范围、传输数据量小且更新频率也不高的物联网设备，适合于像路灯、停车、共享单车、物流集装箱、空气监测仪等各种户外场景。而 LoRa 是另一种与 NB-IoT 竞争的窄带通信技术，它使用了非授权频段。LoRa 在组网时，不需要运营商的支持，终端设备通过 LoRa 网关与局域网或者互联网连接。LoRa 可以用于企业建立广域的私有无线网络，连接企业场景中的各种物联网设备，设备与网关之间的距离可为 2~10 km。

4. 蜂窝网络

蜂窝连接是物联网中最受欢迎的连接选项之一，特别是对于大规模物联网部署来说。如果想构建全球规模的物联网，蜂窝连接也是唯一的选择，并且可以提供国际以及区域物联网连接的各种数据计划。

随着 5G 的推出，可以预期它将推动物联网的创新。5G 的更高速率可以在尖端的物联网应用（如自动驾驶汽车）中取得更大的进步，尽管其价格要比面向物联网的网络更高。5G 的覆盖范围不及 LTE 或 3G，但它正在扩展，一些行业分析师预测，在未来 5 年中，5G 将覆盖全球人口的 20%。

5. 卫星

通过卫星来连接网络是一种在特殊条件下比较便捷的方式，如在飞机上、偏远山区或者大海上。通信卫星通过地面站与互联网连接起来，卫星手机或者地面接收站点通过卫星天线连接通信卫星，进而连接互联网的服务。除了数据通信，当前主流的户外定位也通过卫星来实现，例如人们常用的 GPS 定位，以及北斗卫星定位。

6. 蓝牙

蓝牙是一种短距离（通常小于 10 m）的无线通信技术，通常用于在笔记本计算机、智能手机、车载系统、无线耳机，以及各种可穿戴设备之间进行数据通信。蓝牙的特点是短距离、低功耗、低速率，适合在小范围构建起个人区域网络（Personal Area Network，PAN）。蓝牙工作在全球通用的 2.4 GHz 非授权频段，使用 IEEE 802.11 协议。除了在个人可穿戴和消费电子设备上广泛使用以外，蓝牙技术也被用于工业、医疗、汽车等领域，提供设备联网和诊断的便利。

4.1.3　连接的物体可以做什么

多数连接到物联网的设备其实是经常被称为"智能设备"的简单设备（如智能电视、智能冰箱、智能洗衣机），这些设备自身并不一定就是智能的，也可以是在与其他设备彼此连接后获得的智能。

实际上，当人们第一次看到这种现象的时候，把物体连接入物联网并不见得有什么新鲜独特的。人们今天已经有了嵌入传感器的设备，也有执行一两样零星任务的设备，所以并不是设备或者传感器，甚至都不是它们之间的连接导致了如此令人激动的物联网。

一旦有足够多的设备连接在一起，它们会产生一种可以生成自身智能的协同系统，而不需要人类的翻译和互动。这就像所有的这些简单设备（与个人计算机相比较而言）联合而产生一个单一的、巨型的机器，也好比一些个体的蜜蜂聚集在一起成为一个集体智能的蜂群。

在物联网中，每个被连接的设备都变得比单一设备自身功能更强大。整体功能大于其所有组成部分的功能之和，是因为所有的物体都以智能、自动的方式与其他的物体连接。任何与周围其他有关设备连接的设备都会分享收集到的数据，这就产生了所谓的"环境智能"，最终导致多个协同工作的设备利用嵌入在网络中的信息和智能共同执行日常活动和任务。这些都自动地发生在周遭的背景中，服务人类，而不需要人们的帮助和互动，这就是把收集数据和执行特定操作整合起来的效果。

有些连接进来的设备包含可以感知其周围环境的传感器，如温度传感器、光照传感器等，举不胜举。这些设备把收集到的数据传递给其他预先定义了特定任务的设备，这些执行设备按照其预先的编程完成任务，这就是通过不断迭代而变得越来越智能的自我修正循环。

举个例子，就是将汽车联网。今天如果什么东西闯入了人们的汽车，一个传感器会识别这个有敌意的东西，并且激活"检查发动机"指示灯。这是一项非常简单的传感器技术，并且也不是非常有用（毕竟，人们并不知道到底是什么出了问题），但这就是如今的现状。

在明天的物联网中，人们将得到更多的、也更加智能的与其他设备沟通的传感器。与一个单一的传感器和"检查发动机"指示灯的连接不同，新智能汽车将具有更多的传感器，其中很多就直接内置在汽车零件中。当一个传感器发觉一个特定的零件磨损了，这在之前就是点亮"检查发动机"指示灯，这个传感器通知一个控制器或者一个安装在汽车某处的"大脑"。这个控制器留意到这个零件的磨损，并且当这辆汽车连接到互联网时（通常可能是驶入 Wi-Fi 覆盖区），它把这个消息传递给人们常去的修车店。那家店里的计算机检查了这个磨损零件的信息，确定了必要的检修步骤，下了更换零件的订单（如果该零件已经没有库存），并且联络人们的智能手机中的日历应用定下一个更换该零件的检修服务预约。没有难以理解的警告灯，没有意料之外的故障，没有预约修理的麻烦。所有必要的物体在和其他必要的物体之间沟通，使得汽车尽快恢复正常工作状态，并且尽可能地减少麻烦。

当人们把来自每个设备（或者不同的系统）的信息以一种新颖的方式整合起来的时候，情况就会变得非常有趣。现在我们在讨论"大数据"的概念了——针对完全不同种类、非特意组织成同一主题的信息的分析。从这个智能设备里取得一块数据，并与另一个智能设备中取得的一块数据整合，有时会得到 1 加 1 大于 2 的效果。整个网络把所有的数据块放在一起并得到一个有趣的结论，并导致某个智能设备的独特操作。所有这些设备集中在一起工作最终可以比单独的设备理解更多的情况，并且在很多情况下，比你自己所知道的还多。这听起来有点耸人听闻，但是看起来非常有望带来更加高效且节省劳动力的生活方式。

4.1.4　搭建物联网系统

物联网整合各种技术建立了一种半自治的网络。简单地说，就是物联网把每个设备连接到网络或者彼此连接。网络也连接了软件和服务，用以分析由被连接的设备所采集的数据并用这些数据做出决策，进而在该设备或其他设备上触发一定的操作。

这些设备通常是采取某种无线的方式连接到网络的。这种无线技术可能是现在已经无所不在的 Wi-Fi，也可能是某种面向未来的无线协议。有些设备采用蓝牙连接到一个主控设备上，再通过那个主控设备连接到 Wi-Fi 网络。

当人们具备了物联网所需的全部技术时，就可以动手搭建物联网系统，整个搭建的过程大致可以分为以下三个阶段。

1. 设备部署和连接

因为物联网的基础是建立一个设备的网络，所以把部署更多的设备作为物联网的第一阶段也就不奇怪了，这里的设备有各种类型，如各类传感器、执行器、自动识别终端、传感网络模块等，进行电路装配、工程布线、设备检测及设置。

2. 网络连接和配置

搭建物联网工程网络，并对各终端设备的有线网络、无线网络进行连接和配置，包括网络连接布线，无线路由器设定配置，ZigBee、串口服务器、计算机、网络摄像机、移动互联终端等各类接入到网络的终端设备进行网络配置。

3. 系统部署与应用

部署物联网软件系统，包括对服务系统、个人计算机客户端应用、移动端软件、网关系统及平台系统的部署及配置，应用组态软件配置及数据展示，实时数据展示，历史数据分析展示，控制设备状态展示，页面布局美观度，摄像头视频实时展示，摄像头云台控制。

【拓展阅读】

京东方发布全球首个电子标签物联网应用国际标准

2022 年 6 月 15 日，京东方牵头制定的"ISO/IEC 30169:2022 Internet of Things（IoT）-IoT applications for electronic label system（ELS）"（《物联网 - 电子标签系统的物联网应用》）通过国际物联网权威标准组织 ISO/IEC JTC1 SC41 正式发布。该国际标准规定了电子标签系统的系统框架、物联网应用模型、功能要求、接口要求、性能要求等内容。除智慧零售领域外，该国际标准同样适用于教育、商务办公、健康服务、智慧园区、广告宣传等众多领域。

该标准是中国智慧零售行业首个物联网国际标准，以及全球首个电子标签系统物联网应用国际标准。该标准的发布不仅填补了行业空白，为物联网行业规范化发展和技术升级提供了标准支撑，更彰显了京东方在全球智慧零售市场的领导力和物联网应用领域的强大创新实力。

可以说，《物联网 - 电子标签系统的物联网应用》的发布，为全球智慧零售市场产品的标准化及上下游产业生态健康发展提供了强力支撑，也标志着以电子标签为核心的低碳零售物联网解决方案更加成熟。

4.2　物联网的行业应用

近年来，物联网在各行各业中的应用已越来越广泛。而物联网技术在生产和生活中的应用，也给各行各业带来了新活力。

微课 4-2
物联网的行业应用

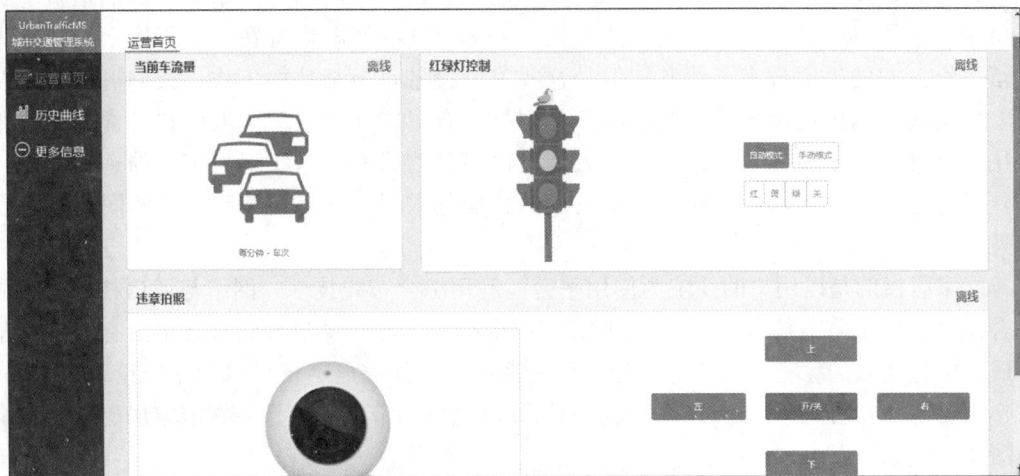

4.2.1　智能交通

在物联网快速发展的近几年，城市交通也朝着智能化方向发展。物联网提高了智能交通的信息化水平和自动化水平，让交通基础设施发挥的价值也越来越大，使车、人、交通基础设施之间连接更强。

现有的城市交通管理基本上是自发进行的，每个驾驶员根据自己的判断选择行车路线，交通信号标志仅仅起到静态的、有限的指导作用。这导致城市道路资源未能得到最高效率的运用，由此产生了不必要的交通拥堵，甚至瘫痪。而智能的城市交通基础设施可以将整个城市内的车辆和道路信息实时收集起来，并通过超级计算中心动态地计算出最优的交通指挥方案和行车路线。例如，在机动车辆发生事故时，车载设备就可以向交通管理中心发出信息，便于及时处理以减少道路拥堵。同样，后方行驶的车辆也可以及时得到消息，绕开拥堵路段。当然，若违章驾驶，司机也会在第一时间受到处罚。城市交通管理系统如图 4-2 所示。

图 4-2　城市交通管理系统

智能交通信息采集方面，其终端节点通过采用非接触式地磁传感器来定时收集和感知区域内车辆的速度、车距等信息。当车辆进入传感器的监控范围后，终端节点通过地磁传感器来采集车辆的行驶速度等重要信息，并将信息传送给下一个定时醒来的节点。当下一个节点感应到该车辆时，结合车辆在两个传感器节点间的行驶时间，就可估算出车辆的平均速度。多个终端节点将各自采集并初步处理后的信息通过汇聚节点汇聚到网关节点，进行数据融合，获得道路车流量与车辆行驶速度等信息，从而为路口交通信号控制提供精确的输入信息。通过给终端节点安装风速、风向、PM2.5、气体检测等多种传感器，还可以实现对路面状况、能见度和车辆尾气污染等的实时检测，如图 4-3 所示。

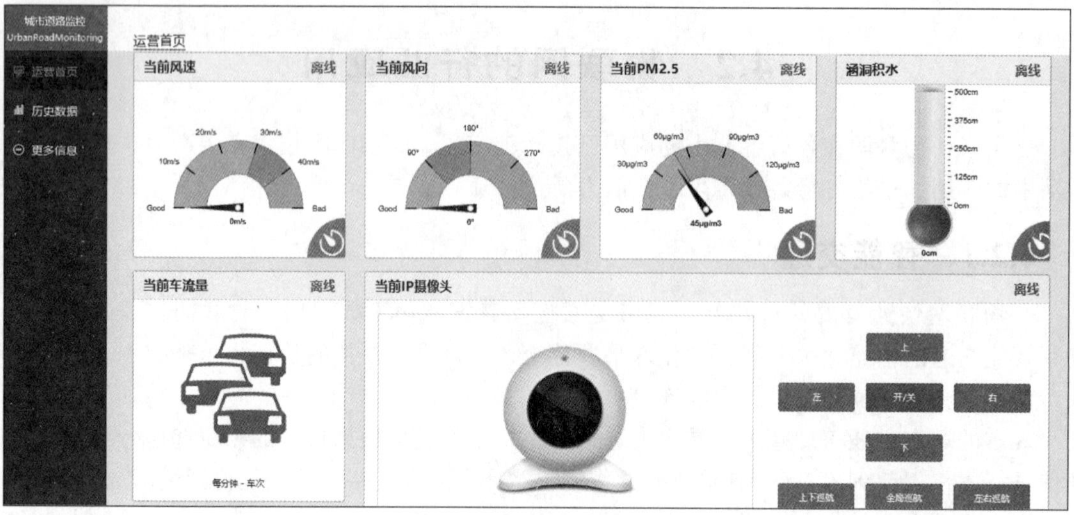

图 4-3   城市道路监控系统

4.2.2   智能家居

如今，随着人们生活水平的提高和生活需求的扩大，越来越多的家电设备进入了人们的生活中，如做饭用的电饭煲、微波炉、烤箱、电磁炉，饮水用的电热水器，抽油烟机、自动抽湿机等清洁用具以及电视、空调、洗衣机，等等。这些家电设备在一定程度上改善了人们的生活，给人们的生活带来了便利。但是这些家电设备每个都独立工作，人们可能会顾及不过来，也给人们的生活带来了一些不必要的困扰。有了物联网之后，人们在日常生活中用到的家用电器都可逐步转向智能化产品。人们可以通过物联网技术实现对家电的远程控制，还可以让所有的家电一起协同工作，提高它们的智能化水平，这样在节约能源的同时还可以减少意外事故的发生。

智能家居指的是以用户的住宅为使用平台，利用综合布线技术、网络与通信技术、智能家居综合设计和安全防范技术、自动控制以及音/视频技术等，将与人们日常生活有关的家用设备集成，构建高效的家庭日常事务处理的管理系统。智能家居不仅可以让家居设备更加安全、舒适、方便地为人们使用，还可以使人们的居住环境更加节能和环保。智能家居的整个系统结构如图 4-4 所示。

智能家居在当今的社会引起了人们的广泛关注，它最重要的特点是智能化和远程控制。下面介绍几种典型的应用场景。

1. 智能灯光

智能灯光是智能家居领域中最基本的应用之一，它通过物联网卡，可以实现智能灯光的远程控制和智能化管理。用户可以使用手机 App 控制灯的亮度、色温和照明方式等，同时可以实现智能场景控制，如会客模式、晚安模式等，如图 4-5 所示。

2. 智能空调

智能空调是智能家居领域中另一个重要的应用，它通过物联网卡，可以实现智能空调的远程控制和智能化管理。用户可以使用手机 App 控制空调的温度、风速和模式等，同时可以实现智能场景控制，如回家模式、离家模式等，如图 4-6 所示。

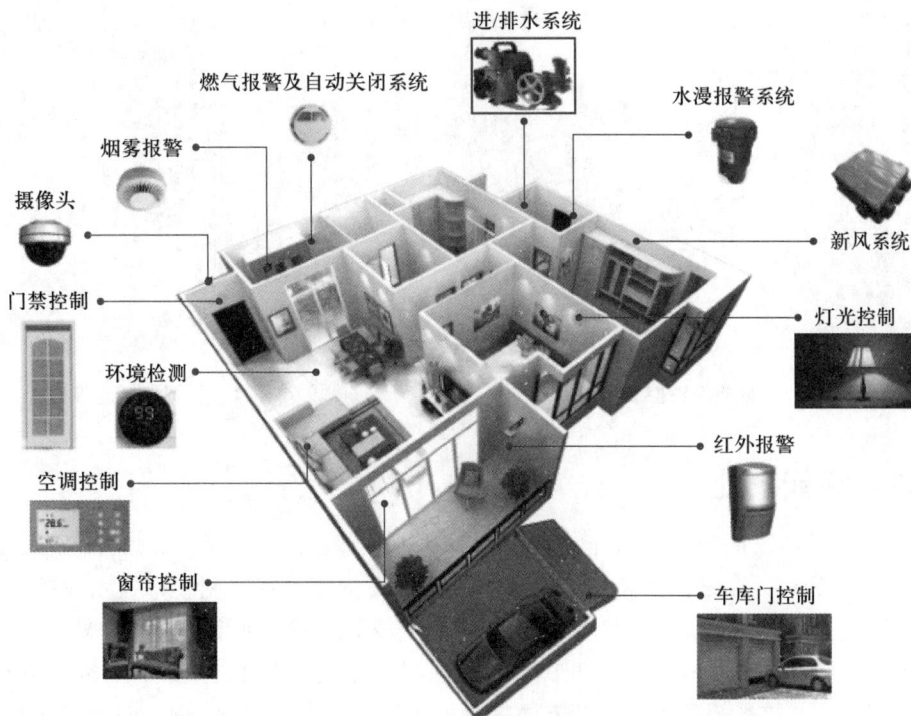

图 4-4 智能家居系统结构

图 4-5 智能灯光控制

图 4-6 智能空调控制

3. 智能门锁

智能门锁是智能家居领域中的一种新型门锁，它通过物联网卡，可以实现智能门锁的远程控制和智能化管理。用户可以使用手机 App 控制门锁的开关、布防和撤防等，同时可以实现智能场景控制，如访客模式、亲友模式等，如图 4-7 所示。

4. 智能插座

智能插座是智能家居领域中一种用于智能控制的插座，它通过物联网卡，可以实现智能插座的远程控制和智能化管理。用户可以使用手机 App 远程控制插座的开关、定时和模式等，同时可以实现智能场景控制，如语音控制模式、定时开关模式等，如图 4-8 所示。

图 4-7　智能门锁控制

图 4-8　智能插座控制

4.2.3　智能农业

随看现代科技的不断发展，近年来我国农业的进步是显而易见的。从 20 世纪八九十年代农业生产以人力为主，到之后的机械渐渐代替人力，再到如今物联网技术在农业领域的应用，多种前沿技术应用于农业物联网，对智慧农业生产的各个环节起到了显著的效果。因此，在信息化和现代化快速发展的大环境中，我国农业要想得到更快、更好的发展，必须积极利用现代化的物联网技术，并重视智慧农业领域方面的相关应用。在农业领域，物联网的应用非常广泛，如地表温度检测、家禽的生活情形、农作物灌溉监视情况、降水量、空气、风力、氮浓缩量、土壤的酸碱性和土地的湿度等，进行合理的科学估计，为农民在减灾、抗灾、科学种植等方面提供很大的帮助，完善农业综合效益。下面介绍几种典型的应用场景。

1. 智能灌溉

一般来说，传统的灌溉方法浪费了高达 50% 的水资源。而智能灌溉是一种提高灌溉效率的新兴技术。智能灌溉控制器可以根据当地的天气数据，如温度、风、太阳辐射和湿度来调整灌溉计划。它们可以计算蒸散量，即土壤表面蒸发和植物蒸腾的组合。此外，一些系统可以测量土壤中的水分并将读数传送给控制器。图 4-9 所示为智能灌溉。

图 4-9　智能灌溉

2. 水肥一体化

水肥一体化应用于大田、温室、果园等种植灌溉作业，根据土壤水分、农作物用肥需求，可进行周期性的施肥灌溉，可按照需求设置指定方案，管控包括灌溉量、肥液浓度、酸碱度、吸肥量等参数。图 4-10 所示为水肥一体化。

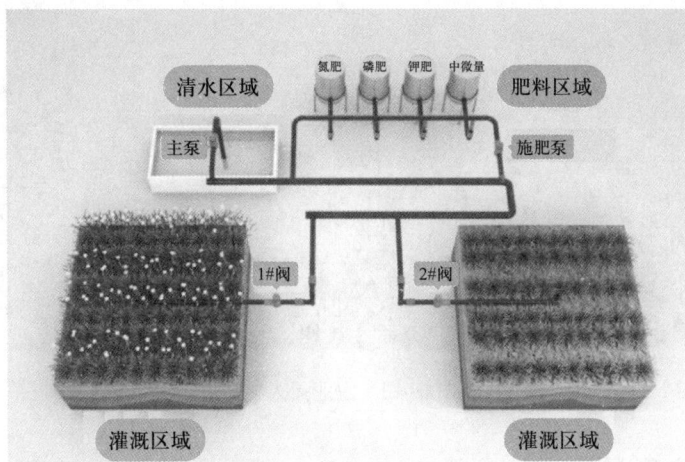

图 4-10　水肥一体化

3. 智能温室

智能温室可以智能调节温室内的日照、温湿度、土壤含水量、养分、空气质量等生长因子，通过移动计算机远程显示和温室状态及设备管理，使温室状态全年稳定，全年作物生长处于最佳状态，提高作物质量和产量。如图 4-11 所示为智能温室。

图 4-11　智能温室

4. 农业无人机

作为走在前沿的科技，无人机对于农业的发展有着很强大的应用。药物喷洒方面，传统的农药喷洒方式既浪费人力，并且农药的不正当使用会对人体产生不良影响，但是无人机的应用实现了农药定点定量的精确化喷洒，既节省了约 40% 的农药与用水，又减少了农药对土地和环境的污染。自动播种方面，可以大范围均匀稳定播种，最新的农业无人机解决了需要补种的问题，在实验的农户的基地田里得到了较好的回馈。在信息实时监控方面，利用空间遥感定位技术对大片农田和土地进行航拍，从实时传递的航拍数据，全面地了解农作物的生长状况，挖掘航拍数据发现植物的潜在病虫害信息，具有很强的时效性与准确性。图 4-12 所示为农业无人机。

图 4-12　农业无人机

4.2.4　智慧物流

物联网技术是以互联网为基础发展起来的新兴技术，在当今的智慧物流行业中应用十分广泛，其能够对物品进行智能识别定位、跟踪和管理。在物流业的不断发展过程中，运输的物资和运输路线的数量不断增加，为了适应这种变化，物联网技术不断地在物流运输中融合，使相关工作开展更加简单方便。在智慧物流体系中，物联网技术通过感知技术自动采集物流信息，同时借助移动互联技术随时把采集的物流信息通过网络传输到数据中心，使物流各环节的信息采集与实时共享，以及管理者对物流各环节运作进行实时调整与动态管控成为可能。

智慧物流体系主要包括以下几个环节。

1. 货物追踪和监控

物联网技术可以通过标签、传感器和无线通信实现对货物的实时追踪和监控，从而提高物流管理的可视性和透明度。在物流过程中，每个货物都可以配备一个带有传感器的标签，这个标签可以通过物联网技术和云计算技术实现远程监控和管理。物流企业可以通过这种技术实时了解货物的位置、状态和运输情况，从而提高物流管理的效率和准确性，减少人工管理的成本和风险。

2. 智能仓储管理

物联网技术可以帮助实现自动化仓库管理，通过传感器和机器人等技术自动监测、识别和分类货物，从而提高仓库管理的效率和准确性。在智能仓储系统中，每个货物都可以配备一个带有传感器的标签，这个标签可以通过物联网技术和云计算技术实现远程监控和管理。智能仓储系统可以自动监测货物的位置、数量和状态，自动识别和分类货物，自动调度机器人和设备，从而实现更加高效和自动化的仓库管理。

3. 智能运输管理

物联网技术可以帮助优化运输路线和规划，通过实时获取交通信息和车辆位置等数据，从而实现更加高效和安全的货物运输。在物流运输过程中，物联网技术可以通过标签、传感器和

GPS 等技术实现对车辆的实时监控和管理。企业可以通过这种技术实时了解车辆的位置、行驶状态和交通情况，从而优化运输路线和规划，提高运输效率和安全性。

4. 安全监测和管理

物联网技术可以帮助实现对货物和车辆的安全监测和管理，通过传感器和监控设备等实时监测货物和车辆的状态，从而提高物流安全性和可靠性。在物流运输过程中，物联网技术可以通过标签、传感器和监控设备等实现对货物和车辆的实时监控和管理。企业可以通过这种技术实时了解货物和车辆的状态，包括温度、湿度、振动等参数，从而保证货物的安全和质量，确保物流运输过程的可靠性。

【拓展阅读】

全球首款工业物联网 SIP 芯片

重庆邮电大学参与研发了全球首款工业物联网 SIP 芯片 CY2420S，并正式量产。

工业物联网是工业 4.0 和智能制造的核心支撑技术，它通过支持设备间的交互与互联，提供低成本、高可靠、高灵活的新一代制造信息系统和环境，能够有效降低自动化成本、提高自动化系统应用范围，对于推进工业化与信息化的深度融合、助推产业结构优化升级具有重要作用。

工业物联网 SIP 芯片（CY2420S）是全球首款支持三大国际主流工业无线标准的工业物联网芯片，该芯片以 CY2420 核心技术为基础，将 CY2420 与 32 位 ARM Cortex-M3 微处理器核心芯片 STM32L151 集成在一块芯片上，以单芯片的封装形式提供两块芯片所具备的功能，具有低功耗、低成本、微型化、高可靠性等突出特点，既降低了工业物联网设备的开发成本，又提高了开发的便捷性，使软件开发从烦琐复杂的通信任务中解脱出来，从而使工业物联网应用设备的研制变得简便和快速。

作为一款工业级的芯片，该芯片被广泛应用于流程工业、智能制造、智能电网、智能交通等行业和其他民用领域，以推动工业 4.0 和智能制造技术的发展。

4.3　物联网的隐私与安全

物联网越来越多地进入人们的日常生活，使人们能够方便地与各种设备或物理环境交互，收集大量的数据供人们开展各类分析，给人们的生活带来了极大的便利。然而，在收集数据的过程中也带来了新的安全性和隐私性挑战。

微课 4-3
物联网的隐
私与安全

4.3.1　隐私问题

物联网正在改变多个行业，并且它促进的自动化和商业智能非常强大。然而，物联网在数据隐私方面带来了一些特定挑战，主要体现在以下几个方面。

1. 端点增加

物联网设备或传感器本质上都是联网的，这意味着物联网设备或传感器是数据泄露的潜在点。例如，在整个工厂车间部署联网传感器，这些传感器都是终端设备，大大增加了攻击面，网络罪犯分子可能通过终端设备进入网络，以窃取数据。

2. 数据增加

物联网的核心是数据。物联网设备收集大量的数据，这些数据产生大量的商业智能，可以实时和长期利用，极大地增加了设备处理的数据量。

4.3.2　安全问题

在过去几年，物联网设备数量得到指数级增长。根据研究机构的估计，到 2025 年，物联网设备的数量将达到惊人的 750 亿台。然而，尽管物联网支出同比继续增长，物联网在各行业领域的使用获得了更多的动力，但物联网设备的首要问题是安全性，因此其仍存在一些挑战。每一个连接的设备都为黑客提供了一条进入网络的途径，从而有可能破坏整个网络。在这个"物物"联网的物联网时代，一旦被入侵，物联网中的"物"就成了别人手中的提线木偶。例如，车联网导航系统如果被入侵，驾驶员可能被导航到错误路线，置于危险境地；行车记录仪被入侵，车里车外的一切行为，都可能暴露在别人的视野之下；家用的视频监控系统（智能摄像头）如果被入侵，家中的实时状态就可能被别人一览无余……种种案例显示，物联网设备在不安全的情况下可能面临各种危险。

从物联网的信息处理过程来看，感知信息经过采集、汇集、融合、传输、决策与控制等过程，整个信息处理的过程体现了物联网安全的特征与要求和传统网络安全关注的重点存在着巨大的差异。物联网安全分为以下三个层面。

1. 感知层安全问题

感知节点呈现多源异构性，感知节点通常情况下功能简单（如自动温度计）、携带能量少（使用电池），使得它们无法拥有复杂的安全保护能力。而感知网络多种多样，从温度测量到水文监控，从道路导航到自动控制，它们的数据传输和消息也没有特定的标准，所以没法提供统一的安全保护体系。

2. 传输层安全问题

核心网络具有相对完整的安全保护能力，但是物联网中的节点数量庞大，且以集群方式存在，因此会导致在数据传播时，由于大量数据发送使网络拥塞，易产生拒绝服务攻击。此外，现有通信网络的安全架构都是从人通信的角度设计的，对以物为主体的物联网，要建立适合于感知信息传输与应用的安全架构。

3. 应用层安全问题

支撑物联网业务的平台有着不同的安全策略，如云计算、分布式系统、海量信息处理等，这些支撑平台要为上层服务管理和大规模行业应用建立起一个高效、可靠和可信的系统，而大规模、多平台、多业务类型使物联网业务层次的安全面临新的挑战——是针对不同的行业应用建立相应的安全策略，还是建立一个相对独立的安全架构。

因此，物联网的安全特征体现了感知信息的多样性、网络环境的多样性和应用需求的多样性，呈现出网络的规模和数据的处理量大，决策控制复杂等特点，给安全研究提出了新的挑战。需要人们采取相应的措施及技术手段加以防范，以保证物联网应用的安全性。

一方面，人们可以根据物联网在信息安全方面的特点及面临的威胁，采取适当的技术防范措施。当然，解决物联网的信息安全问题不仅需要技术手段，还需要完善物联网信息安全方面的法律法规及其安全管理机制。物联网的安全管理涉及规划、管理、协调等，还涉及标准和安全保护等方面的问题。因此，需要一系列相应的配套政策和规范的制定和完善。组织和管理体系是构建物联网信息安全保障体系的重要载体，由政府和行业主管部门为主体，以具备公立性、专业性、权威性的第三方测试机构为参与单位。组织和管理体系的主要职责是在物联网示范工程的规划、验证、监理、验收、运维全生命周期推行安全风险与系统可靠性评估。

另一方面，人们需要在感知层，加强对感知设备的物理安全防护与节点自身的安全防护能力。在物联网内部，需要建立有效的密钥管理机制，保证物联网内部通信的安全。通信的机密性和认证性是最重要的，机密性需要在通话时临时建立一个会话密钥，认证性可以通过对称密码或者非对称密码方式解决。在网络层，涉及异构网络、互联网、移动网络等通信网络。网络中的安全机制有节点认证、数据机密性、完整性、数据流机密性、DoS 攻击的检测与预防；移动网中 AKA 机制的一致性或兼容性、跨域认证和跨网络认证；相应密码技术，如密钥管理、密钥基础设施和密钥协商、端对端加密和节点对节点加密、密码算法和协议等；组播和广播通信的认证性、机密性和完整性安全机制。在应用层，需要建立如下安全机制：数据库访问控制和内容筛选机制，不同场景的隐私保护机制，信息泄露追踪技术，安全的数据销毁技术等。

4.4　案　例　实　战

4.4.1　体验条形码识别技术

微课 4-4
体验一维条码技术

☞【问题导入】

二维码，大家并不陌生，它已被广泛应用于人们的日常生活中，如二维码移动支付功能、二维码相册、二维码防伪溯源等。那么，当遇到某些场景，需要个人分享文档、名片等情况的时候，应该如何制作个性化的二维码呢？

通过本实战，将教会大家如何将文档、视频、录音等文件制作为二维码。

☞【问题描述】

生活中，微信加好友需要输入手机号码，操作麻烦且有时容易出错，使用二维码名片，只要扫一扫，就可以保存通讯录或直接打电话，无须担心输错号码。图书上也开始印有二维码，扫描二维码即可收看视频、查看补充笔记，难点解答，重点学习。二维码为人们的生活带来了许多便利，接下来就一起动手学习如何制作二维码吧！

☞【解决思路】

可以结合个人习惯使用网页、App、小程序二维码生成器等二维码生成工具生成个性化二维码。

☞【操作步骤】

本书以网页二维码生成器为例介绍二维码生成流程，具体操作步骤如下。

步骤一：可以选择文字、图片、文件、音视频等内容生成二维码，应用于企业宣传、产品介绍、教育培训、旅游行程等。除此之外，还可以选择生成地图导航二维码、名片二维码、各种表单二维码，如图 4-13 所示。

图 4-13　二维码生成器网页

步骤二：单击"点击添加文件"按钮，添加选择拟生成二维码的文件即可，如图 4-14 所示。

图 4-14　选择文件

注意，在制作二维码的过程中，还可以通过生成器实现以下功能：
- 修改二维码显示的对应内容，但二维码保持不变；
- 设置专属风格的二维码 LOGO；
- 可设置二维码扫描为一次扫描失效，也可灵活设置扫描的次数。

4.4.2　体验智能水培环境监测

✍【问题导入】

与传统的水培环境相比，现在水培环境的实施方式多种多样。目前多数的水培生产的方式是：所有的营养都通过灌溉水提供给生产作物，且作物生长在非土壤的基质，大多数是无机物环境中，所以水培过程中，环境的主要参数"水温"和"液位"的监测就显得至关重要。"智能水培环境监测系统"是基于农业水培环境，监测水培过程中作物环境的水温与储水量，利用模拟量采集器 ADAM-4017+ 采集两个传感器的实时数据，实现上位机对数据的采集与监控。水培环境监测系统的功能如图 4-15 所示。

✍【预备知识】

模拟量采集器 ADAM-4017+：该采集器是一款 16 位、8 通道的模拟量输入模块，用于采集 0~5 V 电压信号、4~20 mA 电流信号，如图 4-16 所示。

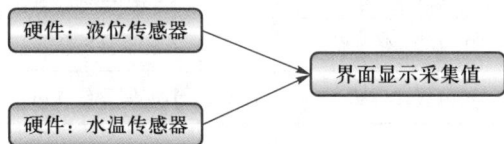

图 4-15　智能水培环境监测系统功能结构　　　图 4-16　模拟量采集器 ADAM4017+

水温传感器：水温传感器是一种用于测量水温的传感器，本节采用的水温传感器为两线制。两线制传感器一般是电流型（4~20 mA），如图 4-17 所示。

液位传感器：液位传感器也称为水位传感器，本节采用的液位传感器也为两线制，如图 4-18 所示。

图 4-17　水温传感器　　　　　　　　图 4-18　液位传感器

👆【解决思路】

通过预备知识，大家已经了解了智能水培环境监测系统的相关知识。接下来，将在仿真软件中搭建智能水培环境监测系统，通过虚拟仿真软件熟练掌握智能水培环境监测系统的连线，为后续硬件组装奠定基础。

在进行仿真练习前，需要熟悉系统的设备与系统连线的端口分配，如表 4-1 与表 4-2 所示。

表 4-1   设 备 表

序号	设备	数量
1	模拟量采集器（ADAM-4017+）	1 个
2	水温传感器	1 个
3	液位传感器	1 个
4	RS485/232 转换器	1 个
5	PC	1 台

表 4-2   端口分配表

序号	传感器名称	供电电压	模拟量采集器
1	水温传感器	红色线 24+V	黑色信号线 Vin3+
2	液位传感器	红色线 24+V	黑色信号线 Vin2+

水培环境监测系统主要是监测水培过程中水温和液位的变化，水温和液位属于模拟量信号，在连接过程中，将水温和液位信号分别连接模拟量采集器 ADAM-4017+ 的 vin3+ 和 vin2+ 接口。连线如图 4-19 所示。

👆【操作步骤】

步骤一：运行"物联网行业实训仿真 .msi"软件，打开软件。

步骤二：将左边目录中的设备拖入右边的绘图区，分别是有线传感器（水温传感器、液位传感器）、I/O 模式采集器（ADAM-4017+）、其他设备（RS485/RS232 转换器）、电源。熟悉智能水培环境监测系统的主要设备。

步骤三：单击导入图标，导入本书提供的绘制好的智能水培环境监测系统连线图，如图 4-20 所示。

步骤四：通过仿真软件，采集智能水培环境监测系统的实时值。

① 双击 PC 的 COM 口位置，显示串口管理界面，串口管理界面的接线端一共有两种，一种是 USB 口，另一种是 COM 口。本系统的连线图中 PC 通过串口连接采集设备，此处的接线端口是 COM。

② 打开端口号设置界面，设置虚拟串口号，选择 COM200，如图 4-21 所示。

步骤五：打开本书配套资料"智能水培环境监测系统"，如图 4-22 所示的默认界面。

步骤六：在界面中设置串口号为 COM200，根据仿真包连线设置水温和液位的端口号分

水培环境检测实验

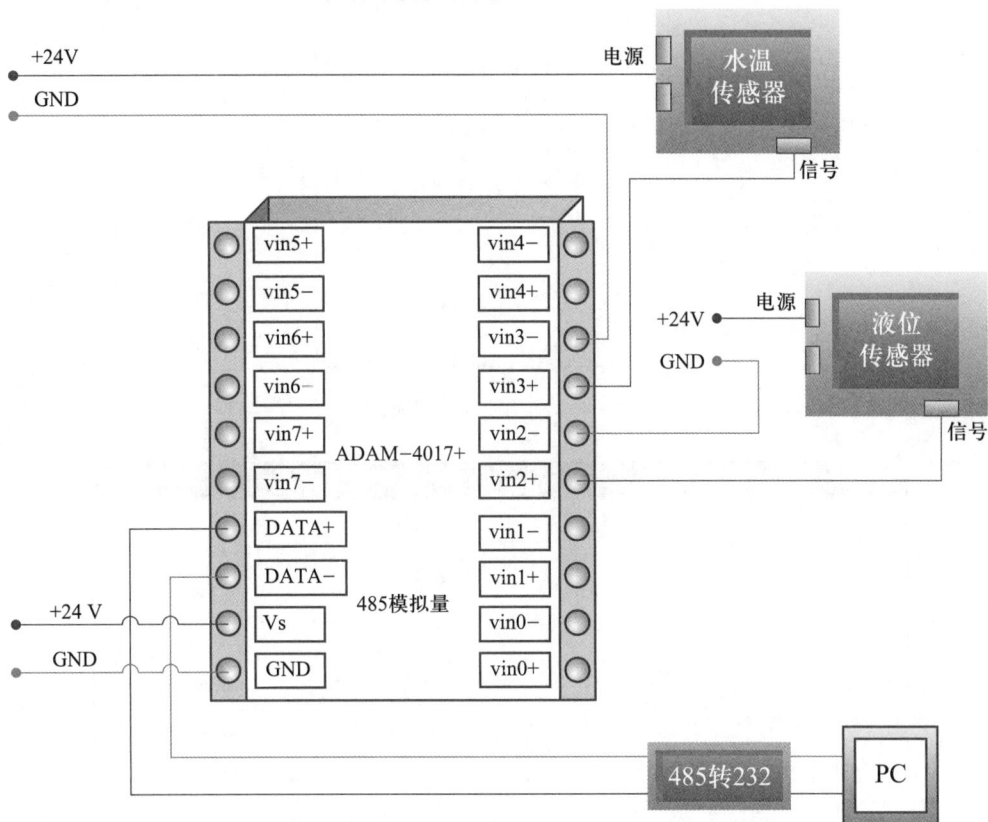

图 4-19　水培环境监测系统连线

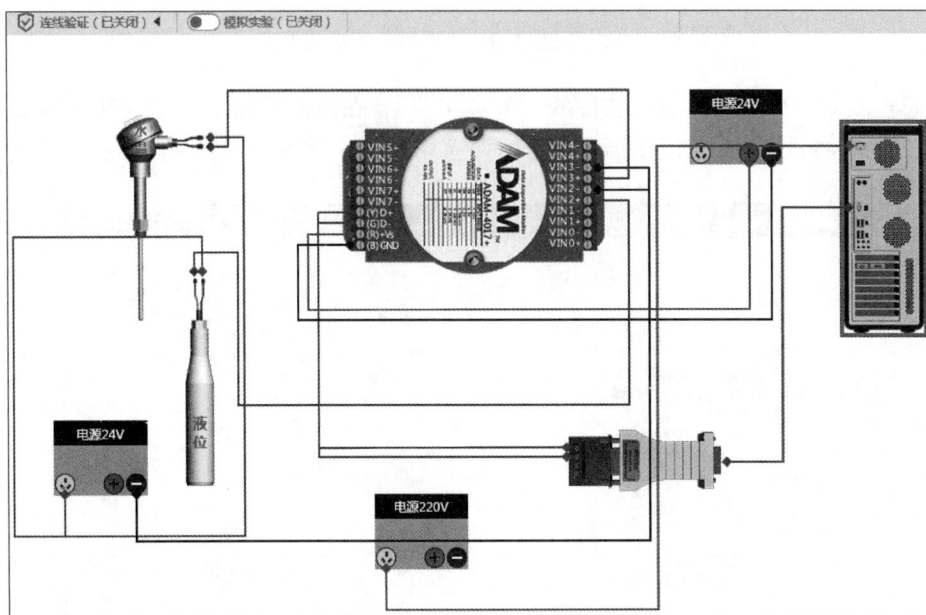

图 4-20　智能水培环境监测系统连线图

图 4-21　串口设置界面

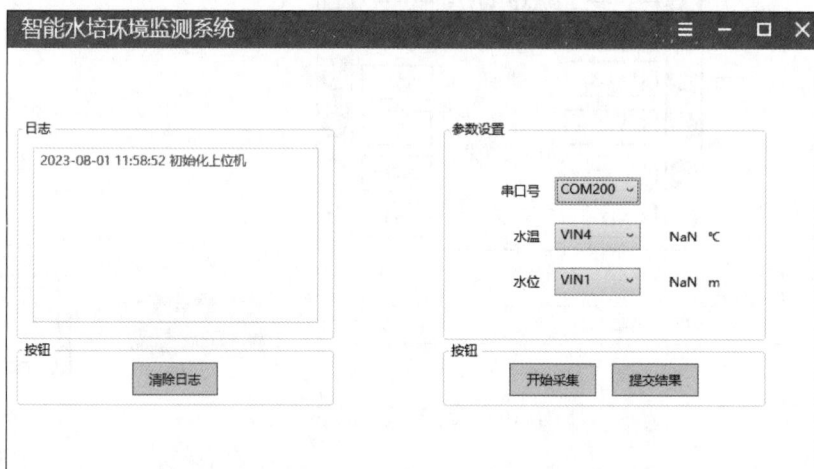

图 4-22　智能水培环境监测系统默认界面

别为 VIN3+ 和 VIN2+。开启仿真软件的"模拟实验",在监测界面上单击"开始采集"按钮,采集仿真界面中各设备的数据上传至监测界面,如图 4-23 所示。

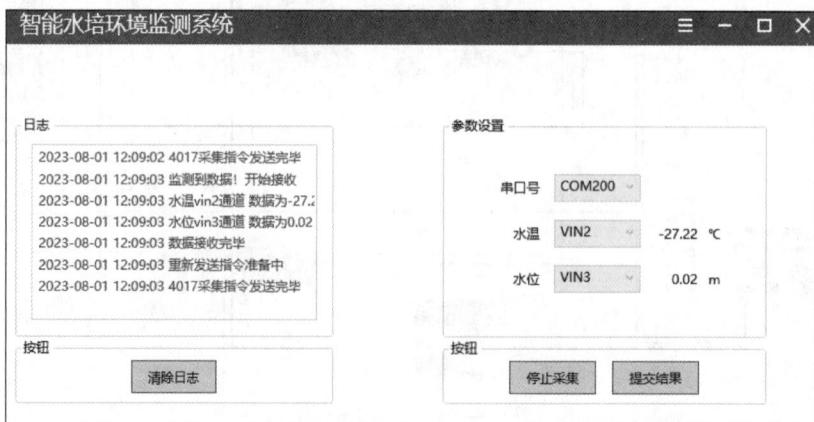

图 4-23　智能水培环境监测系统串口设置

【实训任务】

近年来，发展物联网已经成为国家战略，许多行业都将其视为未来的重要组成部分。物联网已被证明是当今数字世界中最具革命性的技术之一，预计将在 2025 年实现规模经济作用。由于物联网在推动经济增长和创造就业机会方面发挥着重要作用，因此物联网已成为各行各业未来发展的主要动力。

设想，如果将来你考虑从事物联网应用相关行业，请从该行业应用出发，思考自身需要具备哪些理论知识和实践技能。

【单元测试】

一、选择题

1. 以太网是一种将事物连接到（　　　）的快速而可靠的方法。
  A. 互联网　　　　　　　B. 物联网　　　　　　C. 计算机　　　　　　D. 无线局域网
2. 物联网可连接的家用电器设备有（　　　）。
  A. 电冰箱　　　　　　　B. 血压传感器　　　　C. 脉搏传感器　　　　D. 温度计
3. 搭建物联网系统的第一阶段是（　　　）。
  A. 网络配置　　　　　　B. 设备部署和连接　　C. 系统部署　　　　　D. 云平台应用
4. 智能交通信息采集方面，其终端节点通过采用（　　　）来定时收集和感知区域内车辆的速度、车距等信息。
  A. 接触式地磁传感器　　　　　　　　　　B. 非接触式地磁传感器
  C. 摄像头　　　　　　　　　　　　　　　D. 超声波传感器
5. （　　　）是智能家居领域中的一种新型门锁。
  A. 智能空调　　　　　　B. 智能插座　　　　　C. 智能灯光　　　　　D. 智能门锁
6. 在智慧物流体系中，物联网通过（　　　）自动采集物流信息。
  A. RFID 技术　　　　　B. 4G 技术　　　　　　C. GPS 技术　　　　　D. 感知技术
7. 用于存储被识别物体的标签信息的是（　　　）。
  A. 天线　　　　　　　　B. 电子标签　　　　　C. 读写器　　　　　　D. 计算机
8. 下列技术中，不属于智能物流支撑技术的是（　　　）。
  A. 网络技术
  B. 物联网信息感知技术
  C. 保密技术
  D. 人工智能、数据仓库、数据挖掘技术
9. 以下不属于物联网网络安全新动向的是（　　　）。
  A. 计算机病毒已成为攻击物联网的工具
  B. 物联网工业控制系统成为新的攻击重点
  C. 网络信息搜索功能将演变成攻击物联网的工具

　　　D. 防火墙难以控制内部用户对系统资源的非授权范围

10. 物联网安全包括（　　　）问题。

　　A. 感知层　　　　　　　B. 传输层　　　　　　　C. 应用层　　　　　　　D. 安全层

二、简答题

1. 想一想，什么样的物体可以接入物联网，物联网是如何连接网络的？

2. 结合本章学习的内容，查阅相关资料，思考物联网行业的发展趋势。

3. 在设计开发物联网系统时，如何防范物联网系统安全？

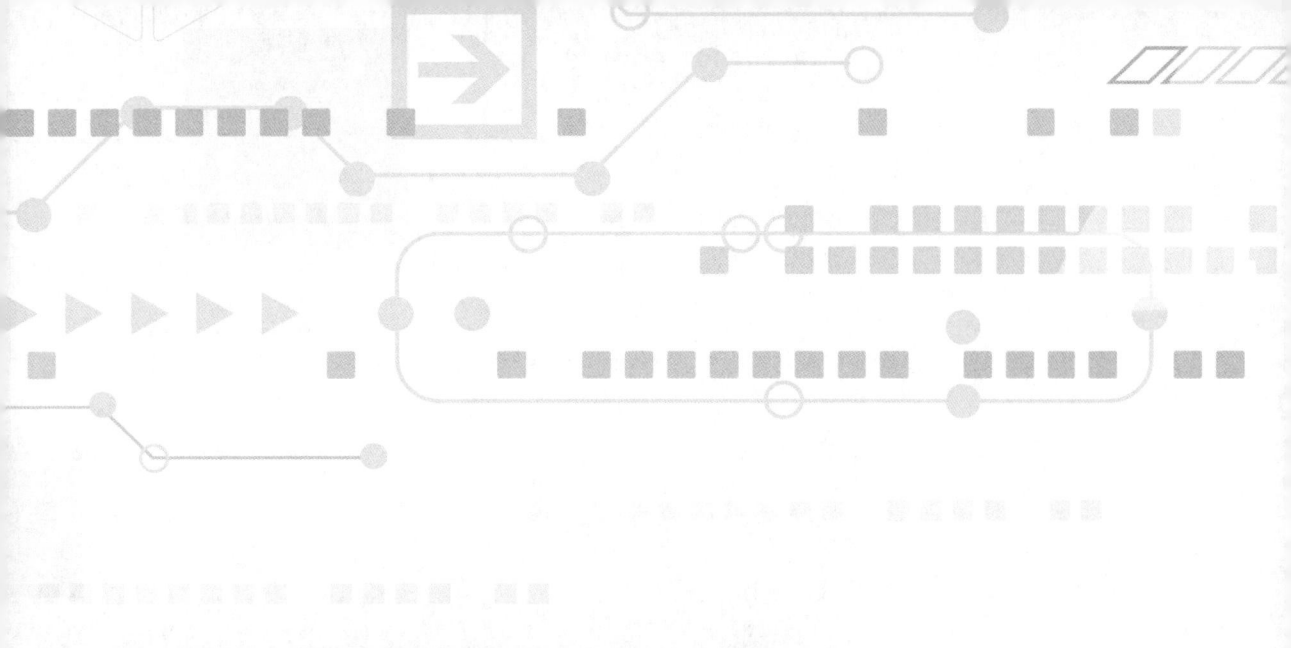

模块三 走进大浪淘沙的大数据技术

单元 5

探索大数据技术

【学习目标】

知识目标：

1. 了解大数据的基本理论，包括大数据的内涵、类型以及大数据的价值。

2. 了解数据概念及大数据的四大特征，以及数据的生产方式。

3. 理解数据处理的基本流程。

4. 理解大数据涉及的相关技术，包括数据采集、数据存储、数据分析等。

技能目标：

1. 能够准确描述大数据的特性。

2. 能够结合自身专业，利用大数据思维思考实际问题。

3. 掌握大数据的处理流程和框架，包括数据采集、存储、处理、分析、挖掘等环节，以及相应的工具和技术。

4. 能够列举出大数据技术在生活中的典型应用案例。

素养目标：

1. 了解大数据技术的最新发展和应用前景，具备不断学习的能力，能够通过各种途径获取和学习新的知识，不断提高自身的专业水平和技能。

2. 具备较强的大数据技术实践能力和创新精神，能够通过实践和创新解决实际应用中的问题。

3. 具备良好的沟通和团队合作能力，能够与团队成员协作，共同完成任务。

【思维导图】

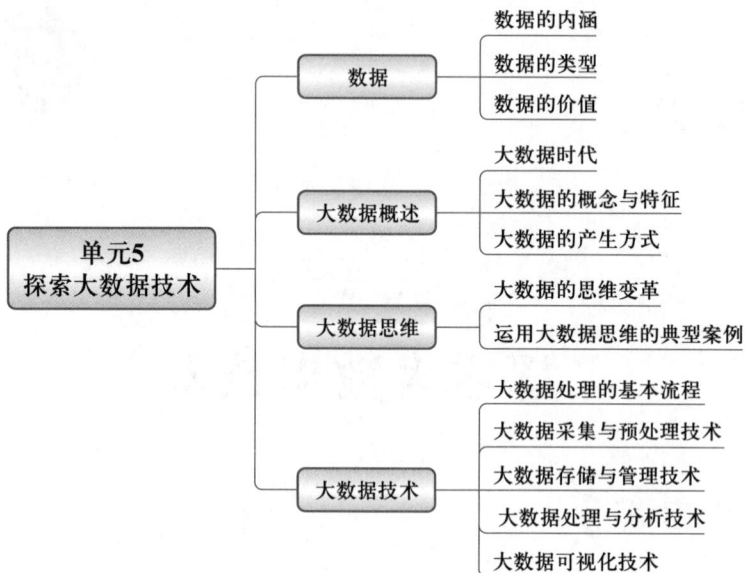

图 5-1　单元 5 知识图谱

【案例导入】

作为一个时代的到来，似乎总能找到几个标志性的事件，而大数据时代却有所不同，它到来得如此之迅猛，是人们始料未及的，仿佛一夜之间，它已渗透到人们生活的每一个角落。

在医疗领域，越来越多的可穿戴设备开始进入人们的生活中，这些设备可以不断监测人体的多项生理指标，如血压、血糖、心率、睡眠习惯等，以识别潜在的健康风险。尤其是在互联网远程医疗模式的基础上，可穿戴设备可改善农村及偏远落后地区医疗资源不足的困境，帮助更多人得到更好的专家医疗资源；同时借助可穿戴设备，可以实现医生对病患情况的全天候远程监护，以提供更个性化的医疗服务，在造福患者的同时，减少医护人员的工作量。

在教育领域，通过对教育大数据进行深入挖掘和分析，将数据分析的结果融入学校的日常管理与服务之中，为师生提供更精细化与智能化的服务。例如，南京理工大学利用大数据分析学生在食堂吃饭的次数及月消费额，确定贫困对象，将补助款充入贫困生的饭卡；电子科技大学利用大数据寻找校园中最孤独的人，通过校园一卡通追踪学生行为轨迹，找到了 800 多个最孤独的人，以便及时进行干预。

在政务领域，一张小小的电子社保卡，正在成为群众手边的贴心卡、便民卡，承载起大民生、幸福感。从"满城跑"到"一窗办"，从"延时办"到"24 小时服务不打烊"，从"跨省通办"到"网上办"，从群众"找上门"到"帮办代办"……"一件事一次办""容缺办"等服务的延伸，"十五分钟便民服务圈"的日益完善，让政务服务不断改进和完善。而数据"跑腿"

代替群众"跑路"的服务，更是让群众的事情办起来更方便，增强了群众的获得感、幸福感、满意度。

这些都是科技和数据赋能给人们生活带来的真实变化。

5.1　数　　据

如今，那些散落在人们日常生活中的数据正在汇聚，伴随着新一代信息技术的发展，这些数据正在给人们的生活和生产方式，带来深刻的改变。那么，如何从数据中获取价值？大数据的本质是什么？大数据的发展会对人们的思考方式带来了什么影响？带着这些疑问，我们一起来揭开大数据的神秘面纱吧！

微课 5-1
认识数据

5.1.1　数据的内涵

大数据时代，人人都在谈数据，但数据到底是什么？

数据，自古有之。从文明之初的"结绳记事"，到文字发明后的"文以载道"，再到近现代科学的"数据建模"，数据一直伴随着人类社会的发展变迁，承载了人类基于数据与信息认识世界的努力和取得的巨大进步。

人类是数据的创造者和使用者。随着计算机和互联网的广泛应用，人类产生、创造的数据量呈爆炸式增长。中国已成为全球数据总量最大，数据类型最丰富的国家之一。

数据到底是什么？在一般领域，人们似乎可以就这个问题的答案达成共识。大家会异口同声地回答，数据是一种表示符号，是对现实的反映。

但如果细究其内涵可以发现，似乎又很难统一数据在不同领域、不同背景下的意义。具体而言，因为数据是对现实世界的抽象，是现实世界的"模型"，所以数据不等于事实，只有在符合准确性、完整性、及时性等一系列特定要求的情况下才可以准确反映现实；对于结构化数据和非结构化数据，需要采取不同的存储与管理方式；基于创建数据的过程和通信的需要，数据要遵循特定的规范和标准；因为数据要支持分析、推理、计算和决策，所以真实、准确是对数据的基本要求。

数据的真正内涵绝不是想当然就能脱口而出的，在认识、利用数据的路上，我们依然任重而道远。

现阶段，数据（Data）成为除土地、劳动力、资本、技术以外的又一项关键生产要素，数据的战略价值越来越重要。数据作为新型生产要素，是数字化、网络化、智能化的基础，已快速融入生产、分配、流通、消费和社会服务管理等各环节，深刻改变着生产方式、生活方式和社会治理方式。

5.1.2　数据的类型

通过是否能用标准的结构来表示数据，可以将数据分为结构化数据和非结构化数据。表格里的数据就是最常见的结构化数据，其中每一列都有明确的数据定义标准。对应存储表格的数据库，叫作关系数据库。

非结构化数据在人们日常生活中随处可见，比如办公环境中的各种文档资料，出去游玩拍的各种照片，以及休闲娱乐时所听的音乐和所看的各种视频节目。

除了这两种数据之外，还有一种半结构化数据，比如各种日志文件、XML 格式文件和 JSON 格式文件等，更加偏技术开发领域。结构化数据和非结构化数据的数据量也符合二八定律，即结构化数据占比 20%，非结构化数据占比 80%。考虑结构化数据和非结构化数据的差异性，在管理数据时，也需要采取不同的管理方式。

1. 结构化数据

结构化数据是指具有较强的结构模式，可以使用关系数据库表示和存储，表现为二维形式的数据。其特征为：数据以行为单位，一行数据表示一个实体的信息，每行数据的属性是相同的。这类数据本质上是"先有结构，后有数据"。结构化数据的存储和排列是很有规律的，这对查询和修改等操作很有帮助，在计算机中可以轻松地搜索，但是在日常生活中可能不是人们最容易找到的数据类型。

结构化数据也被称为定量数据，是能够用数据或统一的结构加以表示的信息，如数字、符号。在项目中，保存和管理这些数据的一般为关系数据库，当使用结构化查询语言时，计算机程序很容易搜索这些术语。结构化数据具有的明确的关系使得这些数据运用起来十分方便，但在商业上的可挖掘价值方面比较差。图 5-2 所示是一个结构化数据的例子。

考试计划	计划编号	考生姓名	考生编号	考生类型	准考证号	所属试点院校
2021年大数据平台	56210035	朱玉琦	5001032021164024	院校考生	562100350000000	重庆公共运输职业
2021年大数据平台	56210035	李佳秋	5002272021164025	院校考生	562100350000000	重庆公共运输职业
2021年大数据平台	56210035	陈奇	5002272021164026	院校考生	562100350000000	重庆公共运输职业
2021年大数据平台	56210035	李佳骏	5003812021164027	院校考生	562100350000000	重庆公共运输职业
2021年大数据平台	56210035	赖春宇	5003822021164028	院校考生	562100350000000	重庆公共运输职业

图 5-2   结构化数据示例

2. 半结构化数据

半结构化数据，属于同一类实体可以有不同的属性，即使它们被组合在一起，这些属性的顺序并不重要。所谓半结构化数据，就是介于完全结构化数据和完全无结构的数据之间的数据，XML 格式、HTML 格式文件就属于半结构化数据。它一般是自描述的，数据的结构和内容混在一起，没有明显的区分。

例如，XML 是一种可用作数据的说明、储存、传输的，带有结构化标签的可扩展标记语言。XML 的简单易于在任何应用程序中读/写数据，这使 XML 很快成为数据交换的唯一公共语言。举个例子：假设一个微信群里面小明发了一条消息"待会吃啥？"。这条消息发出后会被存储到服务器里，而当你进入微信的时候，这条消息就会从服务器里抓取过来显示到你的手机上。这个抓取的过程假设是以 XML 格式文件来传输，用通俗易懂的文字来表示就是：

发送者：小明

聊天组：××××

信息：待会吃啥？

很明显，人们可以体会字面意思，并自动拆分出数据，但机器看不懂，所以在传入之前它是通过 XML 格式来让机器能识别得出来，如图 5-3 所示。

```
1  <msg>
2      <sender = '小明'/>
3      <groupid = 12213/>
4      <type = test/>
5      <content = '晚上吃啥？'/>
6  </msg>
```

图 5-3   半结构化数据示例

3. 非结构化数据

非结构化数据，顾名思义，就是没有固定结构的数据。非结构化数据指数据结构不规则或不完整，没有预定义的数据模型，不方便用数据库二维逻辑表来表现的数据。人们日常生活中所接触到的各种文档、图片、视频、音频等都属于非结构化数据。对于这类数据，一般直接整体进行存储，而且一般存储为二进制的数据格式。

它不符合任何预定义的模型，因此存储在非关系数据库中，并使用 NoSQL 进行查询。它可能是文本的或非文本的，也可能是人工或机器生成的。简单地说，非结构化数据就是字段可变的数据。典型的非结构化数据包括人工生成的非结构化数据和机器生成的非结构化数据，如表 5-1 所示。

表 5-1　非结构化数据示例

生成方式	数据类型	示例
人工生成的非结构化数据	文本文件	电子表格、演示文稿、电子邮件、日志
	社交媒体	来自微博、微信、QQ 等平台的数据
	通信	聊天、即时消息、电话录音、协作软件等
	媒体	MP3、数码照片、音频文件、视频文件
机器生成的非结构化数据	卫星图像	天气数据、地形
	科学数据	石油和天然气勘探、空间勘探、地震图像、大气数据
	数字监控	监控照片和视频
	传感器数据	交通、天气、海洋传感器

非结构化数据不是那么容易组织或格式化的。收集、处理和分析非结构化数据也是一项重大挑战。这产生了一些问题，因为非结构化数据构成了网络上绝大多数可用数据，并且每年都在增长，而随着更多信息在网络上可用，并且大部分信息是非结构化的，更传统的数据分析工具和方法还不足以完成此项工作。

4. 元数据

在得到数据的同时，往往也能够得到或分析出关于数据本身的一些信息。例如一个班级的成绩表，每个学生都有学号、姓名、性别等属性，而这些属性本身也有不同的数据类别，需要按照不同的方式进行编码。这些信息是描述一个数据集本身特征的数据，通常称之为元数据（Metadata）。元数据是描述数据的数据，主要是描述数据属性的信息，用来支持如指示存储位置、历史数据、资源查找、文件记录等功能，机器可读的元数据可以帮助计算机自动地对一组数据进行处理。

此外，在计算机中，为了方便数据的组织，可以将数据以文件的方式保存起来。相同的数据表示，可以按照不同的具体格式组织在文件中。例如，一个表格数据，可以按照行来顺序写入文件，也可以按照列来写入文件。针对不同目的设计的存储系统（如文件系统、关系数据库等）会专门选择最适合这类数据的存储方式，以更好地利用存储空间，并可以加速对数据的访问。在计算机中，文件系统也会帮助管理大量文件，以及管理文件名、创建用户、读写权限、创建时间等元数据，具体示例如图 5-4 所示。

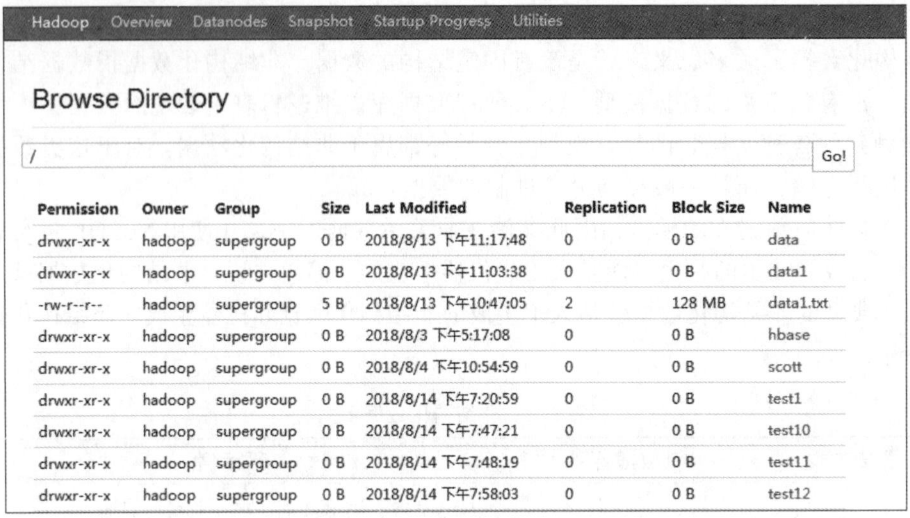

Permission	Owner	Group	Size	Last Modified	Replication	Block Size	Name
drwxr-xr-x	hadoop	supergroup	0 B	2018/8/13 下午11:17:48	0	0 B	data
drwxr-xr-x	hadoop	supergroup	0 B	2018/8/13 下午11:03:38	0	0 B	data1
-rw-r--r--	hadoop	supergroup	5 B	2018/8/13 下午10:47:05	2	128 MB	data1.txt
drwxr-xr-x	hadoop	supergroup	0 B	2018/8/3 下午5:17:08	0	0 B	hbase
drwxr-xr-x	hadoop	supergroup	0 B	2018/8/4 下午10:54:59	0	0 B	scott
drwxr-xr-x	hadoop	supergroup	0 B	2018/8/14 下午7:20:59	0	0 B	test1
drwxr-xr-x	hadoop	supergroup	0 B	2018/8/14 下午7:47:21	0	0 B	test10
drwxr-xr-x	hadoop	supergroup	0 B	2018/8/14 下午7:48:19	0	0 B	test11
drwxr-xr-x	hadoop	supergroup	0 B	2018/8/14 下午7:58:03	0	0 B	test12

图 5-4　元数据示例

5.1.3　数据的价值

1. 数据、信息、知识、智慧的概念

关于数据、信息、知识、智慧，常听到这样的抱怨：“数据是爆炸了，信息却很贫乏”“在信息的海洋里遨游，却因为缺乏知识而渴死”。那么，数据、信息、知识，它们之间有什么区别？知识和智慧又是什么关系？

数据（Data）：是一种将客观事物按照某种测度感知而获取到的过程、状态和结果的原始记录，未被加工解释，不能回答特定问题，它与其他数据之间也没有建立相互联系，是分散和孤立的。这类记录被数字化后可以被计算机存储和处理。

信息（Information）：是对数据进行加工处理之后，数据之间建立相互的联系，形成回答某个特定问题的文本，以及被解释具有某些意义的数字、事实、图像等形式的信息。

知识（Knowledge）：从信息中抽取出因果关系或关联关系，形成规律并指导人们对未来做出判断，就成了知识。

智慧（Wisdom）：在已有知识的基础之上，对信息进行分析、对比、演绎，并找出有价值的部分，并将其深化到已有的知识框架中，则上升为智慧。

2. 数据、信息、知识、智慧的联系

- 数据加工成信息：数据 + 定义和格式 + 时间范围和相关性 ⇒ 信息。
- 信息提炼成知识：信息 + 假设 + 关系 + 模式和趋势 ⇒ 知识。
- 知识运用成智慧：智慧不是知识，但能运用知识；知识不是智慧，但能彰显智慧。

数据、信息、知识、智慧举例如图 5-5 所示。

数据需要加工才能体现价值。如果只是单纯地记录数据，不加以分析利用，数据就只是一个毫无意义的记录。

数据中蕴含着巨大的价值。如何将原始的数据，转化为计算机可处理的信息，并从中获取知识，进而指导人们对未来做出合理的预测，形成对未来判断的“智慧”，就成为计算机数据处理的核心任务。

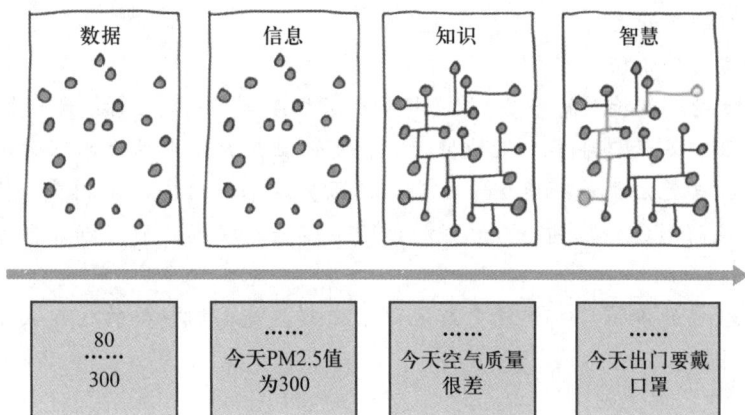

图 5-5　数据、信息、知识、智慧举例

【拓展阅读】

数据的五种价值

同一组数据可能在不同场合产生出完全不一样的价值；单一的数据没有什么特别的价值，将其组合起来会产生意想不到的价值。因此，认清数据到底能够产生什么价值非常重要。

（1）识别与串联价值

识别价值是指唯一能够锁定用户的数据，如身份证、信用卡、手机号等。电商网站识别用户的方法就是登录账号，通过账号，网站可以知道商品被谁浏览，进而还原其购买行为。除了账号之外，网站识别用户的方法还有 cookies。当人们在搜索引擎上搜索过一个词语后，在网站上看到的相关资讯或者商品推荐，就是通过 cookies 来实现的。互联网公司借助 cookies 将用户登录不同页面的行为串联起来，便可产生核心的串联价值。

（2）描述价值

在通常情况下，描述数据是以一种标签的形式存在，它们是通过初步加工的一些数据。例如，企业的营业收入、利润、净资产等数据，电商平台的成交额、成交用户数、网站的流量等数据都是描述性数据。企业可以通过数据对业务的描述来观察交易活动是否正常。

（3）时间价值

人们在电商网站的历史购买行为可呈现出时间价值。在时间维度，大数据可以基于大量的历史数据，挖掘出数据的更大价值。通过对时间的分析，能够很好地归纳出一个用户对一种场景的偏好，这样企业便可以向用户精准地推荐商品。

（4）预测价值

预测包括对单品的预测和对企业经营状况的预测。只要能够产生数据，就会产生预测价值。例如，推荐系统推荐了一款 T 恤，它有多大的可能性被点击，这就是预测价值。预测价值本身没有价值，但它可以指导人们对未来可能出现的情况做好准备，也能够指导企业制定相应的经营策略。

（5）产出数据的价值

很多数据本身没有特别的含义，但是将多个数据组合在一起之后，就产生了新的价值。例如在电商领域，基于好评率和累计好评率，可以让用户了解这个卖家的历史经营状况和诚信状况，但却无法很精确地衡量出卖家的服务水平，结合描述相符、物流速度等一系列的指标，从而形成的店铺评分系统（DSR）这一新指标，则可以综合评价卖家的服务水平。

在明确了数据的价值后，就能更好地识别出哪些是人们想要的核心数据，从而更好地发挥数据的作用。

5.2   大数据概述

随着信息技术的飞速发展，人们生活的世界正逐渐向着数字化、网络化的方向发展。与此同时，大数据的概念也逐渐引起了人们的重视。大数据是指规模庞大、来源多样、处理速度快的数据集合，它正成为人们生活和工作中的新动力。在大数据时代，数据已不再是简单的数字，而是蕴含着无穷的价值和可能性。

5.2.1   大数据时代

人类是数据的创造者和使用者，自结绳记事起，它就已慢慢产生。人类采集、存储和处理数据能力的大幅提升，使数据应用渗透到人类生活的每个角落，数据智慧开启，人们的生产和生活方式随之发生深刻改变。农耕代表古代文明，工业代表现代文明，大数据也将代表和催生一种全新的文明形态。中国正以前所未有的速度迎来这个崭新的时代。新一代信息技术的发展缩短了人类与世界的距离，将越来越多领域的产品流通变为数据流通，将生产演变成服务，将工业劳动演变成信息劳动，人类正在迎来大数据新时代。

从人们打开手机的那一刻起，数据就已经产生，文字和图片都是以数据的形式保存和处理，人们可以在网上阅读和观看，机器可以读懂并用于分析。随着移动互联网的快速普及，物联网技术的快速发展，全球数据种类不断增多，数据总量也以惊人的速度增长。据行业机构预测，预计 2023 年全球数据产量将增至 93.8 ZB。随着大数据技术研究和应用的快速发展，很多国家把发展大数据上升为国家战略，并视其为未来的"新石油"，而这一切都源于技术能力的提升。

如果今天没有互联网，那么人们产生的信息都会零碎地分散在各处，而且数据量也不会很大。此外，由于过去计算机的承受能力、处理能力的制约，在数据量很大的情况下是无法处理的。但现在出现了云计算中心，其产出量和处理能力要比过去大很多。随着互联网的发展，存储和计算能力的提升，数据智慧得以开启。大数据技术的出现，可以了解人们的喜好，让人们更快地找到自己喜欢的商品。可以洞察一座城市的运转规律，破解一座城市管理的难题，还可以掌握自然运行的规律，提前预防灾害的发生。如今，多维度数据碰撞所产生的智慧火花，让人们更加科学地认知自己和探索未知世界。

5.2.2　大数据的概念与特征

1. 大数据的概念

大数据是一个较为抽象的概念，正如信息学领域大多数新兴概念，大数据至今尚无确切、统一的定义。

国外有研究人员将大数据的定义为：大数据是指数据规模庞大、结构复杂，利用常用软件工具来获取、管理和处理数据所耗时间超过可容忍时间的数据集。

互联网数据中心（Internet Data Center，IDC）在对大数据作出的定义为：大数据一般会涉及两种或两种以上数据形式。它要收集超过 100 TB 的数据，并且是高速、实时数据流；或者是从小数据开始，但数据每年会增长 60% 以上。这个定义给出了量化标准，但只强调数据量大、种类多、增长快等数据本身的特征。

国务院 2015 年 8 月 31 日印发的《促进大数据发展行动纲要》这样定义大数据：大数据是以容量大、类型多、存取速度快、应用价值高为主要特征的数据集合，正快速发展为对数量巨大、来源分散、格式多样的数据进行采集、存储和关联分析，从中发现新知识、创造新价值、提升新能力的新一代信息技术和服务业态。这也是一个描述性的定义，在对数据描述的基础上加入了处理此类数据的一些特征，用这些特征来描述大数据。

2. 大数据的特征

当前，较为统一的认识是大数据有四个基本特征：数据规模大（Volume），数据种类多（Variety），数据要求处理速度快（Velocity），数据价值巨大但价值密度低（Value），即所谓的"4V"特征。这些特征使得大数据区别于传统的数据概念。大数据的概念与"海量数据"不同，后者只强调数据的量，而大数据不仅用来描述大量的数据，还更进一步指出数据的复杂形式、数据的快速时间特性以及对数据的分析、处理等专业化处理，最终获得有价值信息的能力。

（1）数据规模大（Volume）

随着信息化技术的高速发展，数据呈现爆发式增长。大数据中的数据不再以几吉字节或几太字节为单位来衡量，而是以拍字节（PB，1 PB=1 024 TB）、艾字节（EB，1 EB=1 024 PB）或泽字节（ZB，1 ZB=1 024 EB）为计量单位。据介绍，1992 年，全人类每天只产生 100 GB 数据；时至今日，全球 70 亿人，平均每人每天产生的数据高达 1.5 GB。仅一辆自动驾驶汽车，一天就能产生 64 TB 数据。数据量大到一定程度，必然对数据的获取、传输、存储、处理、分析等带来挑战。通过关系数据库等传统系统，存储和处理这类活动生成的越来越庞大的数据量变得越来越难，也必然要出现新的技术工具用于解决数据存储、处理问题。

数据量大是大数据具有价值的前提。当数据量不够大时，它们只是离散的"碎片"，人们很难读懂其背后的故事。随着数据量的不断增加，达到并超过某个临界值后，这些"碎片"就会在整体上呈现出规律性，并在一定程度上反映出数据背后的事物本质。这表明，数据量大是数据具有价值的前提，大数据具有大价值。大数据的"大"是相对的，与所关注的问题相关。通常来说，分析和解决的问题越宏观，所需要的数据量就越大。

（2）数据种类多（Variety）

大数据的类型不仅包括网络日志等结构化数据，还包括音频、视频、图片、地理位置信息等非结构化数据，甚至还包括半结构化数据，都具有异构性和多样性的特点。例如，一个处理城市交通数据的系统，包含的数据类型就有结构化的车辆注册数据、驾驶人信息、城市道路信息等，也有半结构化的各类网页结构数据和非结构化的交通路口摄像头数据等。数据类型多样往往导致数据的异构性，进而加大数据处理的复杂性，也对数据处理能力提出了更高的要求。

（3）处理速度快（Velocity）

大数据对处理数据的响应速度有更严格的要求，实时分析而非批量分析，数据输入、处理与丢弃立刻见效，几乎无时延。数据的增长速度和处理速度是大数据高速性的重要体现。

大数据时代的很多应用都需要基于快速生成的数据给出实时分析结果，用于指导生产和生活实践，因此，数据处理和分析的速度通常要达到秒级甚至毫秒级响应。这一点和传统的数据挖掘技术有着本质的不同，后者通常不要求给出实时分析结果。

（4）价值巨大但价值密度低（Value）

传统数据基本都是结构化数据，每个字段都是有用的，价值密度非常高。大数据时代，越来越多的数据是半结构化或非结构化数据，比如网站访问日志，其中的大量内容都是没有价值的，真正有价值的比较少，虽然数据量比以前大了很多倍，但价值密度确实低了很多。

大数据通常价值巨大但价值密度低，很难通过直接读取提炼价值。只有通过综合运用数学、统计学、计算机等工具，进行大数据"提纯"，在无序数据中建立关联以获得大量高价值的、非显而易见的隐含知识，才能使大数据产生价值。

5.2.3   大数据的产生方式

数据产生方式的变革，是促成大数据时代来临的重要因素。从采用数据库作为数据管理的主要方式开始，人类社会的数据产生方式大致经历了以下 3 个阶段。

1. 运营式系统阶段

人类社会数据量的第一次大的飞跃正是在运营式系统开始广泛使用数据库时开始的。这个阶段的最主要特点是，数据的产生往往伴随着一定的运营活动，而且数据是记录在数据库中的。数据库的使用使得数据管理的复杂度大大降低，大型零售超市销售系统、银行交易系统、股市交易系统、医院医疗系统等，都是建立在数据库基础之上的。数据库中保存了大量结构化的企业关键信息，用来满足企业各种业务需求。在这个阶段，数据的产生方式是被动的，只有当实际的企业业务发生时，才会产生新的记录并存入数据库。比如，对于银行交易系统而言，只有当发生一笔交易时，才会有相关记录生成。

2. 用户原创内容阶段

互联网的诞生促使人类社会数据量出现第二次大的飞跃。但是真正的数据爆发产生于 Web 2.0 时代，而 Web 2.0 的重要标志就是用户原创内容（User Generated Content，UGC）。这类数据近几年一直呈爆炸性增长，主要有两个方面的原因：首先，以短视频、微博为代表的新型社交网络的出现和快速发展，使得用户产生数据的意愿更加强烈；其次，随着智能手机、平板电脑为代表的新型移动设备的出现，这些易携带、全天候接入网络的移动设备使得人们在网上发表自己意见的途径更为便捷。这个阶段数据的产生方式是主动的。

3. 感知式系统阶段

人类社会数据量第三次大的飞跃最终导致了大数据的产生，今天人们正处于这个阶段。产生这次飞跃的根本原因在于感知式系统的广泛使用。随着技术的发展，人们已经有能力制造极其微小的带有处理功能的传感器，并开始将这些设备广泛应用于各种监控。例如物联网技术的发展，物联网中包含大量传感器，如温湿度传感器、压力传感器、光电传感器、监控摄像头等，这些设备会每时每刻源源不断地产生新数据，这种数据的产生方式是自动的。

简单来说，数据产生经历了被动、主动和自动三个阶段。这些被动、主动和自动产生的数据共同构成了大数据的数据来源，但其中自动产生的数据才是大数据产生的根本原因。

【拓展阅读】

笑对大数据时代

随着社会的发展与进步，大数据时代来临。几乎所有的信息都能以数据的形式被人们分析，也使人们的隐私不知不觉被泄露。然而，我们依然要正确乐观地应对大数据时代。

有了大数据，医疗机构可以更好地实时监测用户的身体状况，教育机构能够更有针对性地为用户制订培训计划，但大数据在带来各种便利的同时，暴露了许多问题。2018年6月，一个公众号曝光，某知名航旅类 App 可以看到其他乘客的个人信息和特征标签，并且可以向对方发信息。个人信息在这里已经成为一个卖点，引来了带着不良目的的陌生人。因此，无论是企业还是行政监管部门，都应该认识到，没有隐私保护，一切都无从谈起。

大数据时代更应做好对个人信息安全的保护，更应重视隐私权。

面对时有出现的大数据负面新闻，科学巨头须迎难而上，以实际行动给用户信心。当数字规则远远落后于数字生活时，为大数据使用建立健全规则刻不容缓，用户也应学会用合法手段维护自己的权益。

当算法与大数据普遍进入各领域，无论算法推荐新闻、大数据消费，还是基于大数据的公共治理，大数据无处不在，也正给这个时代带来惊喜。随之而来的隐私问题，让人们有成为透明人的忧虑。信任绝不应该被辜负，焦虑应该被妥善地回应。

所以说，对数据的保护，再怎么用力都不为过。广大群众应该高度重视起来，正确乐观地面对大数据时代。

5.3　大数据思维

大数据开启了一次重大的时代转型。就像望远镜让人们能够感知宇宙，显微镜让人们能够观测微生物一样，大数据正在改变每一个人的生活以及理解世界的方式，成为新发明和新服务的源泉，而更多的改变正蓄势待发……

微课 5-3
大数据思维

5.3.1　大数据的思维变革

每个行业都有其特有的思维方式，这种思维方式是这个行业的精英们从若干年的实践中总结出来的、行之有效的方法论。就像经典力学和相对论的诞生改变了人们的思维模式一样，大数据也在潜移默化地改变人们的思想。人们对于海量数据的挖掘和运用，正在深刻地改变着传统的工作和思维模式。

随着大数据技术的深入人心，很多大数据的技术专家、战略专家、未来学学者等开始提出、解读并丰富大数据思维概念的内涵和外延。有研究人员指出，大数据时代最大的转变就是思维

方式的转变：全样思维、容错思维和相关思维。

1. 全样思维：全样而非抽样

抽样在一定历史时期内曾经极大地推动了社会的发展，在数据采集难度大、分析和处理困难的时候，抽样不愧为一种非常好的权宜之计。例如，要计算洞庭湖中银鱼的数量，人们可以事先对 1 万条银鱼打上特定记号，并将这些鱼均匀地投放到洞庭湖中。过一段时间进行捕捞，假设捕捞上来 1 万条银鱼，有 4 条带有预先打上的记号，那么可以得出结论，洞庭湖大概有 2 500 万条银鱼。

抽样的好处显而易见，坏处也显而易见。抽样保证了在客观条件达不到的情况下，可能得出一个相对靠谱的结论，让研究有的放矢。抽样也带来了新的问题。首先抽样是不稳定的，从而导致结论与实际可能差异非常明显。在上面的例子中，有可能今天去捕捞得到打上了记号的银鱼 4 条，明天去捕捞有可能打上了记号的银鱼有 40 条。

在大数据时代，大数据技术的核心就是海量数据的实时采集、存储和处理。各种传感器、无线通信设备等能够收集大量数据，分布式文件系统和分布式数据库技术提供了理论上近乎无限的数据存储能力，分布式并行编程框架提供了强大的海量数据并行处理能力。因此，当数据处理技术已经发生了翻天覆地的变化时，在大数据时代进行抽样分析就像在汽车时代骑马一样，需要的是所有的数据，即"样本 = 总体"。

大数据与"小数据"的根本区别在于大数据采用全样思维方式，小数据强调抽样。抽样是数据采集、数据存储、数据分析、数据呈现技术达不到实际要求，或成本远超过预期的情况下的权宜之计。随着技术的发展，在过去不可能获取全样数据、不可能存储和分析全样数据的情况都将一去不复返。大数据年代是全样的年代，抽样的场景将越来越少，最终消失在历史的长河中。

2. 容错思维：混杂而非精确

容错思维是指乐于接受数据的纷繁复杂，而不苛刻地追求精确性，容错性即为允许不精确。

前面已经提到，在"小数据"年代，习惯的思维方式是抽样。由于收集的样本信息量比较少，所以必须确保记录下来的数据尽量结构化、精确化；否则，分析得出的结论在推及总体时就会"南辕北辙"，导致数据的准确性大大降低，从而造成分析的结论与实际情况背道而驰。因此，必须十分注重数据样本的精确思维。

这种对数据质量的近乎严苛的追求，是"小数据"年代的必然要求。这样，一方面极大地增加了数据预处理的代价，一大堆的数据清洗算法和模型被提出，导致系统逻辑特别复杂；另一方面，不同的数据清洗模型可能会造成清洗后数据差异很大，从而进一步加大数据结论的不稳定性。在现实中，世界本身就是不完美的，现实中的数据本身就是存在异常、纰漏、疏忽，甚至错误。将抽样数据做了极致清洗后，很可能导致结论反而不符合客观事实。这也是为什么很多"小数据"的模型在测试阶段效果非常好，一到了实际环境效果就非常差的原因。

在大数据年代，因为采集了全样数据，而不是一部分数据，数据中的异常、纰漏、疏忽、错误都是数据的实际情况，其结果是最接近客观事实的。

在大数据时代，得益于大数据技术的突破，大量的结构化、非结构化、异构化的数据能够得到储存、处理、计算和分析，这一方面提升了人们从海量数据中获取知识和洞见的能力，另一方面也对传统的精确思维造成了挑战。

在大数据时代，思维方式要从精确思维转向容错思维，当拥有海量即时数据时，绝对的精准不再是追求的主要目标，适当忽略微观层面上的精确度，容许一定程度的错误与混杂，反而可以在宏观层面拥有更好的知识和洞察力。

3. 相关思维：相关而非因果

在"小数据"的年代，大家总是相信因果关系，而不认可其他关系。但是因果关系是一个非常不稳定的关系，"有因必有果"的结论也非常武断，在大部分情况下这种关系是错误的，或不合时宜的。以前大家都认为天鹅是白色的，"因为是天鹅，所以是白色的"曾被世界上所有人认为经典。但是当人们发现真有天鹅就是黑色的时候，世人关于天鹅的知识体系崩溃了。伽利略在比萨斜塔上做了"两个铁球同时着地"的实验，推翻了亚里士多德"因为物体重所以下落速度快"的学说。许许多多的曾经被认为理所当然的因果关系荡然无存。这都说明因果关系是非常脆弱的，非常不稳定的。

在大数据年代，不追求抽样，而追求全样。当全部数据都加入分析的时候，由于只要有一个反例，因果关系就不成立，因此在大数据时代，因果关系变得几乎不可能。而另一种关系就进入了大数据专家的眼里：相关关系。不必非得知道现象背后的原因，而是要让数据自己发声。知道是什么就够了，不必知道为什么。例如，知道用户对什么感兴趣即可，没必要去研究用户为什么感兴趣。有一个很经典的案例：很多男人去超市买了啤酒后会顺便买纸尿裤，但不是买啤酒就一定买纸尿裤。因此，啤酒和纸尿裤的关系不能算因果关系，而只能是一种相关关系。

在无法确定因果关系时，数据为人们提供了解决问题的新方法。数据中包含的信息可以帮助消除不确定性，而数据之间的相关性在某种程度上可以取代原来的因果关系，帮助人们得到想要知道的答案，这就是大数据思维的核心。从因果关系到相关关系，并不是抽象的，而是有了一套算法能够让人们从数据中寻找相关性，最后去解决各种各样的问题。在大数据时代，思维方式要从因果思维转向相关思维，努力颠覆千百年来人类形成的传统思维模式和固有偏见，才能更好地分享大数据所带来的深刻洞见。

5.3.2　运用大数据思维的典型案例

以前，一旦完成了收集数据的目的之后，数据就会被认为已经没有用处了。比如说，在飞机降落之后，票价数据就没有用了；当一场流感过后，世界又变回原样了。而今，人们不再认为数据是静止和陈旧的，每一个人如果没有大数据思维，就会丢失很多有价值的数据。例如，某网店运营因缺少往年产品销售数据而无法制定店铺运营策略。

本节主要通过案例对大数据时代下的三种大数据思维加以阐述，见表 5-2。

表 5-2　大数据思维及其代表性实例

大数据思维	典型案例
全样思维	基于手机信令数据进行城市人口时空分布监测 公安天眼与维护社会公共安全
容错思维	公交数据推算 OD 路径
相关思维	网易云音乐的个性化推荐

1. 基于手机信令数据进行城市人口时空分布监测

当前，国内外关于人口时空分布特征的相关研究以普查数据和传统抽样统计数据为主，具有频率低、时效性差的特点，无法满足细时间粒度的人口动态监控的需求。基于移动通信网络业务的迅速开展，手机信令数据的应用已逐渐被关注。手机等智能终端在为人们提供社交、商务等生活服务的同时，也记录了人们的时空间信息，为人口动态监测带来新的发展机遇。

城市空间功能结构与居民时空间活动特征是手机信令数据研究中两个重要的方向，城市环境与居民出行之间相互影响，居民的社会活动也是城市功能区域的直观表征。相关学者基于手机信令用户的时空间分布和出行轨迹特征，对城市空间功能区域进行研究，如城镇体系的划分、建成环境的评价以及空间职能结构的识别与分析。在针对城市居民活动特征的研究中，手机信令数据被应用于居民出行模式与出行量的识别、人口分布与空间活动的动态监测以及交通调查与规划。

2. 公安天眼与维护社会公共安全

公安天眼是一种城市高空摄像头系统，就是利用设置在大街小巷的大量摄像头组成的监控网络，通过智能化的云计算后台，依托公安网数据库海量的信息资源，对摄像头传输回的视频信号进行监控分析。它的功能非常强大，可以轻松地分辨出路人的年龄、性别、穿着等信息，并利用所得到的数据和逃犯数据库中的信息进行比对，若相互匹配，系统就会自动警报。2017年12月10日，有外国的一位记者在贵阳假扮劫匪挑战天网系统是否真的如此神效。在实验开始时，工作人员先是用手机拍下了记者的面部照片，然后开始计时。记者开始逃跑，经过天桥时他看到了3个监控摄像头。但是当他进入车站后，已经有警察在这里等候了，而此时距记者开始逃跑还不到7分钟。

3. 公交数据推算OD路径

公交数据是指公交在营运过程中产生的交易、车辆运行等数据，通过对公交大数据进行深入的分析和挖掘，可以有效地监控城市道路交通运作状况及公交系统运营状况，及时、合理地发现问题，调度交通资源，提高公交运力，缓解交通拥堵。通过GPS定位仪生成的数据，公交车通常安装了GPS定位仪，定位数据能实时传入后台服务器。定位数据通常每10秒一个，记录了当时公交车的时间、位置、车速等信息。以重庆市公共交通系统为例，每天产生的系统运转数据条数高达10亿条。因为公交系统运营的内容来自于未经过滤的网页内容，所以会包含各种错误。但正确数据是错误数据的好几百万倍，这样的优势完全压倒了缺点。

4. 网易云音乐的个性化推荐

网易云音乐凭借精细化产品，歌单、精准推荐等特色成了音乐爱好者的集聚地。通常情况下，用户不清楚自己的需求，不能归纳自己的兴趣爱好。而网易云音乐认识到了这个用户痛点，通过分析用户实时行为，如收藏、分享、跳过等行为形成用户兴趣挖掘，帮助用户发现自身的兴趣偏好，实现了智能个性化推荐。2023年8月8日，网易云音乐发布报告，综合网易云音乐平台数据得出用户画像层面：00后用户占比超7成，成为主要消费人群，性别分布趋于均衡。内向性格更爱长音频，了解新知是重要收听动机。约6成00后用户每天收听，近5成听众曾付费。

【拓展阅读】

以大数据赋能职业教育治理现代化

党的二十大报告提出"推进教育数字化"，强调了数字化与大数据的重要性。职业教育高质量发展也离不开大数据的支撑。如何提高职业教育治理能力，使我国职业教育人才培养高效适应我国产业与就业结构变化，助力人才强国建设，让职业教育大有可为，是一个迫切需要研究解决的问题。对此，大数据提供了新思路、新技术、新方法和新手段。

借助大数据，学校可以提高教育教学质量和管理服务效率，为学生就业提供有力支持。一方面，学校管理者除了可以借助大数据及时掌握劳动力市场需求信息外，还可以动态监测评价学校人才培养活动，并据此调整学校人才培养方案设计，增强职业教育人才培养的社会适应性。例如，职业院校会基于相关工厂、企业的用人要求，通过预测企业用工需求确定每个专业是每年招生还是隔年甚至更长时间招生一次，一旦劳动力市场中某类专业人员过剩，即报经上级主管部门批准停止招生。另一方面，大数据也为学生就业选择提供支持，学校可以通过大数据平台及时向学生提供招聘岗位与应聘要求信息，帮助学生实现高质量就业。

借助大数据，教师可以根据学生特点定制教学方案。传统职业教育往往试图寻找出教育教学中适用于大部分人的普遍性特点与规律，采用统一的批量生产的模式去培养学生。大数据的应用为面向每个学生的发展提供个性化的教育创造了可能。在大数据的支持下，教师可以动态监测、追踪记录每位学生的学习过程、学习表现，从而根据每个学生的学习特点和需求定制教学方案。教师还可以借助大数据及时掌握课堂教学中的实时反馈数据，随时调整课堂教学的进度安排，开展量体裁衣式的教学指导。

借助大数据，学生可以更好地选择学校、专业和就业岗位。生源及生源质量问题是职业教育发展面临的重大挑战之一。大数据可以揭示接受职业教育个体的职业发展轨迹、薪酬待遇、工作环境等各方面信息，打破社会大众对职业教育的偏见。同时，学生和家长在学校选择、专业选择过程中也可以充分利用大数据资源，比较各类学校、专业以及该专业未来的就业方向，从而做出更适合自身发展的选择。

职业教育治理涉及政府部门、职业院校、社会组织、行业企业以及家长、学生等各方面利益相关者，高质量的数据信息是耦合利益相关者之间多元利益诉求的重要桥梁之一，是职业教育提质增效促就业的重要保障。

5.4 大数据技术

大数据技术，是指大数据的采集、存储、分析和应用的相关技术，是一系列使用非传统的工具来对大量的结构化、半结构化和非结构化数据进行处理，从而获得分析和预测结果的一系列数据处理和分析技术。

微课 5-4
大数据技术

5.4.1 大数据处理的基本流程

大数据将逐渐成为现代社会基础设施的一部分，就像公路、铁路、港口、水电和通信网络一样不可或缺。但就其价值特性而言，大数据却和这些物理化的基础设施不同，不会因为人们的使用而折旧和贬值。例如，一组 DNA 可能会死亡或毁灭，但数据化的 DNA 却会永存。大数据的真实价值就像漂浮在海洋中的冰山，第一眼只能看到冰山的一角，但其实冰山绝大部分都隐藏在表面之下。大数据时代，要做的便是探究如何利用大数据技术发掘数据价值、征服数据海洋。

谈论大数据技术，需要首先了解大数据的基本处理流程，主要包括数据采集、存储、分析和结果呈现等环节，如同果树上成熟的果子要经历采摘、保存、管理、售卖等流程。数据无所不在且源源不断，需要采用相应的设备或软件进行采集。但采集到的数据由于来源众多、类型多样，且在采集过程中数据缺失、语义模糊等问题是不可避免的，所以需要采取数据预处理的过程来有效解决这些问题。数据经过预处理以后，会被存放在文件系统或者数据库系统中进行存储与管理，然后采用数据挖掘工具进行处理分析，最后采用可视化工具呈现分析结果。

因此，大数据处理主要包括数据采集与预处理、数据存储与管理、数据处理与分析、数据可视化等基本流程。

5.4.2　大数据采集与预处理技术

面对海量多源的大数据，如何收集并且进行存储成为巨大的挑战。大数据采集是大数据处理流程的第一步。大数据采集技术是指通过 RFID、传感器、社交网络及移动互联网等方式来获得各种类型的结构化、半结构化、非结构化的海量数据。大数据的数据源主要有运营数据库、系统日志、社交网络和感知设备。针对不同的数据源，采用的数据采集方法也不相同。因为数据源多种多样，数据量大，产生速度快，所以大数据采集技术也面临着许多技术挑战，必须保证数据采集的可靠性和高效性，还要避免重复数据。

1. 数据采集

针对 4 种不同的数据源，主要介绍以下 4 种常用的数据采集方法。

（1）数据库采集

一些企业会使用传统的关系数据库 MySQL 等来存储业务系统数据，除此之外，Redis 和 MongoDB 这样的 NoSQL 数据库也常用于数据的存储。企业每时每刻产生的业务数据，以数据库一行记录形式被直接写入数据库中。企业可以借助于 ETL（Extract-Transform-Load，抽取 - 转换 - 加载）工具，把分散在企业不同位置的业务系统的数据，抽取、转换、加载到企业数据仓库中，以供后续的数据分析使用。通过采集不同业务系统数据库的数据并统一保存到一个数据仓库中，就可以为分散在不同地方的数据提供统一的视图，满足企业的各种决策分析需求。

（2）系统日志采集

系统日志是一种非常关键的组件，可以记录系统中硬件、软件和系统问题的信息，包括系统日志、应用程序日志和安全日志。许多公司的业务平台每天会产生大量的日志信息。这些日志信息包括系统运行状态、错误信息、用户操作记录等。通过对这些信息的统计和分析，可以有效地监控应用程序的运行状况，及时发现和解决问题。

对于企业应用系统而言，日志数据采集至关重要。首先，在应用程序出现问题时，通过查看相关日志信息可以快速定位原因，并进行相应处理；其次，在系统运行期间，通过对日志信息的统计和分析，可以发现系统存在的潜在问题，进而进行优化和改进；此外，对于一些业务场景，如在线广告、电商等，日志数据采集更是必不可少，它可以帮助企业更好地了解用户行为、偏好等信息，从而提升营销效果和用户体验。

（3）网络爬虫采集

互联网数据的采集通常借助网络爬虫来完成。网络爬虫是一个自动提取网页的程序，它为搜索引擎从万维网上下载网页，是搜索引擎的重要组成部分。网络爬虫会从一个或若干初始网页的 URL 开始，获得各网页上的内容，并且在抓取网页的过程中，不断从当前页面上抽取新的 URL 放入队列，直到满足设置的停止条件为止。这样可将非结构化数据、半结构化数据从网页中提取出来，存储在本地的存储系统中。

（4）传感器采集

传感器是一种检测装置，能感受到被测量的信息，并能将感受到的信息，按一定规律转换成为电信号或其他所需形式的信息输出，以满足信息的传输、处理、存储、显示、记录和控制等要求。传感器类型很多，有计数传感器、温度传感器、湿度传感器、重量传感器等，其品牌、功能、类型各不相同，所以数据采集时会有接口、协议不统一的问题，数据采集面临困难。

目前主流的传感器数据采集是通过加装工业智能网关来实现，工业智能网关通过连接传感器，将数据采集后上传到云平台，实现数据应用。

2. 数据预处理

由于采集到的数据来源众多、类型多样，且在采集过程中数据缺失、语义模糊等问题是不可避免的，采集到的原始数据质量往往是很差的。如果对低质量的数据进行分析和挖掘，最终得到的结果是不可预测的，甚至可能远远偏离正确结果。因此，对不理想的原始数据进行有效的预处理，已经成为大数据处理流程中的关键环节。

大数据预处理技术主要是指完成对已接收数据的辨析、抽取、清洗、填补、平滑、合并、规格化及检查一致性等操作。因获取的数据可能具有多种结构和类型，数据抽取的主要目的是将这些复杂的数据转化为单一的或者便于处理的结构，以达到快速分析处理的目的。通常数据预处理包含 4 部分：数据清洗、数据集成、数据变换及数据规约。

（1）数据清洗

数据清洗是指将大量原始数据中的"脏"数据"洗掉"，主要包含缺失值数据处理、噪声数据（存在错误或偏离期望值的数据）处理、不一致数据处理。

缺失值数据可用全局常量、属性均值、可能值填充或者直接忽略该数据等方法处理；噪声数据可用分箱（对原始数据进行分组，然后对每一组内的数据进行平滑处理）、聚类、人工检查和回归等方法去除噪声；对于不一致数据则可进行手动更正。

（2）数据集成

数据集成是指将多个数据源中的数据整合并存储到一个一致的数据库或者数据仓库中。由于数据源存在多样性，因此通常需要解决以下 3 个集成问题。

① 实体识别问题。由于多个数据集合的数据在命名上存在差异，因此等价的实体常具有不同的名称。那么，来自多个数据源的现实世界的等价实体如何才能"匹配"？例如，计算机如何才能识别一个数据库中的"student ID"和另一个数据库中的"stu id"值是同一个实体？通常，可以根据数据库或者数据仓库中的元数据来区分模式集成中的错误。每个属性的元数据包括名称、含义、数据类型和属性的允许取值范围，以及处理空白、零或 NULL 值的空值规则。例如，将一个数据库中的"student ID"和另一个数据库中的"stu id"归为同一个实体时，可以利用元数据来集成它们的数据。

② 冗余问题。冗余问题是数据集成中经常发生的另一个问题。若一个属性可以从其他属性中推演出来，则这个属性就是冗余属性。例如，一个顾客数据表中的平均月收入属性就是冗余属性，显然它可以根据月收入属性计算出来。此外，属性命名的不一致也会导致集成后的数据集出现数据冗余问题。

③ 数据值冲突检测与消除问题。在现实世界实体中，来自不同数据源的属性值或许不同。

产生这种问题的原因可能是表示、比例尺度、或编码的差异等。例如，重量属性在一个系统中采用公制，而在另一个系统中却采用英制；价格属性在不同地点采用不同的货币单位。这些语义的差异为数据集成带来许多问题。

（3）数据变换

数据变换是将数据进行转换或归并，形成适合数据处理的模式。常见的数据变换处理方法包括平滑处理、泛化处理、合计操作、归一化处理与重构属性。转换后的数据有效地保证了数据的统一性。

从数据源采集到的数据经常是具有不同量纲和范围的，这些数据可能是对的，但是并不能直接用来进行计算，因此经常需要对采集来的数据进行变换，将数据转换成"适当的"形式以便更好地理解数据或对数据进行可视化的展示，进而达到有效应用数据的目的。数据变换的方式主要分为以下几类。

① 简单函数变换。简单函数变换包括平方、开方、对数变换和差分运算等，可以将不具有正态分布的数据变换成具有正态分布的数据。对于时间序列分析，有时简单的对数变换和差分运算就可以将非平稳序列转换成平稳序列。

② 数据的标准化。数据的标准化是将数据按比例缩放，使之落入一个小的待定区间。由于指标体系的各个指标度量单位是不同的，使得所有指标能够参与计算，需要对指标进行规范化处理，通过函数变换将其数值映射到某个数值区间。数据的标准化有如下两种方法：0-1标准化（最小 - 最大标准化）、Z-score 标准化（零 - 均值规范化）。

③ 数据的归一化。数据的归一化是把数据转化为［0，1］区间的小数，这个方法是将每个特征数值转化到［0，1］区间。对于每个特征，最小值被转化为0，最大值被转化为1，更加便捷快速。

④ 数据平滑。数据平滑指的是去掉数据中的噪声波动使得数据分布平滑。可采用的技术包括分箱、回归和聚类。

（4）数据规约

假定在公司的数据仓库选择了数据，用于分析，这样数据集将非常大。在海量数据上进行复杂的数据分析和挖掘将需要很长时间，因此使得这种分析不现实或不可行。人们依然需要通过技术手段降低数据规模，这就是数据规约（Data Reduction）。数据归约是指在对挖掘任务和数据本身内容理解的基础上、寻找依赖于发现目标的数据的有用特征，以缩减数据规模，从而在尽可能保持数据原貌的前提下，最大限度地精简数据量。

5.4.3　大数据存储与管理技术

随着互联网的发展，数据量呈现爆炸式增长，如何高效地存储和管理这些数据成了一个重要的问题。大数据存储及管理技术应运而生，成为解决这一问题的有效手段。

大数据存储技术主要包括分布式文件系统、列式数据库、NoSQL 数据库等。其中，分布式文件系统是一种将数据分散存储在多个节点上的技术，它可以提高数据的可靠性和可扩展性；列式数据库是将数据按列存储，相比于传统的行式数据库，它可以更快地进行数据查询和分析；NoSQL 数据库是一种非关系数据库，它可以处理海量数据，并且具有高可用性和高扩展性。

大数据存储及管理技术的应用范围非常广泛，包括金融、医疗、电商、物流等各个领域。

例如，在金融领域，大数据存储及管理技术可以用于风险控制、投资决策等方面；在医疗领域，它可以用于疾病预测、药物研发等方面；在电商领域，它可以用于用户画像、推荐系统等方面；在物流领域，它可以用于路线规划、配送优化等方面。大数据存储及管理技术已经成为当今信息化时代的重要组成部分，它可以帮助企业和机构更好地利用数据，提高效率和竞争力。未来，随着技术的不断发展和创新，大数据存储及管理技术将会更加成熟和完善，为各个领域的发展带来更多的机遇和挑战。

1. 操作系统与文件系统

操作系统（Operating System，OS）是管理和控制计算机硬件与软件资源的计算机程序，是直接运行在"裸机"上的最基本的系统软件，任何其他软件都必须在操作系统的支持下才能运行。

操作系统的功能包括管理计算机系统的硬件、软件及数据资源，控制程序运行，改善人机界面，为其他应用软件提供支持等，使计算机系统的所有资源最大限度地发挥作用，为用户提供方便、有效、友善的服务界面。操作系统发展至今，种类繁多，可以根据应用的不同领域划分为桌面操作系统（macOS、Windows、Linux）、服务器操作系统（安装在大型计算机上的操作系统，如 Web 服务器、应用服务器和数据库服务器等）、嵌入式操作系统（为特定应用而设计的专用计算机系统）、移动设备操作系统（Harmony、iOS、Android 等应用在智能手机、平板电脑等智能设备上的操作系统）。

操作系统中负责管理和存储文件信息的软件结构，提供了命名文件及放置文件的逻辑存储和恢复等功能的系统，称为文件管理系统，简称文件系统。计算机的文件系统是一种存储和组织计算机数据的方法，它使得对其访问和查找变得容易。文件系统使用文件和树结构目录（如图 5-6 所示）的抽象逻辑概念代替了硬盘和光盘等物理设备使用数据块的概念，用户使用文件系统来保存数据不必关心数据实际保存在硬盘（或者光盘）的哪些数据块上，只需要记住这个文件的所属目录和文件名。在写入新数据之前，用户不必关心硬盘上的哪个块地址没有被使用，硬盘上的存储空间管理（分配和释放）功能由文件系统自动完成，用户只需要记住数据被写入到了哪个文件中。

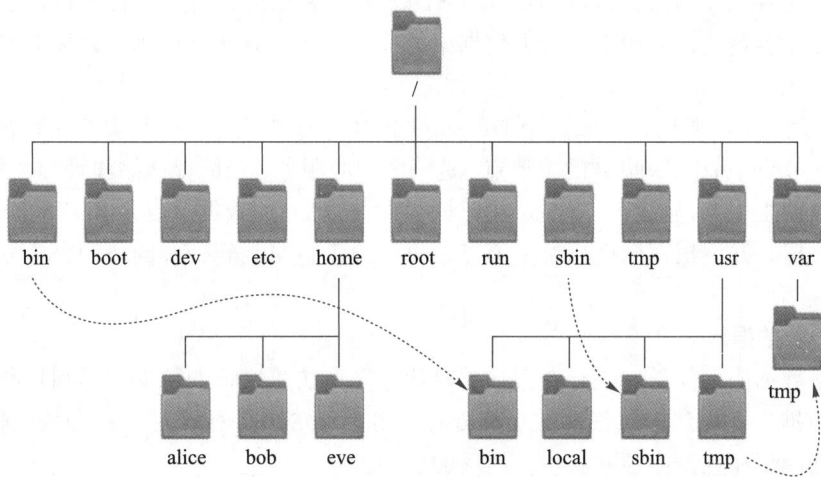

图 5-6 文件系统的树结构目录

2. 分布式文件系统

普通文件系统的存储容量有限，但是大数据一般都是海量的，无法用以前的普通文件系统进行存储。大数据时代必须解决海量数据的高效存储问题，为此分布式文件系统应运而生。相较于传统的本地文件系统而言，分布式文件系统（Distributed File System，DFS）是一种通过网络实现文件在多台主机上进行分布式存储的文件系统。分布式文件系统把文件分布存储到多个计算机节点上，成千上万的计算机节点构成计算机集群。

分布式文件系统在物理结构上是由计算机集群中的多个节点构成的。这些节点分为两类：一类叫"主节点"（MasterNode），或者被称为"名称节点"（NameNode）；另一类叫"从节点"（SlaveNode），或者被称为"数据节点"（DataNode）。主节点负责文件和目录的创建、删除和重命名等，同时管理着从节点和文件块的映射关系，因此客户端只有访问主节点才能找到请求的文件块所在的位置，进而到相应位置读取所需文件块。从节点负责数据的存储和读取，在存储时，由主节点分配存储位置，然后由客户端把数据直接写入相应从节点；在读取时，客户端从主点获得从节点和文件块的映射关系，然后就可以到相应位置访问文件块。从节点也要根据主节点的命令创建、删除和复制数据块。

计算机集群中的节点可能发生故障，因此为了保证数据的完整性，分布式文件系统通常采用多副本存储。文件块会被复制为多个副本，存储在不同的节点上，而且存储同一文件块的不同副本的各个节点会分布在不同的机架上。这样，在单个节点出现故障时，就可以快速调用副本重启单个节点上的计算过程，而不用重启整个计算过程，整个机架出现故障时也不会丢失所有文件块。文件块的大小和副本个数通常可以由用户指定。

分布式文件系统是针对大规模数据存储而设计的，主要用于处理大规模文件，如太字节级文件。处理规模过小的文件不仅无法充分发挥其优势，而且会严重影响系统的扩展和性能。目前，已得到广泛应用的分布式文件系统主要包括 GFS 和 HDFS 等。

3. HDFS 分布式文件系统

HDFS（Hadoop Distributed File System）分布式文件系统是 Apache Hadoop 项目的一个子项目，是 Hadoop 的核心组件之一，作为最底层的分布式存储服务而存在，它的设计初衷是为了能够支持高吞吐和超大文件读写操作。HDFS 是一种能够在普通硬件上运行的分布式文件系统，它是高度容错的，适用于具有大数据集的应用程序，并非常适用于存储大型数据（如太字节和拍字节级）。

HDFS 采用主 / 从架构，一般一个 HDFS 集群由一个主节点、一个第二主节点和多个数据节点组成。主节点是 HDFS 集群的主节点，是一个中心服务器，负责存储和管理文件的元数据。第二主节点辅助主节点，分担其工作量，用于同步元数据信息。数据节点是 HDFS 集群的从节点，存储实际的数据，并汇报存储信息给主节点。每种角色各司其职，共同协调完成分布式文件的存储服务。

4. NoSQL 数据库

虽然关系数据库很优秀，但是在大数据时代，面对快速增长的数据规模和日渐复杂的数据模型，关系数据库已无法应对很多数据库处理任务。NoSQL 凭借易扩展、大数据量和高性能及灵活的数据模型在数据库领域获得了广泛的应用。

NoSQL 是一种不同于关系数据库的数据库管理系统设计方式，是对非关系数据库的统称，它所采用的数据模型并非传统关系数据库的关系模型，而是类似键 / 值、列族、文档、图形等非关系模型。NoSQL 数据库没有固定的表结构，通常也不存在连接操作，也没有严格遵守 ACID 约束，因此，与关系数据库相比，NoSQL 具有灵活的水平可扩展性，可以支持海量数据存储。NoSQL 数据库的出现，一方面弥补了关系数据库在当前商业应用中存在的各种缺陷，另一方面也撼动了关系数据库的传统垄断地位。

5.4.4　大数据处理与分析技术

在数据处理与分析环节，可以利用数据挖掘和机器学习算法，结合大数据处理技术 MapReduce 和 Spark 等，对海量数据进行计算，得到有价值的结果，服务于生产和生活。

大数据的处理框架负责对系统中的数据进行计算，例如从处理文件系统中存储的数据，或处理从系统中获取的流式数据。由于企业内部存在多种不同的应用场景，因此大数据处理的问题复杂多样，单一的技术是无法满足不同类型的计算需求的，大数据处理框架主要可分为批处理框架、流处理框架、混合处理框架。

1. 批处理计算框架

批处理是大数据处理当中的普遍需求，批处理主要操作大容量静态数据集，并在计算过程完成后返回结果。鉴于这样的处理模式，批处理有个明显的缺陷，就是面对大规模的数据，在计算处理的效率上不尽如人意。

目前，批处理在应对大量持久数据方面的表现极为出色，因此经常被用于对历史数据进行分析。大量数据的处理需要付出大量时间，因此批处理不适合对处理时间要求较高的场合。

MapReduce 是最具有代表性和影响力的大数据批处理技术，可以并行执行大规模数据处理任务，用于大规模数据集的并行运算。MapReduce 极大地方便了分布式编程工作，它将复杂的、运行于大规模集群上的并行计算过程高度地抽象到了两个函数——Map 和 Reduce，编程人员在不会分布式并行编程的情况下，也可以很容易将自己的程序运行在分布式系统上，完成海量数据集的计算。但也正是因为计算需要两个阶段，使得 MapReduce 计算性能低下，不适合实时计算。且 MapReduce 设计之初针对的输入数据集就是静态的，不适合处理输入动态数据，因此也不适合流式计算。

2. 流处理框架

批处理之后出现的另一种普遍需求，就是流处理。流处理针对实时进入系统的数据进行计算操作，处理结果立刻可用，并会随着新数据的抵达继续更新。

在实时性方面，流处理表现优异，但是流处理同一时间只能处理一条（真正的流处理）或很少量（Micro-batch Processing，微批处理）数据，不同记录间只维持最少量的状态，对硬件的要求也更高。

Apache Storm 是一种侧重于极低时延的流处理框架，也许是要求近实时处理的工作负载的最佳选择。该技术可处理非常大量的数据，通过以比其他解决方案更低的时延提供结果。

3. 混合处理框架

混合处理框架可同时处理批处理和流处理工作负载。这些框架可以用相同或相关的组件和 API 处理两种类型的数据，借此让不同的处理需求得以简化。混合处理框架意在提供一种数据处理的通用解决方案。这种框架不仅可以提供处理数据所需的方法，而且提供了自己的集成项、库、工具，可胜任图形分析、机器学习、交互式查询等多种任务。

Apache Flink 是一种可以处理批处理任务的流处理框架。该技术可将批处理数据视作具备有限边界的数据流，借此将批处理任务作为流处理的子集加以处理。为所有处理任务采取流处理为先的方法会产生一系列有趣的副作用。这种流处理为先的方法也叫作 Kappa 架构，与之相对的是更加被广为人知的 Lambda 架构（该架构中使用批处理作为主要处理方法，使用流作为补充并提供早期未经提炼的结果）。

5.4.5　大数据可视化技术

随着互联网的快速发展，网络的信息量数据量巨大，筛选有价值的重要信息变得越来越困难，对数据信息的批量处理和挖掘就显得尤为重要了，而如今随着大数据挖掘、可视化分析等新技术的诞生，搜索和查看相关数据显得一目了然。通过可视化技术的呈现对分析数据和基于该信息做出抉择至关重要。

数据通常是枯燥乏味的，相对而言，人们对于大小、图形、颜色等怀有更加浓厚的兴趣。利用数据可视化平台，将枯燥乏味的数据转变为丰富生动的视觉效果，不仅有助于简化人们的分析过程，还可在很大程度上提高分析数据的效率。

在大数据分析工具和软件中提到的数据可视化，就是利用计算机图形学、图像、人机交互等技术，将采集或模拟的数据映射为可识别的图形、图像。虽然可视化在数据分析领域并非是最具技术挑战性的部分，但它是整个数据分析流程中最重要的一个环节。

数据可视化的意义是帮助人更好地分析数据，但信息的质量在很大程度上依赖于其表达方式。因此，可以对数字罗列所组成的数据中所包含的意义进行分析，使分析结果可视化。其实数据可视化的本质就是视觉对话。数据可视化将技术与艺术完美结合，借助图形化的手段，清晰有效地传达与沟通信息。一方面数据赋予可视化以价值，另一方面可视化增加数据的灵性，两者相辅相成，帮助用户从信息中提取知识、从知识中收获价值。精心设计的图形不仅可以提供信息，还可以通过强大的呈现方式增强信息的影响力，吸引人们的注意力并使其保持兴趣，这是表格或电子表格无法做到的。

数据可视化工具可自动提高视觉交流过程的准确性并提供详细信息。目前已经有许多数据可视化工具，可以满足各种可视化需求。

1. 办公类

① Excel。绝大多数的可视化功能 Excel 都可以实现，如动态交互、仪表板 / 大屏、预测、地理数据可视化。但是 Excel 有个最大的瓶颈——性能，数据量一大就被卡得死死的。所以，如果只是想做小数据分析和可视化可以只用 Excel。

② PPT。PPT 也可以做图表，但是它只起信息展示的作用，而不能处理数据。

2. BI 类

这是专为数据分析而生的，从连接数据到可视化输出是一整套解决方案。大部分 BI 都是如此，但是由于各个厂商的技术实力不同，产品功能强弱也不同。

① PowerBI。PowerBI 实际上所指代的就是一款数据分析软件，也是一款商务智能工具，其中包含了数据的获取、清洗、建模等流程，并进行可视化展示，可在较短的时间内生成各种酷炫的报表，帮助个人或企业对数据进行有效分析，以数据驱动业务，从而使管理者作出更加正确的决策。

② Tableau。Tableau 是商业化 BI 做得非常优秀的软件，专做数据可视化。Tableau 的商业化运作很完善，如社区运营、培训文档、企业培训，所以市场欢迎度比较高。Tableau 在图

表丰富、颜色搭配美观、布局设计简单等众多 UI 方面做得很好，可扩展性也很好。因此，它是可视化工具最好的选择之一。

3. 编程类

① Matplotlib。Matplotilb 是一个 Python 的 2D 绘图库，它以各种硬副本格式和跨平台的交互式环境生成出版质量级别的图形。通过 Matplotlib，开发者可以仅需要几行代码，便可以生成绘图、直方图、功率谱、条形图、错误图、散点图等。

② Seaborn。Seaborn 是建立在 Matplotlib 上的可视化图库，封装更加简洁，图形、颜色、布局更加优美。它对绘图的封装很好，可以通过少量的代码画出漂亮的图形。它擅长统计可视化，是 Python 可视化必备的工具之一。

③ ECharts。ECharts 是一款基于 JavaScript 的数据可视化图表库，提供直观、生动、可交互、可个性化定制的数据可视化图表。ECharts 最初由百度团队开源，并于 2018 年初捐赠给 Apache 基金会，成为 ASF 孵化级项目。

【拓展阅读】

国产数据库：从荒草丛生，到百花齐放

随着国际形势发展，不少国人意识到，自主可控在 21 世纪对一个国家是多么重要。我们必须深刻地意识到，信息安全的紧迫性以及自主可控的必要性。国产数据库也在当前获得了广泛关注，国产数据库开始迎来黄金岁月，互联网和 IT 巨头也参与到国产数据库的开发之中。

如今，一些中小银行的核心交易系统也在用国产数据库，比如南京银行选择了阿里的 OceanBase，连云港银行选择了腾讯的 TDSQL，梅州客商银行选择了达梦，贵阳银行选择了易鲸捷。而即便是五大行也开始转向国产数据库，尽管更多从非核心系统的数据库开始，但历史进程总算已经开始了。

2013 年 5 月 17 日，阿里的最后一台 IBM 小型机在支付宝下线，2 个月后淘宝广告系统使用的甲骨文数据库下线，这也是整个淘宝最后一个甲骨文数据库。电商兴起，淘宝的用户数激增，产生的数据也呈指数级增长。甲骨文稳定性和兼容性都非常强大，但系统极限也非常明显，可扩展性不高，而且维护成本很高。出于自身业务需要和节省成本的考虑，最终阿里决定砍掉 IT 系统里的 IOE 架构。

华为的 GaussDB 数据库则是在 2019 年推出。两年后，openGauss 正式对外开源。互联网巨头和 IT 巨头的加入，不管是使用量还是实际成果都更加显著。

2021 年，根据国家机关数据库采购的成交公告，入围企业除了两家外国企业，其余的 30 家均为本土企业，国产数据库份额占 90% 以上，而这正是一批批数据库人努力的结果。

如今，国产数据库从之前的荒草丛生，现在已是百花齐放。除了传统数据库厂商（人大金仓、达梦、神舟通用、南大通用等），也有大厂的"云数据库"（阿里云、腾讯云、华为云等），还有新兴数据库，比如 PingCAP 的通用数据库 TiDB、涛思数据的时序数据库 TDengine、欧若数网的图数据库 Nebula Graph。此外还有巨杉、中兴、浪潮、易鲸捷等的数据库产品，都登上了国内外流行度榜单。

【实训任务】

随着大数据在不同领域的不断渗透，深入到各行各业，不仅为自身拓展带来了基础保障，更为各行业的发展提供了便利。请你从所学专业角度，寻找一下大数据技术在本专业领域应用的身影，并展望大数据发展将对你的专业有何影响。

【单元测试】

一、选择题

1. 大数据的"4V"特征是数据量、多样性、（　　　）、速度。
   A. 关联 　　　　　　 B. 实用 　　　　　　 C. 价值 　　　　　　 D. 稀疏

2. （　　　）是结构化数据，网页是半结构化数据。
   A. 关系数据库数据 　 B. 视频 　　　　　　 C. 网页 　　　　　　 D. 声音

3. 大数据思维强调依靠数据分析和挖掘来解决问题和创造价值。以下与大数据思维最不相符的思维方式是（　　　）。
   A. 直觉思维 　　　　　　　　　　　　　 B. 视数据驱动思维
   C. 创新思维 　　　　　　　　　　　　　 D. 符号转换思维

4. 大数据所带来的思维变革不包括（　　　）。
   A. 不是随机样本而是全体数据 　　　　　 B. 不是精确性而是混杂性
   C. 不是因果关系而是相关关系 　　　　　 D. 不是歧视而是平等

5. 智能健康手环的应用开发，体现了（　　　）的数据采集技术的应用。
   A. 传感器 　　　　　 B. 网络爬虫 　　　　 C. 系统日志 　　　　 D. API 接口

6. "尿布与啤酒"体现的是大数据思维的（　　　）。
   A. 全样 　　　　　　 B. 容错 　　　　　　 C. 关联 　　　　　　 D. 创新

7. 下面中负责 HDFS 数据存储的程序是（　　　）。
   A. NameNode 　　　　　　　　　　　　　 B. DataNode
   C. ResourceManager 　　　　　　　　　　 D. NodeManager

8. MapReduce 模型适于（　　　）计算。
   A. 实时 　　　　　　 B. 在线 　　　　　　 C. 离线 　　　　　　 D. 流式

9. 大数据往往需要进行实时处理和分析，并具有低时延的要求。以下技术中最适合处理实时大数据的是（　　　）。
   A. 静态网页分析 　　　　　　　　　　　 B. 批量处理
   C. 流式处理 　　　　　　　　　　　　　 D. 数据挖掘

10. 数据清洗的方法不包括（　　　）。
    A. 处理残缺数据 　　　　　　　　　　　 B. 处理噪声数据
    C. 处理冗余数据 　　　　　　　　　　　 D. 一致性检查

二、简答题

1. 简述什么是大数据，并简要解释大数据的特征和价值。
2. 大数据有哪些数据类型？
3. 大数据处理过程中会遇到哪些挑战？请列举并简要描述每种挑战。
4. 请阐述什么是数据可视化。

单元 6

应用大数据技术

【学习目标】

知识目标：

1. 了解大数据在各领域的应用情况及所涉及的相关技术。

2. 理解数据伦理与数据共享的内涵，了解大数据涉及的伦理问题。

3. 了解职业素养的核心要求。

4. 了解大数据面临的安全和隐私保护问题。

5. 了解与大数据相关的法律法规，掌握大数据采集、处理、存储、使用等环节的合规操作技能，确保大数据的合法性和安全性。

技能目标：

1. 熟悉大数据技术在各行业的应用情况，能够基于自身专业分析大数据的相关应用和发展趋势。

2. 能够对简单的数据进行分析，探索数据的规律和趋势。

3. 能够利用工具对简单数据进行可视化操作，以便直观理解数据。

4. 能够结合自身专业，基于简单应用场景，给出大数据技术解决方案。

5. 能够采取各种技术手段和管理措施，保障大数据的安全和隐私，防止数据泄露和被恶意攻击。

素养目标：

1. 切身体会大数据的应用价值，激发对大数据的浓厚兴趣，培养正确的科学技术应用观。

2. 具备创新精神和创新能力，能够不断学习、掌握和应用大数据技术，推动大数据产业的发展和应用创新。

3. 具备团队合作精神和沟通能力，能够与团队成员相互协作、相互沟通，共同完成工作任务。

4. 具备法治思维和法治意识，切身体会国家在保护大众隐私方面所做的努力，培养爱国情怀。

【思维导图】

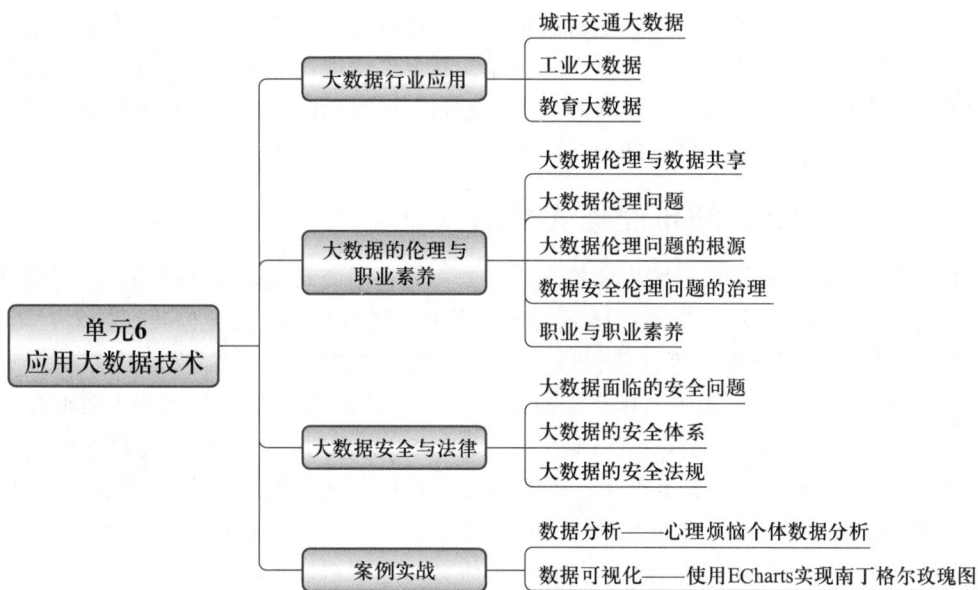

图 6-1　单元 6 知识图谱

【案例导入】

　　有人说:"世界上唯一不变的就是变化"。在人工智能和数字化浪潮下,无论是行业、企业还是消费者,都面临着数字化转型的新局势和新挑战。

　　在电商行业,企业可凭借其丰富的数据资源和先进的技术能力,探索数字化活动的新模式和新方法,助力其在数字化转型过程中脱颖而出。主要体现在以下三个方面。

　　① 利用大数据分析技术,通过对用户购买行为和偏好的分析,为用户推荐个性化的商品和服务,实现精准营销。

　　② 利用数据分析和挖掘技术,通过对用户搜索行为和购买行为的分析,提高搜索结果的准确性和相关性,还可以根据用户的购物历史和偏好,为用户提供个性化的购物体验。

　　③ 利用数据分析和挖掘技术,通过对用户反馈和评价的分析,了解用户对产品的需求和不满意之处,优化产品设计和功能。还可以对用户使用数据进行分析,了解用户对产品的使用情况和习惯,为产品设计提供更好的参考。

　　通过一系列的数字化活动,不仅为企业带来了巨大的商业价值,也为整个行业提供了宝贵的经验和启示。未来,各行业、企业都应了解数字化所发挥的巨大作用,不断创新,提高数字化转型的效率和质量。

6.1　大数据行业应用

微课 6-1
大数据行业
应用

大数据的主要内涵是对海量的数据进行分析，并广泛应用于人类社会的各行各业，如政务、金融、电商、医疗、教育、交通等。大数据的应用不仅能够提高效率、降低成本、优化管理、增强创新，还可以改善民生、促进社会治理、保障国家安全、推动经济转型。

6.1.1　城市交通大数据

随着中国经济的快速发展，城市规模逐渐扩大，现有的交通基础设施已经无法完全满足人们日益增长的出行需求，城市交通拥堵问题日益严重。城市轨道交通凭借其运量大、速度快、准时性高、污染小、安全性高等优势，近几年迎来了爆发式发展，已成为大中型城市中不可缺少的公共交通工具，有效缓解了城市交通压力。截至 2021 年年底，我国城市轨道交通总运营里程高达 8 708 km，其中地铁 7 535 km，占比 86.5%。同时，轨道交通运营规模空前扩大并保持高增长态势，截至 2021 年年底，我国已开通 269 条城市轨道交通运营线路，同比增长 10.2%，2021 年全年客运总量 236 亿人次，同比增长 34.1%，轨道交通发展前景广阔。

随着城市轨道交通线网规模的快速扩张和客流量的急剧增加，线网客流的时空分布日趋复杂，高峰时段供需不平衡问题愈加突出，部分车站客流超过设计能力，常态化限流车站逐步增加，系统安全运营和应急管理面临巨大挑战。大数据、人工智能等技术的兴起为应对现实挑战提供了解决思路，促使轨道交通逐渐向智慧轨道交通生态的方向发展。短时客流预测是构建智慧轨道交通生态的基础研究内容，然而既有相关研究存在预测精度较低、系统性较弱、网络客流时空特征捕捉不充分等不足，难以满足智慧化运营管理的需求。

1. 交通大数据的发展概述

推动交通大数据与云计算、5G、车联网、人工智能等新一代信息技术融合发展，探索交通大数据与智能交通协同发展的新业态、新模式，促进传统交通技术升级和综合应用发展，已成为国内外交通行业研究与应用的前沿热点。目前，国内大部分城市规划和自然资源、交通运输、公安交通管理等部门累积了大量与交通相关的行业监管数据，为交通大数据的发展和应用打下了一定的基础，交通大数据拥有较好的发展潜力以及良好的市场前景。

从交通大数据的数据类型、分析技术、应用场景等方面进行梳理分析，可将交通大数据的发展历程概括为以下 4 个阶段。

（1）小样本量的定点监测技术阶段

从 20 世纪 90 年代起，为解决人工交通调查方式的数据采集缺陷，使用定点检测器（如线圈、视频监测器、RFID 等）进行数据的采集，较好地解决了人工问卷数据存在的质量低、实时动态性差等问题，是交通调查中车辆数据获取方面的一大突破。但定点监测器容易损坏、维护成本高，且数据采集点有限、硬件建设投入大等缺陷也大大影响了监测器的布局使用和调查效率。

（2）车辆移动监测和个体出行信息提取阶段

该阶段指的是通过对道路交通数据采集的研究，包括获取车流量、行程时间、车辆行程车速等交通参数，以支撑提升城市交通的实际应用。

（3）广域大样本交通大数据分析阶段

　　经过 21 世纪 20 余年的研究和验证，RFID 技术已经从车辆数、车速识别逐渐向大规模的城市道路网络交通状态判别和预测、车辆路径诱导等研究转变。研究人员也尝试将 IC 卡数据与其他多种数据进行融合使用来提升调查居民出行的准确性，通过基于手机定位的居民出行信息提取技术，更准确地提取居民出行规律，包括居民个体的出行目的、出行时长和出行方式等。

　　（4）交通大数据多源融合技术阶段

　　随着交通需求日益复杂，仅仅依靠单一数据源的分析结果已经不能满足现阶段城市交通管理策略的精细化、实时性和全面性要求。为解决单一数据覆盖不全面、交通特性表征有缺失等问题，进一步提高数据分析质量，多源融合的交通大数据受到各大研究机构的青睐。

　　2. 交通大数据的分类及特征

　　从不同的角度分析应用，交通大数据有不同的分类方式，以致其数据的获取方法和特征描述也不同。

　　以是否与交通行为直接相关为标准，可以将交通大数据分为狭义和广义两个类别。一般而言，狭义的交通大数据是指直接反映交通行为或与交通行为直接相关的数据，如车辆车速数据、道路断面流量数据、城市公共交通刷卡数据和高速公路联网收费数据等。这些数据通常由交通相关部门监管，相对容易获得。而广义的交通大数据包罗万象，凡是与交通行为相关的数据都可列为交通大数据，如包含了交通出行者位置信息的手机信令数据、含有车辆位置定位的 GPS 数据和反映交通需求的区域居住人口数据，或者可以反映居住人口数量的水、电、气使用量或垃圾废弃量数据等。这些数据往往出自非交通相关部门，需要通过更多的沟通协调才能获取相关数据。

　　以数据的产生或更新周期为标准，可以将交通大数据分为静态和动态两大类。静态交通大数据一般是指数据产生或更新的周期较长，通常以月、季度甚至年度为产生或更新的周期，如交通设施统计数据、公交线路数据和交通组织方案数据等。动态交通大数据是指数据产生或更新的周期较短，通常以天、小时甚至分钟为产生或更新的周期，如道路流量数据和车辆位置数据等。动态交通大数据还可根据其获取的实时性，分为离线传输数据和在线传输数据。其中，离线传输数据为数据产生后经离线存储获得的数据，虽然数据更新周期较短，但由于并非持续不断地产生和获取，因此也可以视为静态数据。而在线传输数据为数据产生后，通过数据传输协议和传输媒介持续地传输至用户，用户获得实时不断更新的数据，是真正的动态大数据。

　　从数据获取的授权角度划分，交通大数据可分为开放数据和非开放数据。开放数据是指数据的开放授权可以确保使用者自由免费访问、获取、复制、传播、使用和加值数据，如互联网开放数据、开放数据库数据和统计年鉴的公开发布数据等。非开放数据则指设置了一定的共享条件或只对特定共享方开放的数据，需要数据拥有者授权、与数据拥有者协商或者使用者付出一定代价才可取得。

　　交通大数据的获取方式主要有传感器（物联网、车联网）和业务应用系统（特别是计费系统）。前者以通过安装在路上或者车上的传感器采集数据为主，包括车辆 GPS 终端、车辆 RFID 电子标签、路段检测器、视频卡口（牌照识别）系统、视频图像以及线圈检测器等；后者包括民航、铁路、公路售票系统，公交 IC 卡系统、轨道检售票系统、高速公路联网收费系统、停车收费系统和移动通信网络系统等。在移动互联网高度发达的背景下，手机终端成为重要的采集设备，大量的手机应用通过手机终端设备采集了用户的位置数据（GPS 定位、基站定位和 Wi-Fi 定位）。部分功能强大的车载单元也逐渐被推广使用，可以采集除位置信息以外的更多信息，如车辆性能参数和驾驶员行为参数等。

目前，可以获取的交通大数据包括手机信令数据、手机终端定位数据（连续定位数据和签到数据等）、车辆 GPS 定位数据（出租车、公交车、公路客运车辆、旅游车辆、危险品运输车辆、货运车辆和网联汽车等）、道路预埋线圈/地磁/蓝牙检测数据、公交 IC 卡数据、轨道闸机数据（包括 IC 卡和手机扫码）、民航/铁路/公路客运售票数据、视频牌照识别数据、交通设施运行视频监测数据、道路卡口数据、停车场收费记录数据、ETC 车辆检测数据、RFID 车辆检测数据、车辆速度数据（车载 OBU 设备、GPS 设备）、互联网开放大数据、视频图像数据以及交通基础设施数据等。

3. 交通大数据的应用

（1）智慧城轨应用

随着城市轨道交通线网规模的快速扩张和客流量的急剧增加，线网客流的时空分布日趋复杂，高峰时段供需不平衡问题越发突出，部分车站客流超过设计能力，常态化限流车站逐步增加，系统安全运营和应急管理也面临巨大挑战。因此，必须顺应网络化以及大客流的发展趋势，科学合理地从车站、线路以及网络化角度全面分析轨道交通客流状态，并进行相应的运营组织和客流管控。

时代发展的背景下，城市轨道交通也逐渐向智慧城轨的方向发展，其中大数据、人工智能等新兴技术在智慧城轨全生命周期均展现出了广阔的应用前景（如图 6-2 所示）。

规划方面大规模手机信令数据能够记录居民一天内完整的出行链，通过出行链重构，可进行轨道交通走廊识别以及线路走向推荐。建设方面产生了大量的监测数据，可基于多源异构的各类监测大数据，进行基坑、隧道、车站等建设过程中的智能预警，避免发生坍塌事故等。养护维修方面同样产生了各类健康监测大数据，可进行健康评估、损伤识别、振动噪声预测等科学研究。

图 6-2　智慧城轨应用

运营方面不同于其他三个方面，该方面与居民日常出行更加息息相关，过程中产生了大规模、高质量、连续的刷卡数据以及站内视频监控数据等。数据记录了大量的城市居民出行信息，对个体出行特征挖掘、城市公共空间组织与规划、智慧城市构建等具有重要的研究意义。

人工智能和大数据在智慧城轨领域的应用，根据其研究对象可分为网络层面的研究、线路区间层面的研究以及车站层面的研究。网络层面，例如基于卡数据的全网交通状态感知与预警及基于强化学习的网络列车时刻表优化；线路区间层面，例如基于手机信令数据的断面客流分布识别及基于神经网络计算图模型的地铁网络拥堵建模及客流分配理论；车站层面，例如基于站内视频检测数据的乘客识别与监控及基于人脸识别的客流进出站管理系统等。

智慧地铁生态构建流程根据其研究次序，可分为智能感知、智能建模以及智慧管控，如图 6-3 所示。智能感知方面，以精

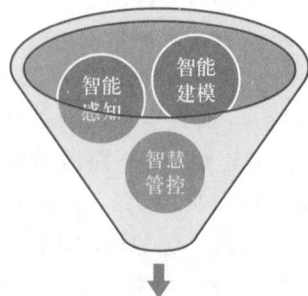

智慧地铁生态

图 6-3　智慧地铁生态构建流程

准把握车站级、线路级、网络级客流时空分布特征相关的研究为主；智能建模方面，以借助人工智能技术寻求各类运营优化解决方案为主，例如借助强化学习优化列车时刻表等；智慧管控方面，以在运营人员的参与下，借助人工智能技术进行车流、客流的协同管控为主。智能感知是智慧地铁生态建设的首要环节，是智能建模与智慧管控的基础，精准感知与准确把握大规模轨道交通网络客流时空分布特征，有利于进行更为科学合理的智能建模与智慧管控。

（2）城市轨道交通短时客流预测

城市轨道交通短时客流预测是构建智慧轨道交通系统的重要研究内容，包括短时进站流预测、短时 OD 流预测、短时断面流预测、以轨道交通为骨干的多模式交通预测、轨道交通站内关键基础设施流量预测等。图 6-4 和图 6-5 显示了某时期上海市地铁轨道断面的路线图与某日上海市轨道 2 号线 8 点断面客流分布图。新时代、新背景、新技术的推动为城市轨道交通短

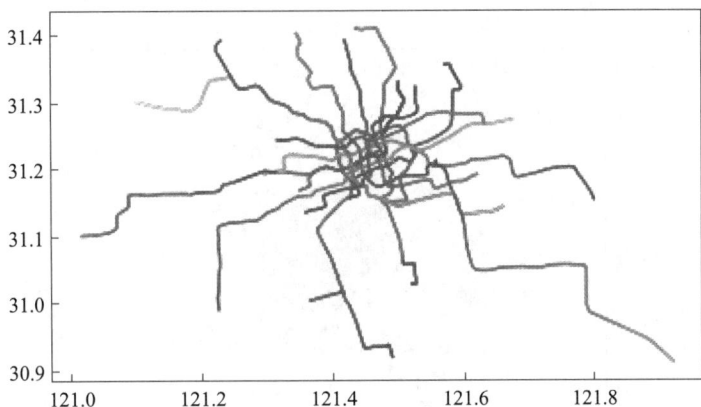

图 6-4 上海市地铁轨道断面

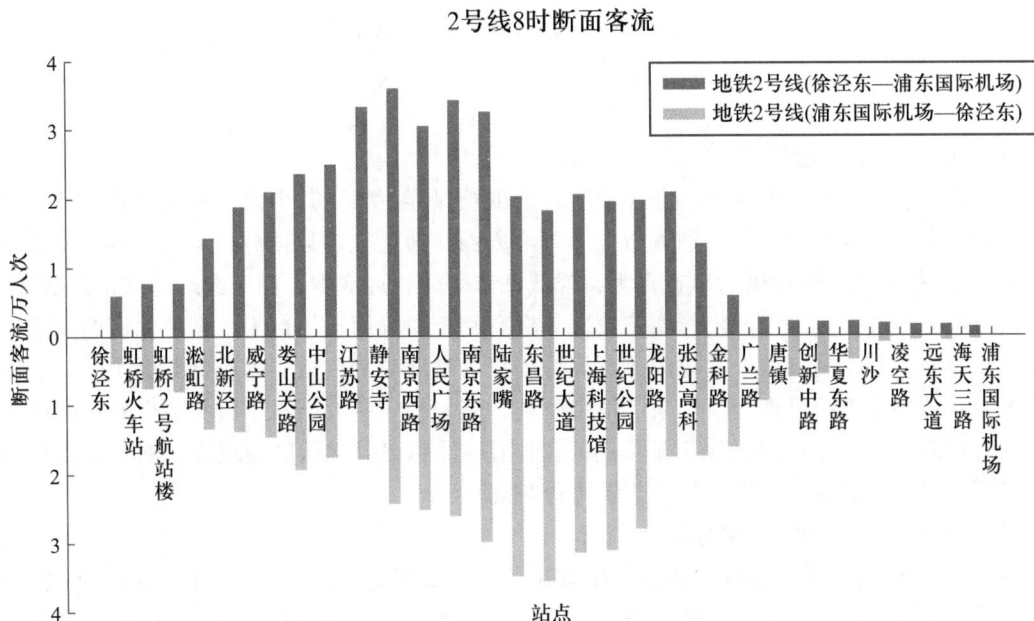

图 6-5 上海市某日轨道 2 号线 8 点断面客流分布

时客流预测的进一步发展提供了契机，因此应借力时代发展的动车，抓住新机遇，融合新理论，应用新方法，开创新技术，以期达到短时预测的低时延、高效率、高精度。

（3）城市共享单车出入流预测

共享单车数据是城市时空大数据的重要组成部分，通过对共享单车数据进行深入的分析与挖掘，研究人员可以发现有价值的知识，从而帮助政府和城市管理者进行更合理的城市规划与管理，提升城市运行效率，实现城市的可持续发展。

城市共享单车出入流预测是共享单车数据挖掘的重要研究内容，通过对本问题的研究，可以从一定程度上反映城市居民的出行规律，缓解共享单车在不同区域供需不平衡的问题，提前发现未来某一时段内共享单车需求量暴增或者共享单车数量不足的问题，以做好单车调度、单车分配等任务，缓解城市中的"最后一千米问题"。图 6-6 显示了某个时间某学校骑行衔接需求点分布信息。

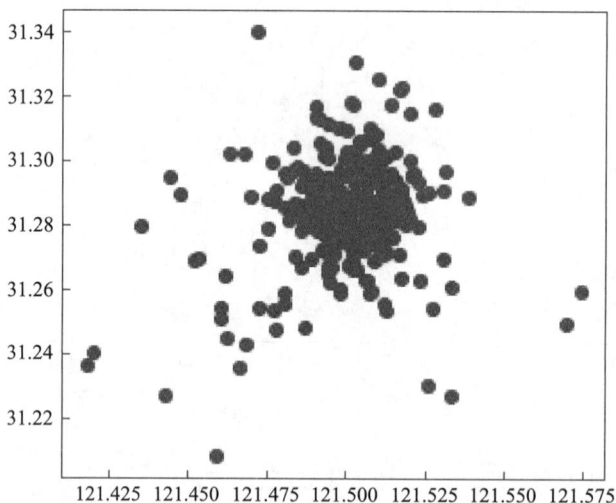

图 6-6　某学校骑行衔接需求点分布信息

（4）出租车轨迹数据分析

随着各种软硬件平台的升级，各种交通大数据被保存下来，其中出租车轨迹数据就是城市中比较典型和规模庞大的一类交通大数据。政府方面，通过轨迹数据分析（如图 6-7 和图 6-8 所示），可以很好地了解居民的出行行为，降低城市交通管理成本，制定合理的城市发展策略。对于出行服务相关商业组织，出行轨迹数据分析有利于理解用户的行为，满足他们的需求，提高商业竞争力，基于轨迹的个性化服务对提升用户满意度非常重要。商业机构提供的一些以轨迹数据为基础的服务给日常生活带来了很多便利。例如，一些大型叫车服务平台的智能派单功能，实时预测车辆分布情况以便于派单调度；地图软件的实时交通监测服务，确保在发生交通拥堵时可以提前规划最佳路线，从而节省出行时间。

（5）城市公交车 GPS 数据分析

城市公交车 GPS 数据也是交通领域中常见的一种数据源，由公交车辆的车载 GPS 定位器以一定采样间隔采集，然后传输到公交公司进行信息管理汇总。公交公司会有内部信息平台能够实时监控公司旗下所有公交车辆的位置，接入城市交通大数据平台后，能够为公众发布公交

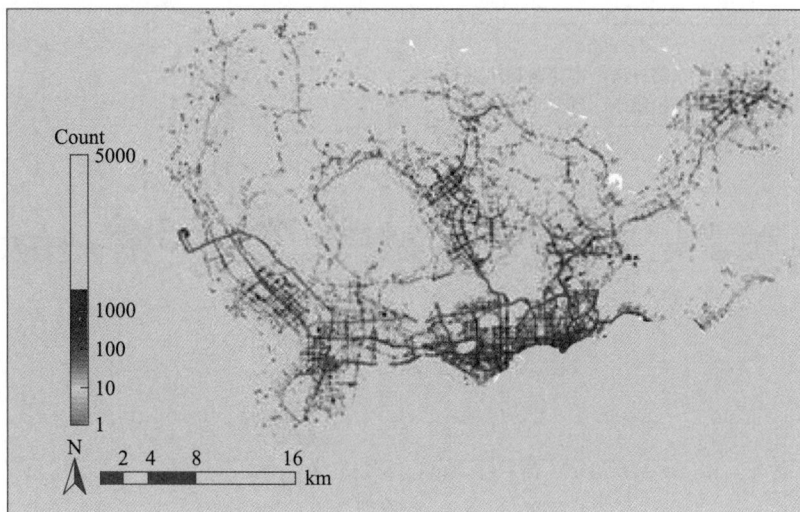

图 6-7　出租车 GPS 空间数据分布散点图

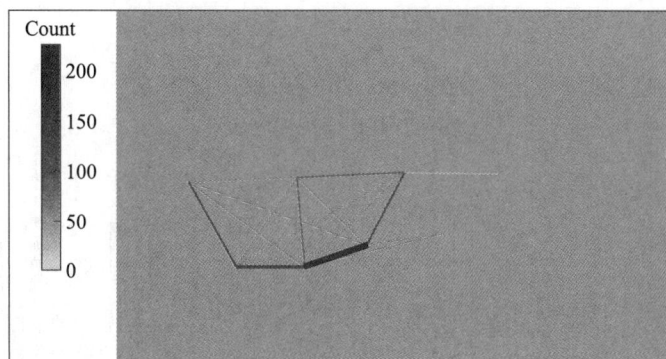

图 6-8　出租车出行 OD 期望线

车的到离站信息。

通过公交车 GPS 数据,可以获取到公交车辆的运行状态,如图 6-9 所示,识别到离站信息,并对公交运营情况做出评价,分析拥堵常发路段,进而为城市公共交通服务质量的提升提供改善建议。此外,部分城市的公交刷卡数据能够与公交车辆相对应,通过到离站信息则可以进一步判断公交刷卡的上下车站点,如图 6-10 所示。

6.1.2　工业大数据

工业大数据是指在工业领域中,围绕典型智能制造模式,从客户需求到销售、订单、计划、研发、设计、工艺、制造、采购、供应、库存、发货和交付、售后服务、运维、报废或回收再制造等整个产品全生命周期各个环节所产生的各类数据及相关技术和应用的总称。其以产品数据为核心,极大延展了传统工业数据范围,同时还包括工业大数据相关技术和应用。

1. 工业大数据的概念

2012 年,"工业大数据"的概念被首次提出。该概念主要关注工业装备在使用过程中产生

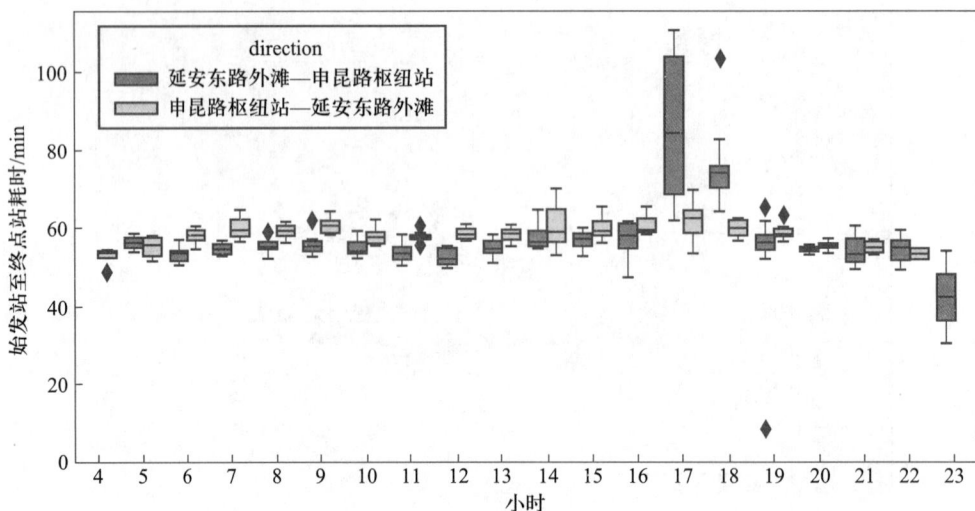

图 6-9　公交车辆单程耗时分布

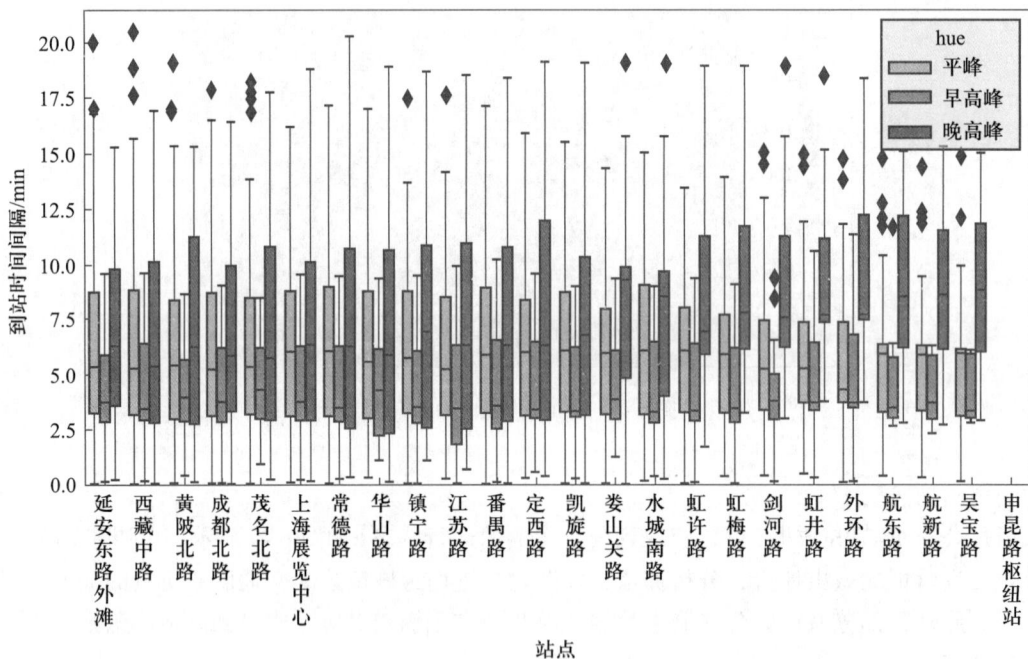

图 6-10　公交下行方向站点到离站时间间隔分布

的海量机器数据。制造业存储了比任何其他一种行业都多的海量数据——仅 2010 年，制造业就存储了将近 2EB 的新数据。工业已经进入"大数据"时代。

　　大数据在工业领域的应用，实现了工业从研发、设计、生产、运营到服务全过程智能化，提升了生产效率，降低了资源消耗，提高了产品质量。同时，数据驱动制造业生态变革，汇聚协作企业、产品、用户等产业链上的资源，通过平台开放共享，基于数据实现制造资源优化配置；还能实现产品、生产和服务创新，产生一系列新模式和新业态。

与互联网大数据相比，工业大数据具有更强的专业性、关联性、流程性、时序性和解析性等特点，仅仅依靠传统的互联网大数据分析技术已无法满足工业大数据的分析要求。因此，工业大数据分析并不仅仅依靠算法工具，还更加注重逻辑清晰的分析流程和与分析流程匹配的专业技术体系。互联网大数据可以从数据端出发看问题，但是工业大数据则应该从价值和功能端思考，具体区别见表6-1。

表 6-1 工业大数据与互联网大数据的区别

分类	工业大数据	互联网大数据
数据要求	全面样本数据，以覆盖工业过程中各类变化条件，时效性要求高	大量样本数据，时效性要求低
特征提取	注重特征背后的物理意义以及特征之间关联性的机理逻辑	依靠统计学工具挖掘属性之间的关系，不注重属性的具体含义
分析手段	数据建模、分析更加复杂，需要专业领域的算法，不同行业、不同领域的算法差异很大，强调跨学科技术的融合	具备成熟的数据挖掘算法，轻属性含义、重价值挖掘，从看似无关的属性中找出内在价值
应用领域	健康诊断、故障预警、工况识别、市场预测等	图像识别、语音识别、语义分析、偏好推荐等

工业大数据是智能制造与工业互联网的核心，其本质是通过促进数据的自动流动解决控制和业务问题，减少决策过程带来的不确定性，并尽量克服人工决策的缺点。工业大数据贯穿了工业生产的全过程，全面细致地反映出制造业生产的全流程，从不同角度记录制造业生产的影响因素。通过对数据的汇总分析，以信息化带动工业化，帮助制造业企业科学决策、优化生产、精细管理，步入新型工业化的道路。

未来可以通过工业大数据直接感知市场需求，通过市场分析可以知道哪一种铁矿石配比在当前市场上适销，据此确定各种铁矿石的生产需求，并制订生产计划，然后实时将操作命令下达到相应的智能化工程装备，指挥这些工程装备协同工作，这就是跨尺度的信息集成和优化。

2. 大数据时代下的新工业革命——工业 4.0

第四代工业革命"工业 4.0"是未来工业的发展方向，在整个产业链内的所有机器通过网络和智能控制形成一个协作团队，相互联系，紧密衔接，实现智能化操作。面对由机器产生的庞大数据，需要采用预测工具，使得大量杂乱无章的数据被系统地处理成可用的信息，并且可用来解释某些不确定性，从而做出更多"知情"决定，实现机器的智能控制。

"工业 4.0"是德国推出的概念，美国叫"工业互联网"，中国叫"中国制造 2025"，这三者本质内容是一致的，都指向一个核心，就是智能制造。"互联网 +"是巨大无比的概念，"互联网 +"里面有"互联网 + 金融"叫作互联网金融、"互联网 + 零售"叫作互联网电子商务，而"互联网 + 制造"就是工业 4.0。它将推动中国制造向中国创造转型，所以很多人说，工业 4.0 是整个中国时代性的革命。工业 4.0 如图 6-11 所示。

由于中国独特的工业和市场的基础，因此中国将走上一条与众不同、独具特色的"工业 4.0"发展道路。2015 年 3 月，十二届全国人大三次会议正式提出"中国制造 2025"的概念；2015年 5 月 8 日，国务院印发《中国制造 2025》。这可以说是中国版的"工业 4.0"模式，是基于

图 6-11　工业 4.0

各个时期国内、国际经济社会发展现状，以及产业变革大趋势所制定的长期战略规划。

2015 年 4 月，全国首个大数据交易所"贵阳大数据交易所"成立，并完成了深圳腾讯计算机系统有限公司、广东省数字广东研究院与京东云平台、中金系统有限公司之间的数据交易，这为全国大数据的公开、运用及交易提供了借鉴。

"新工业革命"，本质上是智能革命，而智能革命的基础是信息化，大数据是根本。没有大数据对客观事物全面、快速、真实、准确的信息反馈，任何智能设备都不可能实现真正的智能。因此，即将来临的新工业革命也称之"后信息时代的革命"，归根到底，这是"大数据的革命"。

众多传统制造企业利用大数据成功实现数字转型表明，随着"智能制造"的快速普及，工业与互联网深度融合创新，工业大数据技术及应用将成为未来提升制造业生产力、竞争力、创新能力的关键要素。有专家提出，制造业的大数据规模超过其他行业，且未来 10 年工业大数据增速要快于消费大数据。

3. 工业大数据的应用

大数据在工业领域的应用，实现了工业从研发、设计、生产、运营到服务全过程智能化，提升生产效率，降低资源消耗，提高产品质量。同时，数据驱动制造业生态变革，汇聚协作企业、产品、用户等产业链上的资源，通过平台开放共享，基于数据实现制造资源优化配置；还能实现产品、生产和服务创新，产生一系列新模式和新业态。

（1）智慧工厂

智慧工厂是现代工厂信息化发展的新阶段，是在数字化工厂的基础上，利用物联网技术和设备监控技术加强信息管理和提高服务质量，加上绿色智能的手段和智能系统等新兴技术于一体，构建一个高效节能、绿色环保、环境舒适的人性化工厂，智慧工厂如图 6-12 所示。

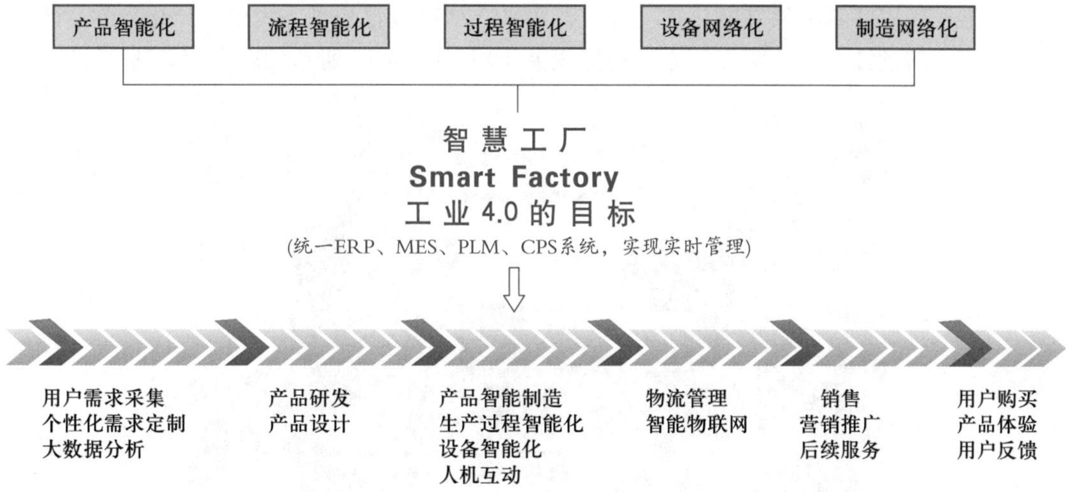

图 6-12 智慧工厂

智慧工厂的侧重点在于将人机互动、智能物流管理、3D 打印等先进技术应用于整个工业生产过程，从而形成高度灵活、个性化、网络化的产业链。

（2）智能物流

智能物流是利用集成智能化技术，使物流系统能模仿人的智能，具有思维、感知、学习、推理判断和自行解决物流中某些问题的能力。智能物流的未来发展将会体现出智能化、一体化和层次化、柔性化与社会化等 4 个特点。智能物流如图 6-13 所示。

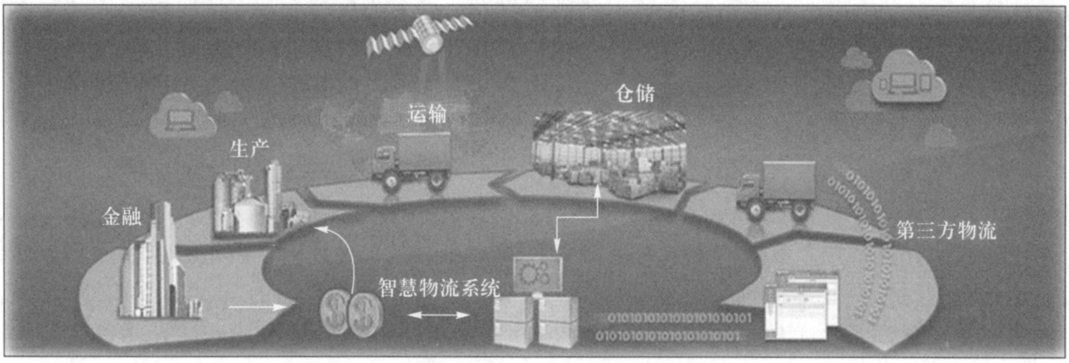

图 6-13 智慧物流

6.1.3 教育大数据

数据是新时代的重要生产要素，是国家基础性战略资源。在教育大数据时代，学生的学习痕迹、学习内容、学习成果等各类数据得以记录和保存，如何更加充分、有效地利用这些数据优化学与教成了一个焦点问题。

1. 教育大数据的概念与特征

教育大数据是大数据在教育领域的具体表现，它明确地指向教育发展。教育领域的大数据，即根据教育需求采集并用于促进教育发展全过程的数据集合。大数据在教育领域的应用，为教育创新提供发展思路和发展方向，在提升教育水平、增进教育公平、实现差异化教学、改善教育资源失衡、辅助教育科学实施等方面发挥积极作用。图 6-14 所示为教育信息化。

图 6-14　教育信息化

依照不同层级的主体和教育教学活动的各项内容，教育大数据可以分为 4 个层次和 6 种类型。4 个层次包括个体、学校、区域和国家；6 种类型包括基础数据、管理数据、教学数据、科研数据、服务数据和舆情数据。其中，基础数据包括学习者的学号、年级、身份等基本信息数据；管理数据包括各类教育管理系统当中记录的数据，如学习者的学籍数据、档案数据和各类统计数据等；教学数据包括教学过程中涉及的过程、内容和结果数据；科研数据包括各类教育教学实验与科研项目当中所获得的数据；服务数据包括各类与教育教学相关的服务系统当中记录的数据，如各类师生生活服务、图书档案服务等数据；舆情数据包括各类公开媒体中与教育相关的数据，如各类教育新闻数据、微博等社会网络系统中教育相关数据等。

教育大数据的特征与大数据特征既有重合，又有不同。首先，从规模上看，教育大数据的体量尚未达到零售业、电信业等领域的规模，但已经超出了传统数据工具的处理能力。其次，从流转速度上看，教育大数据的流转速度相对较慢，并不像交易数据、搜索数据或通信数据具有快速流转的特性；相应地，教育教学的周期性决定了教育大数据具有典型的周期性。最后，从数据构成方面看，教育大数据中的非结构化数据，特别是音视频数据占很大比重。这些数据来自课堂录像、教学资源等，不同于传统数据库记录的数据，具有一定的分析复杂性。同时，与电商等领域中步骤清晰、结果明确、周期较短的交易活动不同，教育教学活动具有更高的过程复杂性。通过教育大数据分析发现规律更为困难。可见，教育大数据的特征可以概括为强周期性、高复杂性和巨大价值性。

2. 教育大数据的价值

（1）教育大数据深化价值应用

教育大数据深化价值应用主要体现在战略层价值和应用层价值两个层面。

① 战略层价值。教育大数据是具有战略价值的资产，只有对其不断地挖掘和应用才能使其不断增值；教育大数据是教育领域数字资产的集合，能够不断推进教育领域全面深化改革，是智慧教育重要的基石。

② 应用层价值。教育大数据有助于开展数据驱动的教育决策，实现教学设备与教学环境的智能管理，增强安全预防与危机管控的能力；不断优化教学流程，帮助教育工作者实施精确教学，辅助学生提高自主学习能力；推进教育评价从经验层过渡到数据层，评价模式由单一走向综合；大数据的合理、高效应用，促进多样化和智慧化的教育服务；推动社会科学研究从抽样走向全样本的进程，促进社会科学的发展。

（2）教育大数据助力教育管理

教育大数据可以为管理者提供一个平和、开放的管理平台，使得教育工作者可以有针对性地获取数据，并对数据进行增、删、改、查；教育大数据包含了教育全过程的教育主题、过程、结果等数据，使得管理过程更加规范；教育大数据对教育数据进行集约、高效的处理，使得管理更加专业、简约；教育大数据帮助教育工作者理解学习者的状态，为学生创造良好的个性化学习条件。具体来讲，教育大数据可以助力教学者深化教学改革，更好地进行个性化教学，同时可以让考试变得更加科学；可以助力学习者实现适应性学习，查找自己的弱项和不足，提高学习的针对性和有效性；可以助力管理者准确预测、分析学生的学习行为，更科学地进行教育决策，更好地优化校园运营模式，提高管理效率。

（3）教育大数据破解教育难题

教育为民生之基，发展过程中仍存在许多现实困难，大数据将变革教育思维模式，破除传统教育壁垒，推进教育的全方面创新发展。教育大数据可以实时监控教师转岗、换岗，以及学生转学、升学等动态信息，有效地解决师资力量、重点学校分布不均匀和不合理等问题，缩小教育基础设施差距，促进教育资源均衡配置，解决教育发展不均衡的现实困难，实现教育公平普惠。教育大数据可以帮助教师选择更适合学生的教学内容，记录学生的学习状况，挖掘学生的学习偏好、学习兴趣、学习特点，破解教育形式单调化难题，助推个性化教育。此外，在促进教育可量化、决策科学化、择业合理化等方面，教育大数据都具有积极意义。

3. 教育大数据的应用

教育大数据体现的是不同教育情境下所产生的各类数据集合，教育大数据的大部分应用从以下 3 个方面实施，如图 6-15 所示。

信息化校园为教育管理提供了指导意见，智能辅导系统和在线题库可以帮助学生学习和巩固知识，开放式在线课程存储了海量的教学资源以供使用，相关网站及校园论坛等成为学生们学习和交流的常用网站。如图 6-16 所示，信息化校园是以数字化信息和网络为基础，对教学、科研、管理、技术服务、生活服务等进行收集、处理、整合、存储、传输和应用，使数字资源得到充分优化利用的一种教育环境。

图 6-15　教育大数据的应用

智能辅导系统用计算机代替教师的角色，利用机器学习和大数据技术模拟学生真实学习，自动分配学习任务，同时给予及时的学习反馈，满足学生的自身需求。如图 6-17 所示，智能辅导系统通常包含学生模型、领域模型、辅导模块和用户接口 4 部分。学生模型跟踪学生认知状态、能力水平和情感状态等的变化情况；领域模型包含所涉及领域需要学习的概念、知识、规则和解决问题的策略；辅导模块能够基于学生模型所分析的学生认知状态，生成针对性指导策略；用户接口用于与学生进行信息交互。

图 6-16　信息化校园（智慧校园）系统

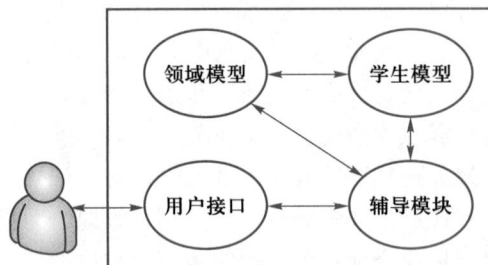

图 6-17　智能辅导系统功能

在线题库通常是智能辅导系统的重要组成环节，需要收集、整理、存储海量练习的题面、答案和分析，并提供练习、答案解析下载或在线答题、个性化辅导等多种服务。借助在线题库的帮助，智能辅导系统能够实时记录学生的学习、答题信息和各类系统日志信息，从而智能诊断学生学习状态、知识点掌握情况，辅助提高教师的教学效率与质量。

【拓展阅读】

城市大脑让城市更智慧

动动手指，就能办社保、摇车牌、提取公积金；在社区，一部手机、一个二维码，即可实现全流程纠纷调解；城市健康绿码在手，通行无忧；在网上预约挂号，即可获得前往医院的最优出行方案……这些发生于杭州的真实生活片段，正是杭州用深厚的数字创新"浓度"，激发城市发展活力的真实写照。

作为首次提出城市数据大脑概念的杭州，随着其数字建设的不断深入，城市数据大脑不断迭变，从原先的智能服务基础设施举措为基点，逐步构建了"中枢系统＋部门（区县市）平台＋数字驾驶舱＋应用场景"的核心架构，11 大系统、48 个应用场景投入使用，基本实现市、区、部门间数据信息互联互通。

这一数字基础，在抗击新冠疫情期间，起到重要作用。杭州依托"城市大脑"率先开发和应用"杭州健康码""亲清在线"等数字平台。"民生直达"平台的推出将城市大脑的应用向民生领域延伸，通过系统的自动匹配公共信息功能，助力政府精准扶贫。

同时，城市大脑在交通治理方面也成效显著，通过智能调节红绿灯，车辆通行速度最高提升了11%。依托不断"进化"的城市大脑，越来越多的拥堵路段得以改善，交通大环境日趋良好。2020年9月30日，在某在线地图统计的全国101个大中型城市交通拥堵排名中，杭州拥堵排名从第22位降至第56位。排名锐降的背后，便离不开数字治理的功劳。

诸如此类的精细化、智慧化治理能力直达城市末梢，为越来越多的群众提供更多贴心便捷的服务。可以说，让城市更聪明一些、更智慧一些，是推动城市治理体系和治理能力现代化的必由之路，前景广阔。

6.2 大数据的伦理与职业素养

在中国文化中，伦理一词最早出现于《乐纪》："乐者，通伦理者也。"我国古代思想家们对伦理学都十分重视，最开始伦理对伦理学的应用主要体现在对于家庭长幼辈分的界定，后又延伸至社会关系的界定。简单来说，伦理学就是指人们认为什么可做、什么不可做，什么是对的、什么是错的。

微课6-2
大数据的
伦理与职
业素养

个体行为的总和构成了自身的职业素养，职业素养是内涵，个体行为是其外在表象。职业素养是人类在社会活动中需要遵守的行为规范，是人才选用的第一标准，是制胜职场、事业成功的第一法宝。

6.2.1 大数据伦理与数据共享

1. 大数据伦理

2019年7月24日，中央全面深化改革委员会第九次会议审议通过的诸多重要文件中，《国家科技伦理委员会组建方案》位于首位通过。这表明中央将科技伦理建设作为推进国家科技创新体系建设不可或缺的重要部分。

"大数据伦理"属于科技伦理的范畴，指的是由于大数据技术的产生和使用而引发的社会问题，是集体和人与人之间关系的行为准则问题。科技伦理是指在科学技术创新与运用活动中，人与社会、人与自然以及人与人关系的思想与行为准则的道德标准和行为准则，是一种观念与概念上的道德哲学思考。其规定了科学技术共同体应遵守的价值观、行为规范和社会责任范畴。

大数据作为21世纪的"新能源"，已成为世界政治经济角逐的焦点，世界各国都纷纷将大数据发展上升为国家战略。大数据产业在创造巨大社会价值的同时，也遭遇隐私侵权和信息安全等伦理问题，而发现或辨识这些问题，分析其成因，提出解决这些问题的伦理规章制度方案，是大数据产业发展亟待解决的重大问题。

2. 数据共享问题

计算机网络技术为信息传输提供了保障，不同部门、不同地区间的信息交流逐步增加。为有效地利用网络数据，需要解决多种数据格式的数据共享与数据转换问题。简单地说，数据共享就是让在不同地方使用不同计算机、不同软件的用户能够读取他人数据并进行各种操作运算和分析。目前，实现数据共享存在的问题主要体现在以下几个方面。

（1）数据共享的观念尚未形成

现今，大数据的概念已经为社会所广泛接受，人们清楚数据存在价值、产生价值，自然不会将自家的数据拱手送人。而各行各业的企业或单位、部门基本专注于数据管理的职能，信息化手段只是日常管理过程中的辅助措施。这样的定位也使数据流动共享的观念尚未形成。

（2）数据共享的机制尚未建立

信息共享是一种持续性的长效机制，从法律层面上尚未出现数据共享的要求。

（3）信息化标准不统一

在"信息孤岛"的现状下，机构间信息化标准不统一，因此数据共享前的准备工作远不是想象的那么简单。从权利清单、共享目录、数据项标准、交换格式、交换标准等多个方面，数据一旦发生变化，都要对相关的内容进行调整。

（4）基础设施不完善

数据共享离不开信息化建设，需要有统一的数据共享交换平台，目前相关基础设施并不完善。

6.2.2   大数据伦理问题

大数据是一种新的信息技术，大数据技术像其他技术一样，其本身是无所谓好坏的，而它的"善"与"恶"全然在于对大数据技术的使用者——他想要通过大数据技术所要达到的目的。一般而言，使用大数据技术的个人、企业都有着不同的目的和动机，由此导致了大数据技术的应用会产生出积极影响和消极影响。大数据产业面临的伦理问题如图6-18所示。

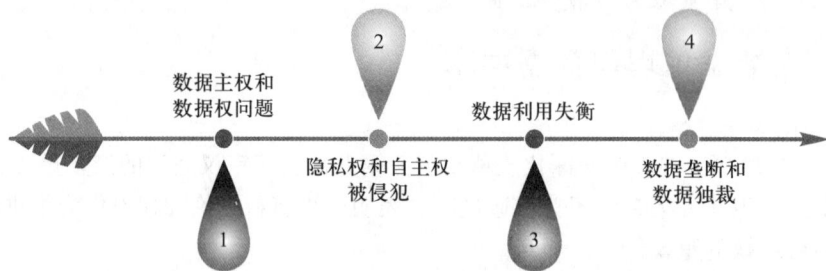

图6-18   大数据产业面临的伦理问题

（1）数据主权和数据权问题

当前，数据的采集、传输、存储、处理和保存，不断推陈出新。传感器、射频识别标签、摄像头等物联网设备及智能可穿戴设备等，可以采集所有人或物关于运动、温度、声音等方面的数据，人与物都可转化为数据。智能芯片实现了数据采集与管理的智能化，一切事物都可映射为数据。网络自动记录和保存个人上网浏览、交流讨论、网上购物、视频点播等一切网上行为，形成个人活动的数据轨迹。由于跨境数据流动剧增、数据经济价值凸显、个人隐私危机爆发等多方面因素，数据主权和数据权已成为大数据产业发展遭遇的关键问题。数据的跨境流动是不可避免的，但这也给国家安全带来了威胁，数据的主权问题由此产生。

（2）隐私权和自主权被侵犯

大数据时代是一个技术、信息、网络交互运作发展的时代，在现实与虚拟世界的二元转换过程中，不同的伦理感知使隐私伦理的维护处于尴尬的境地。大数据时代下的隐私与传统隐私的最大区别在于隐私的数据化，即隐私主要以"个人数据"的形式出现。而在大数据时代，个人数据随时随地可被收集，它的有效保护面临着巨大的挑战。

数据的使用和个人的隐私保护是大数据产业发展面临的一大挑战。数据权属问题目前还没有得到彻底解决。数据权属不明的直接后果就是国家安全受到威胁，数据交易活动存在法律风险和利益冲突，个人的隐私和利益受到侵犯。

互联网发展初期，只有个人的保密信息与个人隐私关联较为密切；而在大数据环境下，个人在互联网上的任何行为都会变成数据被沉淀下来，这些数据的汇集可能导致个人隐私的泄露。绝大多数互联网企业通过记录用户不断产生的数据，监控用户在互联网上的行为，据此对用户进行画像，分析其兴趣爱好、行为习惯，对用户做各种分类，然后以精准广告的形式给用户提供符合其偏好的产品或服务。另外，互联网公司还可以通过消费数据等分析评估消费者的信用，从而提供精准的金融服务进行盈利。在这两种商业模式中，用户成为被观察、分析和监测的对象，这是用个人生活和隐私来成全的商业模式。

（3）数据利用失衡

数据利用的失衡主要体现在以下两个方面。

① 数据的利用率较低。随着移动互联网的发展，每天都有海量的数据产生，全球数据规模呈指数增长。但是，一项针对大型企业的调研结果表明，企业大数据的利用率一般在 12% 左右，就掌握大量数据的政府而言，其数据的利用率更低。

② 数据鸿沟现象日益显著。虽然大数据时代的到来给人们的生产、生活、学习与工作带来了颠覆性的变革，但是数字鸿沟并没有因为大数据技术的诞生而趋向弥合。一方面，大数据技术的基础设施并没有在全国范围内全面普及，更没有在世界范围内全面普及，往往是城市优于农村、经济发达地区优于经济欠发达地区、富国优于穷国。另一方面，即使在大数据技术设施比较完备的地方，也并不是所有的个体都能充分地掌握和运用大数据技术，个体之间也存在着严重的差异。

（4）数据垄断

因数据产生的垄断问题，至少包括以下几类：一是数据可能造成进入壁垒或扩张壁垒；二是拥有大数据形成市场支配地位并滥用；三是因数据产品而形成市场支配地位并滥用；四是涉及数据方面的垄断协议；五是数据资产的并购。一旦大数据企业形成数据垄断，就会出现消费者在日常生活中被迫地接受服务及提供个人信息的情况。例如，很多时候在使用一些软件之前，都有一条要选择同意提供个人信息的选项，如果不选择同意，就无法使用。这样的数据垄断行为也对用户的个人利益造成了损害。

6.2.3　大数据伦理问题的根源

从数据伦理的视角来看，大数据产业面临的问题与开放共享伦理的缺位和泛滥、个体权利与机构权力的失衡密切相关。事实上，大数据技术自身存在着逻辑缺陷。日益增长的网络威胁正以指数级的速度持续增加，各种网络安全事件层出不穷。许多大数据企业的 IT 计划是建立在不够成熟的技术基础上的，很容易出现安全漏洞，有 25% 的组织有明显的安全技能短缺，这些技术的不足，很容易导致数据泄露的危险。总的来说，产生伦理问题的根源主要可概括为以下几个方面。

（1）大数据技术自身存在逻辑缺陷

首先，大数据技术应用的前提是要搜集和挖掘大量的元数据，而这些元数据记录着用户的行走轨迹、发送短信的时间、内容与对象、浏览商品的跳转次数，还有网页的停留时间等。这些看似只具有单一属性的数据，通过大数据技术的梳理、整合、分析，可以得到用户不想为他人所知的敏感数据。

其次，数据的"二次使用"和预测模型的建立都需要不断更新数据集来进行试错检验。目前，用于建模和分析的数据大多来源于互联网用户在使用过程中留下的足迹，而是否获得其产生者的许可是判断是否侵犯隐私的关键证据。即使每一个数据使用者都规范采集，在征求生产者同意的原则上才进行数据搜索与分析，仍然难以避免泄露隐私。因为在由技术驱动的互联网中搜寻可用信息本身就是一个极易泄露个人隐私的行为。

（2）数据共享缺乏规范的制度

大数据技术以庞大的数据作为支持，因而数据的搜集除了网络上公开信息的获取，还需要对专业型数据进行"分享"。目前，关于信息"分享"没有明确的规则、流程和制度保护，盲目地公开科研数据和政府数据会导致严重的资料泄露事件发生，甚至危害个人乃至国家安全。从社会总体的发展趋势可以得出，人类社会的价值观一直朝着更加个性、自由、开放的方向发展。而在个人追求自由和社会更加开放的大环境下，人们更加愿意在社会公众层面展示自己个性化的一面。QQ、微博、微信、抖音短视频等新型社交网络媒体的出现，更是给人们的自我展示提供了极大的便利，个人开始热衷于通过智能手机等终端设备向外界展示自己的生产、生活、学习、娱乐等信息。由此，各种社会组织（企业、政府等）能够很容易全方位收集个人生产的海量数据。但是，个人在大量分享个性化信息的同时，个人隐私也就随之暴露给社会，从而使自己的身份权、名誉权、自由意志等都有可能受到侵害。

（3）新技术条件下隐私保护的伦理规范滞后

大数据时代的开启，引发了一系列新的道德问题，原有的关于"数据观""隐私权""网络行为规范"等社会道德规范无法很好地适应大数据时代的新要求，已经不能有效地引导与制约大数据时代人们的社会价值观与社会行为。而符合大数据时代新要求的社会规范尚未建立，无法形成相应的约束力。

由于缺少大数据行业的相关伦理规范，这就给各种组织留下了很大的自由把握空间。在大数据的采集、存储和使用环节，各种组织会更加倾向于采用符合自身利益的组织内部的标准，对个人的数据隐私权、信息安全和用户权利进行认定、监督和控制，而这种多重标准的情况往往容易引发伦理问题。此外，由于整个社会没有统一的大数据伦理行为规范，导致数据拥有者"无章可循、无法可依"，在哪些数据可以发布，怎么发布，如何保护自己的隐私和数据权利等方面，也处于"失范"状态，从而导致伦理问题的发生。

而法律往往是反应式的，而非预见式的，法律与法规很少能预见大数据的伦理问题，而是对已经出现的大数据伦理问题做出反应。这就意味着，在制定一项法律解决一个大数据伦理问题时，又可能会出现另一个新问题，这样就会导致在处理一些大数据伦理问题时，会出现无法可依的情况。

（4）各主体的道德伦理意识尚未形成

网络空间是由计算机构成的新型社会组织，每个人在其中发表言论、浏览网页，甚至交朋友使用的都是"虚拟身份"，使得互联网用户获得了现实社会所不能比拟的自由度，可以在网络中任意宣泄现实生活中的紧张、压抑、烦躁、焦虑等负面情绪。这种不受控制的宣泄行为一旦长期发展，就很有可能会演变成非理性的、恶意的言语攻击，而产生消极效用。同时，大数据技术应用带来的"智慧"生活则有可能让人们过度依赖智能产品，降低记忆力和思考能力，逐渐变得缺乏自我选择能力，在无意识的状态下泄露更多的个人数据。

6.2.4　数据安全伦理问题的治理

尽管大数据技术存在伦理风险，但是作为一种能够为人类带来福祉的高新技术，深度的伦理辨析应成为规范技术合理发展的铺垫而非阻碍。同时，根据工程风险的可防范性，应以工程伦理理论为依据，针对大数据工程中出现的工程伦理风险和困境，探讨防范和降低工程伦理风险的途径和方法。

（1）强化大数据工程技术人员的工程伦理责任意识

首先，要培养大数据研发者的工程伦理责任意识，让他们了解工程伦理的最高准则，在进行技术研发时将公众的安全、健康和福祉放在首位。作为大数据技术挖掘和处理主体的工程技术人员对涉及隐私和公平公正等问题需要有道德敏感性和法律意识，对涉及个体隐私和群体隐私等的敏感数据要自觉保护。通过提高大数据工程技术人员的伦理责任意识，使大数据工程主体具有判断工程伦理风险和分析处理工程伦理问题的能力，意识到自身所担负的社会伦理责任。

其次，大数据治理作为一项系统工程，伦理教育必须先行。在大数据时代，随着知识生产和技术生产的范式转变，数据伦理问题已经成为社会伦理的一部分。大学（甚至中小学）、企业和行业协会必须加强对工程师和大数据从业人员的伦理培训，提高他们的道德敏感性和社会责任感，对什么是应该做的、什么是不应该做的要有基本的道德判断，从而有效规避和防范大数据应用过程中的伦理风险，使大数据技术更好地为人类创造价值，带来福祉。

（2）完善大数据技术应用的工程伦理原则

现阶段，为了防范和降低大数据工程的伦理风险，有必要通过完善相关的伦理原则来解决大数据应用中的伦理问题。

① 确立以人为本的原则。以人为本的原则是工程伦理观的核心，要求大数据工程的建设也要立足于提高人民的生活水平，改善人民的生活质量，充分保障人民的安全、健康和全面发展。

② 坚持平等自由原则。在大数据技术工程中，坚持平等自由原则是消除数据鸿沟、保护个人隐私权的基本前提，也就是在大数据技术应用中要通过遵循平等自由原则维护公平正义，保障个人的隐私权。

③ 知情同意原则。使用大数据技术必须维护权利和责任的统一，未经被征集人允许不得擅自收集数据并应用，数据的收集必须在被收集者同意的情况下进行，他们有权知晓其中的风险及其程度，并做出理性的选择。

④ 公平公正原则。公平公正原则用以协调和处理工程与社会不同群体之间的关系，具体体现为在大数据技术的研发和应用中需要兼顾强势群体与弱势群体、受益者与利益受损者等各

方利益，尽可能做到权利和机会的公平公正。

（3）健全大数据应用的工程伦理风险评估和监督机制

首先，大数据工程共同体可以通过建立和完善大数据工程伦理委员会的工程伦理章程，对所有工程活动的伦理风险进行评估，用统一的伦理标准来约束主体行为。可以建立多个主体参与的大数据工程伦理风险监督与评估体系，结合企业内部决策者评估与外部专家学者、社会公众评估以及媒体监督，通过多主体参与对大数据工程伦理风险进行评估，全方位地防范大数据工程伦理风险。

其次，还应制定严密的数据管理和追责监督机制，包括数据获取、存储、传输、共享、交易、关联分析等环节的权限管理和访问日志，规范所有能接触数据及算法的人员的操作行为。同时，对于重要和关键数据，要建立多重访问监督制度，以降低信息外泄风险。

最后，还要增加社会监督与道德评价的渠道。通过不同渠道的意见反馈来判断和调整大数据工程伦理风险的管控情况，规范各主体行为，发挥道德评价功能。

6.2.5　职业与职业素养

职业素养，又称职业素质，是劳动者对社会职业了解与适应能力的一种综合体现，也就是在从业过程中表现出来的与职业息息相关的态度、行为和能力。职业素养主要表现在职业兴趣、职业能力、职业个性及职业情况等方面。影响和制约职业素养的因素很多，主要包括受教育程度、实践经验、社会环境、工作经历以及自身的一些基本情况（如身体状况等）。

1. 职业素养的内涵

除了专业本身之外，敬业和道德是一个人所必备的，而体现到职场上的就是职业素养，体现在生活中的就是个人素养或者道德修养。职业素养包括以下方面。

（1）职业道德

职业道德就是同人们的职业活动紧密联系的符合职业特点所要求的道德准则、道德情操与道德品质的总和，它既是对本职人员在职业活动中的行为标准和要求，同时又是职业对社会所负的道德责任与义务。

（2）职业意识（思想）

职业意识是指从业者在其职业实践和职业生活中所表现的一贯态度。职业意识，是作为职业人所具有的意识，也叫主人翁精神。具体表现为：工作积极认真，有责任感，具有基本的职业道德。

（3）职业行为

职业素养是在职场上通过长时间的学习、改变而最后形成的。职业行为是指人们对职业劳动的认识、评价、情感和态度等心理过程的行为反映，是职业目的达成的基础。从形成意义上说，它是由人与职业环境、职业要求的相互关系决定的。职业行为包括职业创新行为、职业竞争行为、职业协作行为和职业奉献行为等方面。

（4）职业技能

职业技能是做好一个职业应该具备的专业知识和能力，它是指在职业分类基础上，根据职业的活动内容，对从业人员工作能力水平的规范性要求，是从业人员从事职业活动，接受职业教育培训和职业技能鉴定的主要依据，也是衡量劳动者从业资格和能力的重要尺度。

职业道德、职业意识和职业行为是职业素养中最根基的部分，属于世界观、价值观、人生观范畴，从出生到退休或至死亡逐步形成，逐渐完善。而职业技能是支撑职业人生的表象内容，是通过学习、培训而获得的。例如，计算机、英语、建筑等属职业技能范畴的技能，可以通过学习掌握入门技术，在实践运用中日渐成熟而成为专家。

2. 职业素养的特征

一般说来，职业素养的特征主要包括以下几个方面。

（1）职业素养职业性

不同的职业，职业素养是不同的。对建筑工人的素养要求，不同于对护士职业的素养要求；对商业服务人员的素养要求，不同于对教师职业的素养要求。

（2）职业素养稳定性

一个人的职业素养是在长期执业时间中日积月累形成的。它一旦形成，便具有相对的稳定性。

（3）职业素养内在性

从业人员在长期的职业活动中，经过自己学习、认识和亲身体验，觉得怎样做是对的，怎样做是不对的。这样，有意识地内化、积淀和升华的这一心理品质，就是职业素养的内在性。

（4）职业素养整体性

一个从业人员的职业素养是和他的整体素养有关。我们说某人职业素养好，不仅指他的思想政治素养、职业道德素养好，而且还包括他的科学文化素养、专业技能素养好，甚至还包括身体心理素养好。

（5）职业素养发展性

一个人的素养是通过教育、自身社会实践和社会影响逐步形成的，它具有相对性和稳定性。但是，随着社会发展对人们不断提出的要求，人们为了更好地适应、满足、促进社会发展的需要，应该不断地提高自己的素养，所以素养具有发展性。

3. 职业素养的自我培养

首先，要培养职业意识。有职业生涯规划专家曾说："一个人花在影响自己未来命运的工作选择上的精力，竟比花在购买穿了一年就会扔掉的衣服上的心思要少得多，这是一件多么奇怪的事情，尤其是当他未来的幸福和富足要全部依赖于这份工作时。"

其次，配合学校的培养任务，完成知识、技能等显性职业素养的培养。职业行为和职业技能等显性职业素养比较容易通过教育和培训获得。学校的教学及各专业的培养方案是针对社会需要和专业需要所制订的。旨在使学生获得系统化的基础知识及专业知识，加强学生对专业的认知和知识的运用，并使学生获得学习能力、培养学习习惯。因此，大学生应该积极配合学校的培养计划，认真完成学习任务，尽可能利用学校的教育资源，包括教师、图书馆等获得知识和技能，作为将来职业需要的储备。

再次，有意识地培养职业道德、职业态度、职业作风等方面的隐性素养。隐性职业素养是大学生职业素养的核心内容。核心职业素养体现在很多方面，如独立性、责任心、敬业精神、团队意识、职业操守等。事实表明，很多大学生在这些方面存在不足。有记者调查发现，缺乏独立性、会抢风头、不愿下基层吃苦等表现容易断送大学生的前程。喜欢抢风头的人被认为没有团队合作精神，用人单位也不喜欢。因此，大学生应该有意识地在学校的学习和生活中主动培养独立性、学会分享、感恩、勇于承担责任，不要把错误和责任都归咎于他人。自己摔倒了不能怪路不好，要先检讨自己，承认自己的错误和不足。

大学生职业素养的自我培养应该加强自我修养，在思想、情操、意志、体魄等方面进行自我锻炼。同时，还要培养良好的心理素养，增强应对压力和挫折的能力，善于从逆境中寻找转机。

4. 职场必备的职业素养

选择与决策，是人在现实社会生存的基本技能。做出明智的选择关乎每个人的成长，与其生活息息相关。一个人的每一个决定，都会影响、左右个人的职业生涯发展和个人的生活质量。人在一生中，需要花费无数的时间与精力来选择或作出决定，小到选乘公交车，大到求学、择业，还有恋爱与婚姻……的确，成功与幸福在很大程度上取决于我们在"十字路口"上的某个决定。

此外，另一项生存技能就是职业适应与自我塑造。法国哲学家狄德罗曾说过：知道事物应该是什么样，说明你是聪明人；知道事物实际是什么样，说明你是有经验的人；知道如何使事物变得更好，说明你是有才能的人。显然，要想获得职业上的成功，首先是学会适应职业环境，就像大自然中的千年动物，能够随着自然环境的变化而调整、改变自己，避免成为"娇贵"的恐龙！

【拓展阅读】

清朗行动：为网络空间天朗气清、生态良好而努力

清朗运动指的是网信部门以及各涉网管理部门的持续整治，重拳出击整治网络违法违规问题，力求有效地遏制网络乱象滋生蔓延，再针对突出问题打好攻坚战，在全网开展"大扫除"。

网络空间是人类共同的精神家园，也是国家治理的重要领域。近年来，随着互联网技术的快速发展和应用的广泛普及，网络空间呈现出前所未有的活力和创造力，为经济社会发展和人民生活提供了强大动力和便利条件。同时，网络空间也面临着一些新情况、新问题，如"自媒体"乱象、网络水军操纵信息内容、短视频导向不良、网络戾气等，严重影响了网络生态的健康和秩序，损害了网民的合法权益，破坏了社会的和谐稳定。

为了有效应对这些问题，国家互联网信息办公室（简称"国家网信办"）持续开展"清朗"系列专项行动，重拳整治网络生态突出问题，压紧压实网站平台主体责任，积极回应人民群众关心关切。2022年，国家网信办组织开展13项"清朗"专项行动，取得了良好效果。清理违法和不良信息5 430余万条，处置账号680余万个，下架App、小程序2 890余款，解散关闭群组、贴吧26万个，关闭网站7 300多家，有力维护了网民的合法权益。

2023年，"清朗"系列专项行动依然在持续开展，这是中国政府的一项重大尝试，具有重要的现实意义和深远的历史意义。通过打击各种形式的违法犯罪活动，可以维护政治稳定，促进经济发展，加强社会治理，提高文化建设，为中国的现代化建设提供强有力的支撑。

6.3　大数据安全与法律

当前，产业数字化和数字产业化加速推进，数据的应用价值持续增长。数据已经成为国家基础性战略资源，数字经济发展的关键生产要素。建立健全大数据安全保障体系，对大数据平台及大数据服务进行安全评估是推进我国大数据产业化工作的重要基础任务。

微课 6-3
大数据安全与法津法规

6.3.1　大数据面临的安全问题

传统的信息安全侧重于信息内容、信息资产的管理，更多地将信息作为企业机构的自有资产进行相对静态的管理，无法适应业务上实时动态的大规模数据流转和大量用户数据处理的特点。大数据"4V"的特征和新的技术架构颠覆了传统的数据管理方式，在数据来源、数据处理使用和数据思维等方面带来了革命性的变化，这给大数据安全防护带来了严峻的挑战。大数据的安全不仅是大数据平台的安全，而是以数据为核心，围绕数据全生命周期的安全。如图 6-19 所示，数据在全生命周期的各阶段流转过程中，在数据采集汇聚、数据存储处理、数据共享使用等方面都面临新的安全挑战。

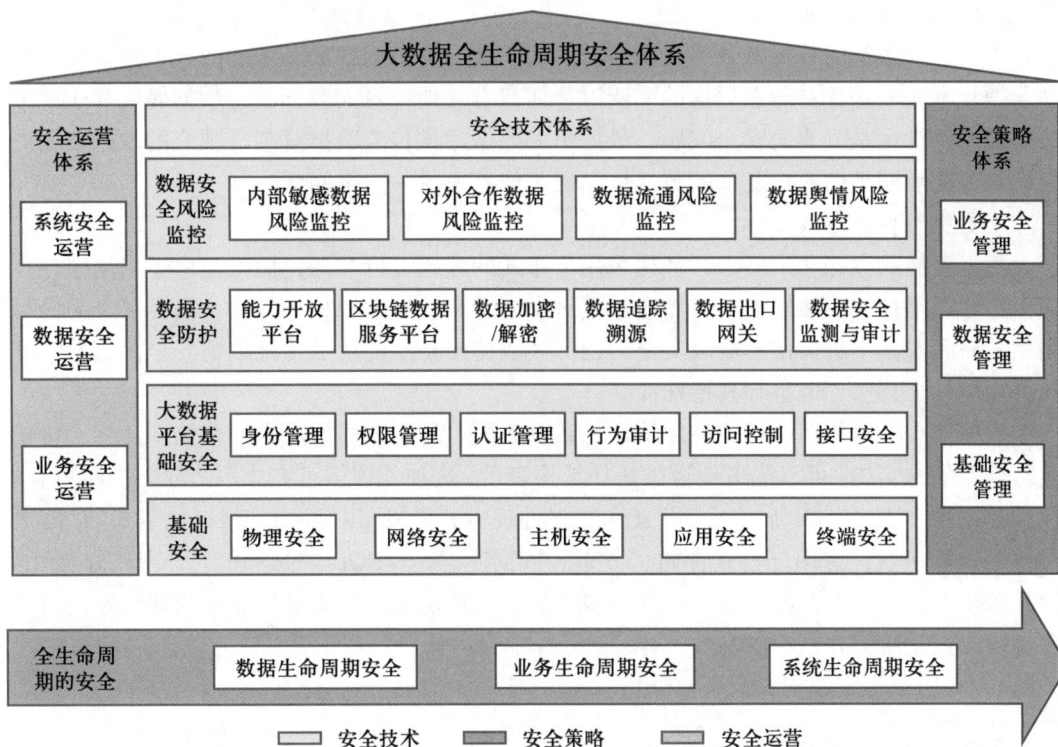

图 6-19　大数据全生命周期安全体系

自 2021 年《数据安全法》《个人信息保护法》颁布以来，数据安全监管要求逐渐落地，国家、行业、地方相继颁布了一批数据安全方面的配套性政策文件，数据安全体系建设进程明显提速，数据安全供应能力不断增强，数据安全产业生态各方面都呈现快速发展态势。

数据安全的另一方面是管理。在加强技术保护的同时，加强全民的信息安全意识，完善信息安全的政策和流程至关重要。根据工业和信息化部的相关指引文件，数据安全风险信息，是指通过检测、评估、信息搜集、授权监测等手段获取的，包括但不限于以下数据安全风险：数据泄露，数据被恶意获取，或者转移、发布至不安全环境等相关风险；数据篡改，造成数据破坏的修改、增加、删除等相关风险；数据滥用，如数据超范围、超用途、超时间使用等相关风险；违规传输，如数据未按照有关规定擅自进行传输等相关风险；非法访问，如数据遭受未经授权访问等相关风险；流量异常，如数据流量规模异常、流量内容异常等相关风险；其他信息，包括由相关政府部门组织授权监测的暴露在互联网上的数据库、大数据平台等数据资产信息，以及有关单位掌握的威胁数据安全的其他风险信息等。

综上所述，大数据所面临的安全问题，主要表现在以下方面。

（1）数据采集汇聚安全

大数据环境下，随着物联网技术特别是 5G 技术的发展，出现了各种不同的终端接入方式和各种各样的数据应用。来自大量终端设备和应用的超大规模数据源输入，对鉴别大数据源头的真实性提出了挑战；数据来源是否可信，源数据是否被篡改都是需要防范的风险。

在对大数据进行数据采集和信息挖掘时，要注重用户数据的安全问题，在不泄露用户隐私数据的前提下进行数据挖掘。需要考虑的是，在分布计算的信息传输和数据交换时，保证各个存储点内的用户隐私数据不被非法泄露和使用，这是当前大数据背景下信息安全的主要问题。同时，当前的大数据的数据量并不是固定的，而是在应用过程中动态增加的，但是传统的数据隐私保护技术大多是针对静态数据的。所以，如何有效地应对大数据动态数据属性和表现形式的数据隐私保护也是重要的安全问题。最后，大数据远比传统数据复杂，现有的敏感数据的隐私保护是否能够满足大数据复杂的数据信息也是应该考虑的安全问题。

（2）数据存储管理安全

大数据存储的数据非常巨大，往往采用分布式的方式进行存储，而正是由于采用这种存储方式，存储的路径视图相对清晰，而数据量过大，导致数据保护相对简单，黑客可较为轻易地利用相关漏洞实施不法操作，造成安全问题。大数据安全虽仍继承传统数据安全保密性、完整性和可用性三个特性，但也有其特殊性。

大数据平台处理数据的模式与传统信息系统不同。传统数据的产生、存储、计算、传输都对应明确界限的实体，可以清晰地通过拓扑结构表示，这种处理信息方式用边界防护相对有效。但在大数据平台上，采用新的处理范式和数据处理方式（MapReduce、列存储等），存储平台同时也是计算平台，应用分布式存储、分布式数据库、NewSQL、NoSQL、分布式并行计算、流计算等技术，一个平台内可以同时具有多种数据处理模式，完成多种业务处理，导致边界模糊，传统的安全防护方式难以奏效。

图 6-20 所示为大数据安全事故分析。

6.3.2   大数据的安全体系

大数据与传统数据资产相比，具有较强的社会属性。根据对大数据环境下面临的安全问题和挑战进行分析，构建了基于大数据分析和威胁情报共享的大数据协同安全保障框架，为实现安全防护目标，需要融合安全治理、技术、标准、运维和测评来系统性地解决大数据的安全问题。

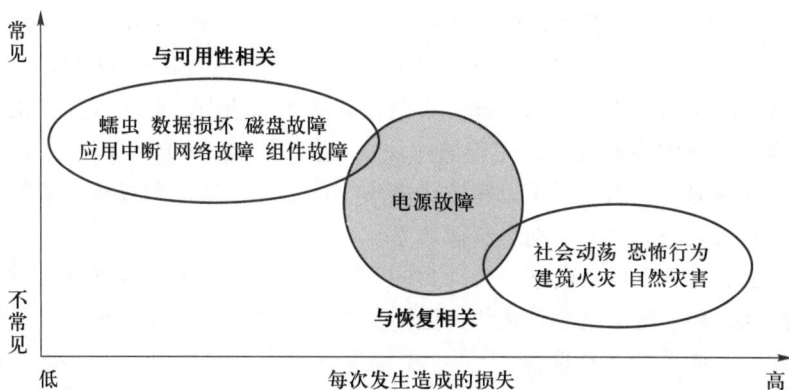

图 6-20　大数据安全事故分析

从安全治理着眼，以安全技术、安全运维和安全测评为支撑，构建流程、策略、制度、测评多重保障体系。同时，需要以标准为保障，实现安全互联协同，达到多维立体的防护。大数据安全协同防护体系如图 6-21 所示。

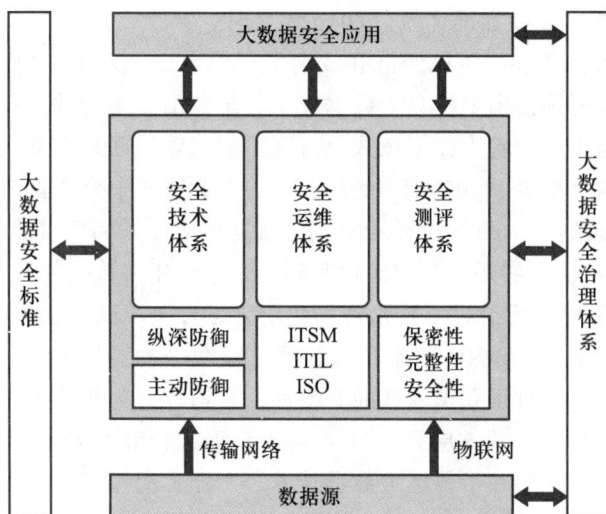

图 6-21　大数据安全协同防护体系

6.3.3　大数据的安全法规

为了让网络与新一代信息技术长远地造福于社会，就必须规范网络的访问和使用管理，这对于政府、学术界和法律界是个长期的挑战与考验。为了规范数据处理活动，保障数据安全，促进数据开发利用，保护个人、组织的合法权益，维护国家主权、安全和发展利益，2021 年 6 月 10 日第十三届全国人民代表大会常务委员会第二十九次会议通过了《中华人民共和国数据安全法》，其中第二十一条规定："国家建立数据分类分级保护制度，根据数据在经济社会发展中的重要程度，以及一旦遭到篡改、破坏、泄露或者非法获取、非法利用，对国家安全、公共利益或者个人、组织合法权益造成的危害程度，对数据实行分类分级保护。国家数据安全工作协调机制统筹协调有关部门制定重要数据目录，加强对重要数据的保护。"

要实现网络空间天朗气清、生态良好，必须在立法上下功夫。奉法者强则国强，奉法者弱则国弱。解决网络空间的诸多乱象，完善法律法规是前提。自 1994 年以来，我国已制定出台网络领域立法 140 余部，基本形成了以宪法为根本，以法律、法规和规章为依托，以传统立法为基础，以网络专门立法为主干的网络法律体系。

当下，数据已成为与土地、资本、劳动力同等重要的生产要素。发展好大数据产业，是发挥我国海量数据规模和丰富应用场景优势，激活数据要素潜能的时代要求，是加快经济发展变革，构建现代化产业体系的必然选择。《数字中国发展报告（2022 年）》显示，2022 年我国大数据产业规模达 1.57 万亿元，同比增长 18%，成为推动数字经济发展的重要力量。

鉴于大数据的战略地位和意义，国家高度重视大数据安全问题，发布了一系列与大数据相关的法律法规和政策。2012 年，云安全联盟成立大数据工作组，旨在寻找大数据安全和隐私问题的解决方案。2013 年 7 月，工业和信息化部公布了《电信和互联网用户个人信息保护规定》，明确电信业务经营者、互联网信息服务提供者收集、使用用户个人信息的规则和信息安全保障措施要求。2014 年，大数据首次写入政府工作报告，大数据逐渐成为各级政府关注的热点。2015 年 9 月，国务院发布《促进大数据发展的行动纲要》，提出要健全大数据安全保障体系，完善法律法规制度和标准体系。2016 年 3 月，第十二届全国人民代表大会第四次会议表决通过了《中华人民共和国国民经济和社会发展第十三个五年规划纲要》，提出把大数据作为基础性战略资源，明确指出要建立大数据安全管理制度，实行数据资源分类分级管理，保障安全、高效、可信应用。随着大数据正式上升至国家战略层面，党的十九大报告提出要推动大数据与实体经济的深度融合。2019 年 10 月，党的十九届四中全会首次将数据纳入生产要素范畴。2021 年 3 月发布的"十四五"规划中，大数据标准体系的完善成为发展重点。2021 年底，《"十四五"大数据产业发展规划》的出台明确了未来五年大数据产业发展工作的行动纲领。2022 年，党中央、国务院先后通过《要素市场化配置综合改革试点总体方案》《关于加快建设全国统一大市场的意见》《关于构建数据基础制度更好发挥数据要素作用的意见》等文件，多次强调了释放数据要素价值对于我国发展的必要性、紧迫性，为我国大数据发展提供了良好的政策环境和明确的发展目标。地方层面，31 个省（自治区、市）均通过发布大数据专题规划、数字经济总体规划等形式，明确了各地大数据技术、产业、应用的发展路线图、时间表，彰显出各地在大数据布局方面的积极性，做到以数据产权、流通交易、收益分配、安全治理为重点，系统搭建了数据基础制度体系的"四梁八柱"。

【拓展阅读】

数据安全保护的中国方案
——从《数据安全法》正式施行透视我国数据安全保护与治理

"数据是 21 世纪的石油。"海量的数据资源与流动规模推动数字经济的蓬勃发展，也带来巨大的安全隐患。从个人隐私防护到国家关键数据信息保护，数据安全已成为数字经济时代最紧迫、最基础的安全问题，加强数据安全治理已成为维护国家安全和国家竞争力的战略要求。

（1）法制体系撑起数据安全的"防护罩"

刷脸支付、刷脸过闸机……人脸识别技术的商业化应用越来越普遍，在给人们日常生活带来便捷的同时，背后的安全风险也不容忽视。2021年央视"3·15"晚会曝光，部分门店通过布局人脸识别摄像头，在未告知消费者的情况下采集人脸信息，以此对客户进行分类，进而采取不同的营销策略精准促销。

不断进步与创新的科学技术本身是无害的，但若缺乏完善的制度与强有力的监管，就会越过边界带来危害。与有形的资产相比，规模不断扩大的无形数据更易陷入"灰色地带"。

数字经济的"巨轮"行稳致远，离不开数据安全这块"压舱石"。近年来，国家相关领域的法律法规相继出台，尤其是《中华人民共和国数据安全法》的出台，为国家重要数据保护和各行业数据安全监管提供了依据，标志着我国在数据安全领域有法可依。

（2）推动关键技术创新自主可控

早在20世纪80年代，中国科学院院士姚期智曾提出一个著名的"百万富翁"设想：两位百万富翁在街头相遇，他们想比一比谁更有钱，但是出于隐私，都不想让对方知道自己到底拥有多少财富。如何在不借助第三方力量的情况下，让他们知道谁更有钱？

这个看似无解的难题，反映了数据使用权和所有权之间的矛盾。经过近40年的发展，由这个设想搭建的理论框架逐步变为现实，使用加密处理、多方计算等方法来处理用户隐私数据的计算方式——隐私计算，助力实现数据"可用不可见"，目前已应用于政务服务、金融、医疗等领域。

数据安全防护关键技术是数据安全和隐私保护的基础。从软件到硬件，从互联网边界到内部，从事先防范到事后追溯，数据安全防护的全流程和全领域都离不开关键技术的应用与突破。

（3）我国数据安全产业链初步形成

如果将数据安全治理手段组合成金字塔状的稳定结构，相关领域的法律法规就像塔尖，从顶层设计的角度对应用数据要素的各项行为加以规范；不断突破和创新的关键技术可以实现数据全生命周期的防护，为数据搭建起完备坚固的"金钟罩"；作为金字塔最坚实、面积最大的地基，则应是数据安全的产业基础。

"加强数据安全的意义是让数据要素在全生命周期得到保护，最终实现价值变现，促进数字经济健康发展。"

目前，我国数据安全产业链已初步形成，随着数据安全法的颁布实施，产业链将朝着更高阶段迈进。

6.4　案　例　实　战

6.4.1　数据分析——心理烦恼个体数据分析

🖑【问题导入】

生活中的常见情绪困扰可能发生在人生的每一个阶段，造成个体心理烦恼的原因包括经济问题、人际关系问题、情感问题、理想与前途问题等。产生心理烦恼的时候，如果可以及时调整这种负面情绪，那么一般不会对个体造成较大的影响。但如果长期处于这种负面情绪当中，个体的心理健康水平会受到很大的影响，也会影响个体的成长和发展。

🖑【问题描述】

案例一：担心钱会用光，担心无法自信地表达自己的观点，担心将来工作前景不好，担心不能很好地维持一段稳定的情感，担心会失去好朋友……

案例二：小文今年 12 岁，是某校初一学生，她的皮肤白皙，头发呈淡淡的黄色，有一张可爱的娃娃脸，两只眼睛像葡萄一般非常水灵。小文自述小时候因为得过风湿，不能晒太阳，并且一直在服药，这导致自己的身高比同龄人矮一些，所以总是很苦恼，来到心理健康中心想咨询如何消除自己的烦恼。

分小组思考并讨论，如何通过案例问题的描述对心理问题进行分类。

🖑【解决思路】

许多学者选择用困惑度指标对主题模型的优劣进行评价。困惑度表示对文本主题的不确定程度。理论上，困惑度越小，模型的性能越好，普遍的做法是指定困惑度曲线的最低点或拐点对应的主题数为最佳主题数。

TF-IDF 算法：TF（Term Frequency）为词频，IDF（Inverse Document Frequency）是包含某个特定词语的文档数。TF-IDF 算法通过对文档中的词赋予不同的权重，对词频进行排序，以提高文档检索的准确性。具体可以理解为，如果某个特定词语在某篇文章中频繁出现，但是在其他文章中出现的频率比较低，那么认为该词更能代表其此篇文章中出现的频率。

心理烦恼的类型有很多，生涯事件的种类也很丰富，所以构建了一个专用的自定义词典，在词典中加入关于心理烦恼（如"学业焦虑""家庭不和睦""难以入睡"等）和生涯（如"高考失利""选择工作""怀二胎"等）的词语，自定义词典可以保证这些词语在分词时不被切分开且存在于文档中。分词完毕之后，保存分词后的文档。

🖑【操作步骤】

步骤一：根据数据集提取出关键词，如图 6-22、图 6-23 所示。

步骤二：标识主题进行分类。

例如，可标记分为：

主题 1"大学生的心理烦恼和生涯；

图 6-22 原数据集

图 6-23 关键词获取

主题 2 "面临毕业学生的心理烦恼和生涯";

主题 3 "上班族的心理烦恼和生涯";

主题 4 "高中生的心理烦恼和生涯";

小组讨论并完成表 6-2 中的内容。

表 6-2 主题对应的词组

	主题 1	主题 2	主题 3	主题 4
示例	很迷茫	毕业	平常	焦虑
示例	玩游戏	无缘无故	没兴趣	早恋
示例	干吗	心理压力	称呼	考不到

6.4.2 数据可视化——使用 ECharts 实现南丁格尔玫瑰图

🖐【问题导入】

数据可视化主要是使用图形和图标来展示数据。对于信息的理解，相同情况下大量复杂的数据，使用图形表示往往比表格或报告更容易理解。有研究表明，人在对景象记忆和阅读记忆的持久性比较中，前者是后者的 4 倍。

如今，人们在生活中随处可以体会到数据可视化的成果。网站就是数据可视化的例子之一，它的各种页面样式、排版都是为了让用户直观且轻松地获取信息。数据可视化的作用是多种多样的，从不同的角度会有不同的表述。

微课 6-4
ECharts 数据可视化 – 南丁格尔玫瑰图

🖐【问题描述】

南丁格尔玫瑰图又名鸡冠花图、极坐标区域图，它将柱状图转换为更美观的饼图形式，是极坐标化的柱状图，放大了数据之间差异的视觉效果，适用于对比数据原本差异小的数据。

某高校二级学院学生和教师高级职称的人数数据见表 6-3。

表 6-3   某高校二级学院学生和教师高级职称的人数数据

二级学院名称	学生人数	教师高级职称人数
计算机	1 800	25
大数据	1 500	15
外国语	1 200	12
机器人	1 100	10
建工	1 000	8
机电	900	7
艺术	800	6
财经	700	4

根据表 6-3 中的数据在 ECharts 中实现南丁格尔玫瑰图的图形绘制。

【解决思路】

在 ECharts 中绘制南丁格尔玫瑰图时，参数与标准饼图类似，但是南丁格尔玫瑰图有一个特殊的参数是 roseType，称为南丁格尔玫瑰图模式，可以使用的值有两种："radius"（半径）和 "area"（面积）。

当使用半径模式时，以各个 item 的值作为扇形的半径，一般情况下，半径模式可能造成较大的失真；当使用面积模式时，以各个 item 的值作为扇形的面积，一般情况下，失真较小。

【操作步骤】

步骤一：打开浏览器，进入 ECharts 官网，如图 6-24 所示。

图 6-24   ECharts 官网界面

步骤二：单击"所有示例"按钮，在网页左侧导航栏中找到饼图，选择饼图里的"基础南丁格尔玫瑰图"，如图 6-25 所示。

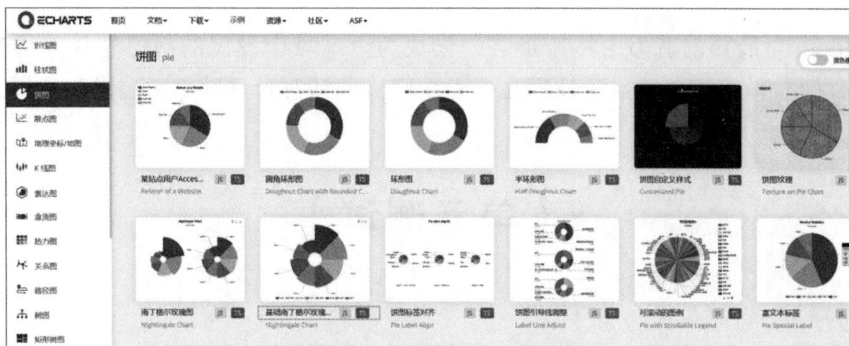

图 6-25　ECharts 饼图页面

步骤三：根据表 6-3 中的数据更改图 6-26 中的相关属性的参数，完成南丁格尔玫瑰图的绘制，如图 6-27 所示。

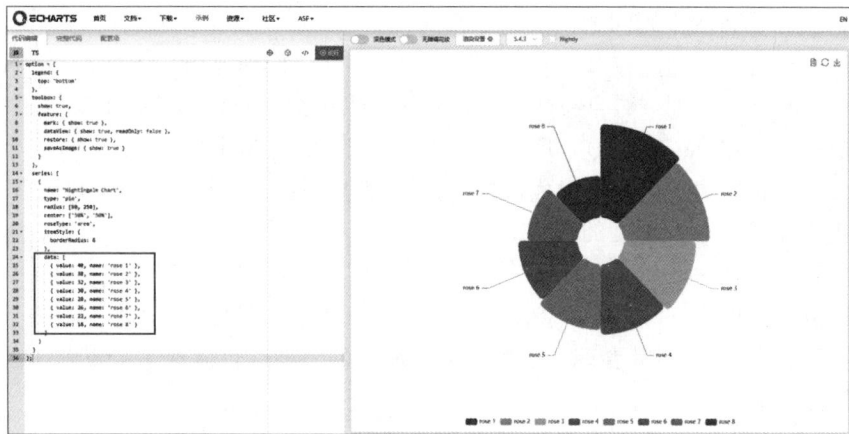

图 6-26　基础南丁格尔玫瑰图示例

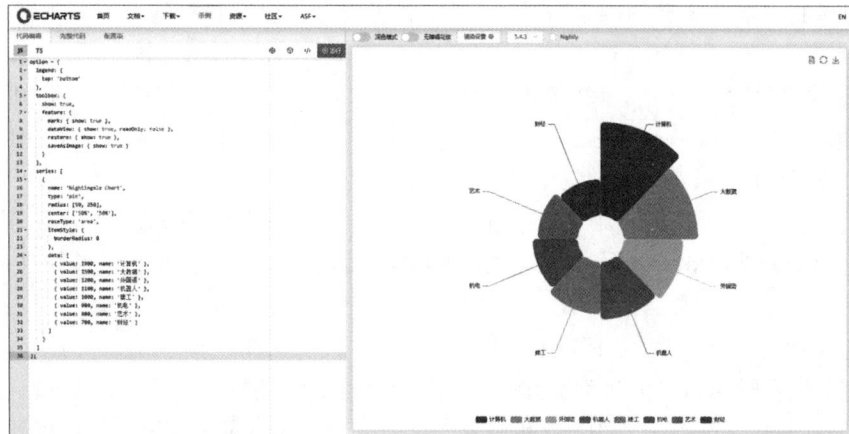

图 6-27　某高校二级学院学生和教师高级职称的人数数据南丁格尔玫瑰图

【实训任务】

智慧城市作为最具创造力的城市形态，已成为全球城市发展的战略选择。请查阅相关资料，阐述建设智慧城市需要重点关注哪几方面内容。并针对智慧城市的建设和发展，谈谈自己的理解。

【单元测试】

一、选择题

1. （   ）是指科学技术创新与运用活动中的道德标准和行为准则，是一种观念与概念上的道德哲学思考。

　　A. 道德伦理　　　　　　B. 社会问题　　　　　C. 伦理道德　　　　D. 科技伦理

2. "大数据伦理问题"指的是由于大数据技术的产生和使用而引发的（   ），是集体和人与人之间的关系的行为准则问题。

　　A. 道德伦理　　　　　　B. 社会问题　　　　　C. 伦理道德　　　　D. 科技伦理

3. （   ）是指个人拥有对自身数据的控制权，以保护自身隐私信息不受侵犯的权利。

　　A. 数据财产权　　　　　B. 机构数据权　　　　C. 数据主权　　　　D. 个人数据权

4. （   ）是指在解决大数据时代数据保护的伦理问题时构建一定的规则与秩序，在维护社会安全的前提下给予公众适度的自由。

　　A. 创新与责任一致　　　　　　　　　B. 自由与监管适度

　　C. 诚信与公正统一　　　　　　　　　D. 权利与义务对等

5. 职业素养是劳动者对社会职业了解与适应能力的一种综合体现，主要表现在（   ）。

　　① 职业兴趣　　　　　　　　　　　② 职业能力

　　③ 职业个性及职业情况　　　　　　　④ 职业薪资

　　A. ②③④　　　　　　　B. ①②④　　　　　C. ①③④　　　　D. ①②③

6. 影响和制约职业素养的因素包括（   ）、工作经历以及自身的一些基本情况（如身体状况等）。

　　① 受教育程度　　　② 实践经验　　　③ 智商等级　　　④ 社会环境

　　A. ①②③　　　　　　　B. ①②④　　　　　C. ②③④　　　　D. ①③④

7. （   ）不属于职业素养的三个核心之一。

　　A. 职业意识　　　　　B. 职业道德　　　　C. 职业知识技能　　　D. 职业行为

8. 从业者的职业意识与道德是职场的隐性素养。研究表明，当前职场最缺乏的隐性素养指标是（   ）。

　　A. 实习经验　　　　　B. 敬业精神　　　　C. 工作经验　　　　D. 学习意愿

9. 除了学校和学生自身的努力，在大学生职业素养的培养中，（   ）的支持也很重要。

　　A. 家庭环境　　　　　B. 自我修养　　　　C. 社会资源　　　　D. 冥思苦想

10. 涉及个人及其相关信息的经营者，在确定使用目的的基础上（　　）用户同意，并在使用目的发生变化后，以易懂的形式进行告知。

　　A. 事后征得　　　　　B. 无须征求　　　　　C. 事先征得　　　　　D. 匿名得到

11. 关于大数据在国家治理中的作用，以下理解不正确的是（　　）。

　　A. 大数据的应用会导致安全伦理问题，因此弊大于利

　　B. 大数据的运用能够提升应急管理的快速反应

　　C. 大数据的运用能够维护社会治安

　　D. 大数据的运用有利于实现以人为本的社会管理

12. 下列关于大数据安全问题，描述错误的是（　　）。

　　A. 大数据的价值并不单纯地来源于它的用途，而更多地源自其二次利用

　　B. 对大数据的收集、处理、保存不当，会加剧数据信息泄露的风险

　　C. 大数据成为国家之间博弈的新战场

　　D. 大数据对于国家安全没有产生影响

二、简答题

1. 针对城市交通数据的不同来源，分析并讨论城市交通数据的采集方法。

2. 工业大数据的应用场景有哪些？

3. 教育大数据的应用场景有哪些？分别有什么样的特点？

4. 大数据伦理的内涵是什么？为什么要重视大数据伦理建设？

5. 大数据时代给个人隐私保护带来了哪些挑战？

6. 目前，我国关于大数据安全法规和政策有哪些？

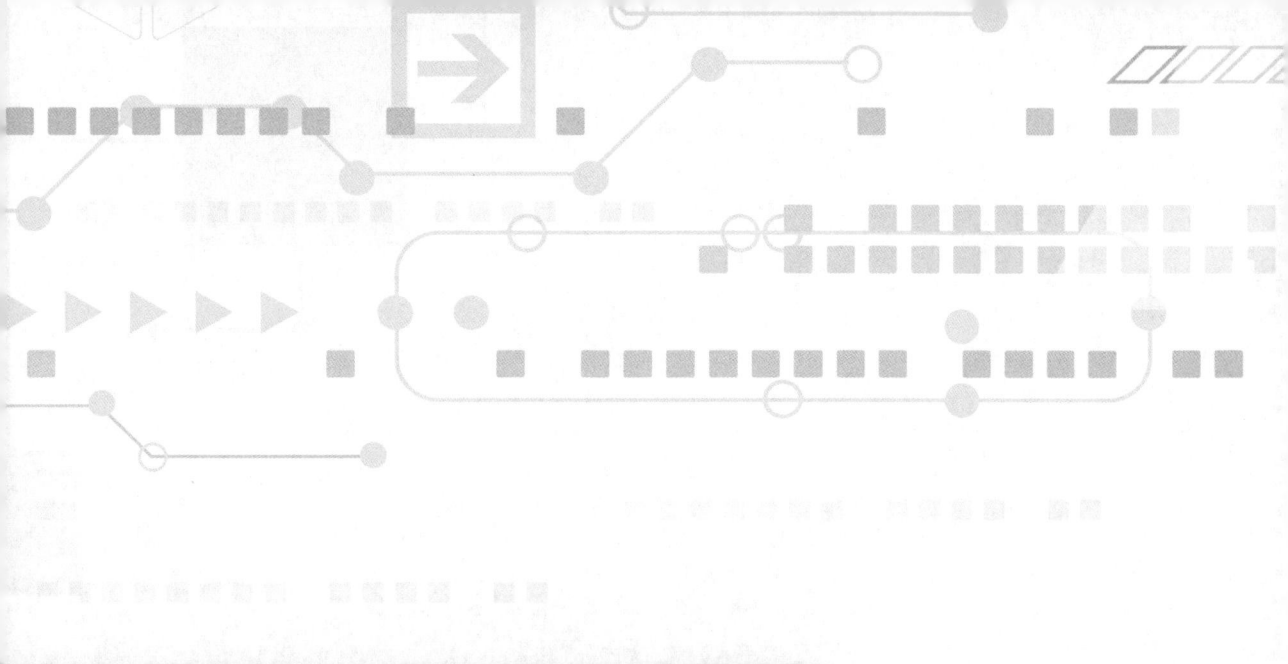

模块四　走进延伸人类感官的人工智能技术

单元 **7**

初探人工智能

【学习目标】

知识目标：

1. 理解人工智能的定义、基本特征和分类。

2. 了解人工智能的起源和发展历程。

3. 了解人工智能的主要流派及研究领域。

4. 认知国内外人工智能发展现状及趋势。

5. 熟悉人工智能的社会价值和产业结构。

6. 了解人工智能在社会应用中面临的伦理、道德和法律等问题。

技能目标：

1. 能够列举出人工智能技术在生活中的一些应用实例，并对其进行准确的分类。

2. 能够简要分析人工智能发展的推动因素。

3. 能够联系生活关联人工智能应用场景。

4. 能够辨析人工智能在社会应用中面临的伦理、道德和法律等问题。

素养目标：

1. 切身体会到人工智能的应用价值，激发对人工智能学科的浓厚兴趣，培养正确的科学技术应用观。

2. 了解国内科学家在人工智能领域的杰出贡献，增强民族自豪感。

3. 培养独立、辩证思考问题的能力，提高科学素养。

4. 培养创新能力、团队合作及交流的能力。

【思维导图】

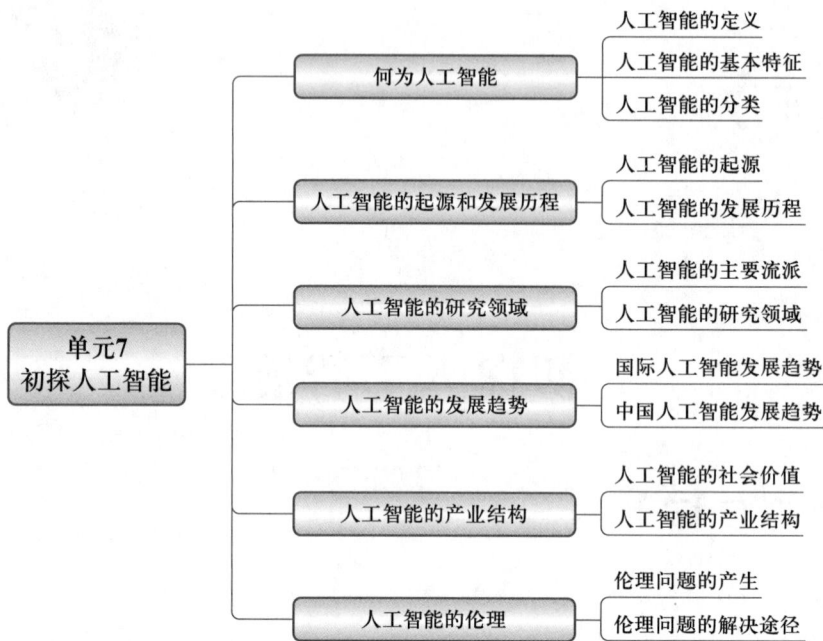

图 7-1　单元 7 知识图谱

【案例导入】

人工智能已经深深地融入人们日常生活的方方面面，有些人已经深有体会，有些人还并未察觉。思考一下，生活中都有哪些人工智能技术的身影？

智能手机无疑是人们使用最频繁、最具代表性的智能电子终端设备，人们可以在智能手机中看到很多人工智能技术的应用，其智能化的程度和功能均在不断地提升，典型应用如智能相机、语音助手、智能搜索和智能家居控制等。

除此之外，各式各样的社交、新闻 App 为人们推送感兴趣的信息；各大购物网站向用户提供个性化推荐；地图导航实现精准定位，并基于路况进行分析、预测、躲避拥堵。

火爆全球的聊天机器人——ChatGPT 通过学习和理解人类的语言，来与人类对话，还基于上下文内容，与人类进行交流，还可完成编写代码、脚本，撰写文案，制作表格等复杂工作内容……

当然，这些人工智能技术的应用仅仅只是一个开始，在当今信息技术飞速发展的今天，人们很难预测十年、二十年后人们的生活还会发生哪些惊天动地的变化，但是在不久的将来，人工智能技术必将使人们过上更美妙的生活。

7.1　何为人工智能

人工智能是指让计算机或机器具有类似人类的智能和学习能力的技术，人工智能技术与机器人技术的结合将改变传统的机器人行业格局，就像智能手机对传统手机的颠覆一样。本节将为大家介绍人工智能的定义、基本特征和人工智能的分类。

微课 7-1
初识人工智能

7.1.1　人工智能的定义

提到人工智能，人们首先想到的是什么呢？图 7-2 所示为人工智能印象图谱。

可能有人会联想到各类影视作品中的场景，但相信更多的人想到的会是"阿尔法狗"（AlphaGo），这场机器与人类的对决，代表着普通公众对于人工智能的初印象。2016 年 1 月，AlphaGo 在完胜欧洲围棋冠军后，于 2016 年 3 月在五番棋中以 4∶1 的大比分击败韩国围棋九段选手，震惊全球，此后，人工智能技术走向台前，逐渐进入普通大众的视野。

图 7-2　人工智能印象图谱

那么，人工智能究竟是什么呢？

人工智能拆开来看就是"人工"和"智能"两个部分，简单来说，"人工"是指由人工制造或人安排好的，然而"智能"却没有一个准确的定义，成了古今中外诸多哲学家、脑科学家一直在努力探索和研究的问题，因此一直以来对人工智能尚无统一的定义。

一种定义认为，人工智能是类人思考、类人行为，理性的思考、理性的行动。人工智能的基础是哲学、数学、经济学、神经科学、心理学、计算机工程、控制论、语言学。人工智能的发展，经过了孕育、诞生、早期的热情、现实的困难等数个阶段。

另一种被广大研究者普遍认可的定义是，人工智能是研究、开发用于模拟、延伸和扩展人的智能的理论、方法、技术及用于系统的一门新的技术科学，是对人的意识、思维的信息过程的模拟。这一定义从学者的角度，对人工智能做了一个全面的阐述。

而从学科来看，人工智能是一门典型的交叉性学科，涉及计算机科学、数学、认知科学、哲学、心理学、社会结构学等众多学科，以及信息论、控制论等方面的知识。

随着科学技术的不断发展，对人工智能的定义也在不断发生变化，下面将从多个维度给出在不同的年代背景下，不同层级中人工智能的具体定义，不同的定义明确了不同的人工智能研究方向。

（1）人工智能就是令人感到不可思议的计算机程序

人工智能就是机器可以完成人们认为机器不可能完成的事情，这个定义既主观又有趣。因为这种观点认为一个计算机程序是否能够称为人工智能，完全由这个程序的行为是否能让人目瞪口呆来界定。典型事件如，1997 年，"深蓝"超级计算机战胜了当时世界排名第一的职业国际象棋冠军，这是历史上第一个成功在标准国际象棋比赛中打败卫冕世界冠军的计算机系统。

（2）人工智能就是与人类思考方式相似的计算机程序

人工智能就是能遵照人类思维里的逻辑规律进行思考的计算机程序，这也是人工智能发展早期的定义方式。从根本上讲，这是一种类似仿生学的直观思路，既然叫人工智能，那就应该可以用程序来模拟人的智慧，但是历史经验证明，仿生学的思路在科技发展中不一定可行。典型案例如飞机的发明，在几千年的时间里，人类一直梦想着按照鸟类扑打翅膀的方式飞上天空，但讽刺的是，真正带着人类在长空翱翔，并打破鸟类的飞行速度、飞行高度纪录的是飞行原理与鸟类差别极大的固定翼飞机。与此同时，利用人类专家知识和逻辑推理规则构建的专家系统，曾一度被认为是人工智能，而事实是专家系统确实可以有效解决特定领域的问题，但该系统也存在明显的局限性，很难被推广到宽广的知识领域，更别提日常生活了。

（3）人工智能就是与人类行为相似的计算机程序

也就是说，无论计算机以何种方式实现某一种功能，只要该功能表现得与人在类似环境下的行为相似，就可以说，这个计算机程序拥有了在该领域内的人工智能。这一定义从近似于人类行为的最终结果出发，忽视达到这一结果的手段。和仿生学派强调对人脑的研究与模仿不同，这是典型的实用主义观点，即从不觉得人工智能的实现必须遵循什么规则或理论框架。

（4）人工智能就是会学习的计算机程序

这是现阶段的人工智能热潮中，人工智能在大众眼中的真实模样，这一定义几乎将人工智能与机器学习等同了起来，"无学习，不AI"，这也符合当下人工智能研究的核心指导思想。可见，机器学习在人工智能技术中扮演着核心的角色，并且在2000—2010年间爆发了惊人的威力，尤其是在计算机视觉领域。通过学习大量数据训练经验模型的方法，模拟人类学习、成长的过程，如AlphaGo，因为学习了大量专业棋手的棋谱，然后又从自我对弈中持续学习和提高，才有了战胜人类世界冠军的本钱。百度为成都国铁开发的"轨道在线智能巡检系统"，通过学习了大量的轨道列车实地数据以及缺陷样本，才能够在不影响电客车正常行驶的情况下，全天候对轨道缺陷实施智能判断，让城市的守护者不必再披星戴月。

（5）人工智能就是根据对环境的感知，做出合理的行动的计算机程序

这一定义不再强调人工智能模仿人类的思维方式，而是强调人工智能能够主动感知环境，并以此为依据做出反应，从而达到目标。

7.1.2　人工智能的基本特征

人工智能的终极目标是让机器能够像人一样具备以下能力。

- 能听（智能翻译、语音识别等）；
- 会说（人机对话、语音合成等）；
- 能看（图像识别、文字识别等）；
- 能思考（人机对弈、定理证明等）；
- 会学习（机器学习、深度学习等）；
- 会行动（自动驾驶、机器人等）；
- 能应变（认知智能、自主行动等）。

因此，人工智能的特征可以总结为以下几个方面。

- 学习能力：能够通过数据学习不断改进自己的性能；
- 自主决策：可以根据输入的信息和目标来自主决定下一步的行动；

- 语言理解：可以理解人类的语言，并能够处理自然语言的信息；
- 视觉感知：可以通过图像和视频等视觉信息来识别物体、场景和人物；
- 推理与推断：可以通过逻辑推理和推断来得出结论；
- 创造性：可以通过自我学习，产生"额外"的知识，促进技术进步。

7.1.3 人工智能的分类

人工智能的概念很宽泛，人们可以依据人工智能的实力，即智能水平的高低，将其划分为以下三类。

1. 弱人工智能

弱人工智能只专注于完成某个特定的任务，如语音识别、图像识别和翻译，是指擅长于单个方面的人工智能。这类智能无法超越其领域或限制，因为它是针对一项特定任务而训练出来的智能。例如，人工智能的 AlphaGo 能取胜围棋世界冠军，但它仅仅只局限于会下围棋，如果你问它其他的问题，那它就什么也不知道了。类似的案例还有正在测试的自动驾驶车、网上购物时出现的个性化智能推荐等，均属于弱人工智能。使用弱人工智能技术制造出的智能机器，看起来像是智能的，但是并不真正拥有智能，也不会有自主意识。迄今为止，人们所遇到的人工智能系统都还是实现特定功能的专用智能，因此均属弱人工智能。

2. 强人工智能

强人工智能属于人类级别的人工智能，在各方面都能和人类比肩，人类能干的脑力活它都能胜任。它能够进行思考、计划、解决问题、抽象思维、理解复杂理念、快速学习和从经验中学习等操作，并且和人类一样得心应手。强人工智能系统包括了学习、语言、认知、推理、创造和计划，目标是使人工智能在非监督学习的情况下处理前所未见的细节，并同时与人类开展交互式学习。在强人工智能阶段，由于已经可以比肩人类，同时也具备了具有"人格"的基本条件，机器可以像人类一样独立思考和决策。

目前，强人工智能还没有完全实现，但是人们能够在一些科幻电影中看到强人工智能的身影，如《流浪地球Ⅱ》中的 MOSS 等。相信未来，随着人工智能技术的不断发展和应用，强人工智能的出现是有可能的。强人工智能的出现将会给人类带来很多改变，不仅会影响社会经济、教育医疗等各个领域，还会对人类的认知和价值观产生深刻的影响，将是人类智慧的飞跃。

3. 超人工智能

曾有专家把超级智能定义为"一种几乎在每一个领域都胜过人类大脑的智慧，包括科学创新、通识和社交技能"。

在超人工智能阶段，人工智能已经跨过"奇点"，其计算和思维能力已经远超人脑。此时的人工智能已经不是人类可以理解和想象的。人工智能将打破人脑受到的维度限制，其所观察和思考的内容，人脑已经无法理解，人工智能将形成一个新的社会。

【拓展阅读】

人工智能经典应用案例

在科幻小说领域，人工智能被想象为从仁慈的助手到一心统治世界的邪恶霸主。实际上，人工智能要平凡得多，但它以积极和消极的方式改变人们生活的潜力同样令人印象深刻。人工智能的典型应用案例如下：

（1）火星车数字人

2021年4月26日，中国火星探测工程联合百度发布的全球首辆火星车数字人"祝融号"亮相。祝融号是百度在积累多年的数字人技术体系下，通过百度智能云设计的轻量深度神经网络模型以及国内首创的基于高精度4D扫描的口型预测等先进技术创造而来的人工智能数字人。

（2）"智能向导""区间智能防疫系统"

人工智能赋能冬奥场馆智能化建设，为开幕式举办地鸟巢和速滑比赛场馆"冰丝带"带来了一位"智能向导"——提供定位精准、随叫随到的引导服务。"智能向导"融合了AI和AR技术的智能应用，当人们进入场馆后只需要通过网络连接到AR导航应用，打开摄像头，就能实时享受到智能引导服务。

（3）智慧聊城"城市大脑"

智慧聊城"城市大脑"借助人工智能、大数据等方面的成熟技术，以城市大数据为基础，构建感知设施统筹、数据统管、平台统一、系统集成和应用多样的"城市大脑"，同时建成落地智慧聊城创新中心，建立起"能感知、能思考、有决策、有温度"的智能化支撑体系，支撑全市新型智慧城市建设。

（4）消杀机器人

随着京—雄城际铁路雄安站的顺利通车，作为全线最大车站的雄安站，总建筑面积为47.52万 m^2，相当于6个北京站，有66个足球场大。服务于雄安站的消杀机器人，通过24 h不间断地在大厅内执行消毒杀菌工作，降低了交通枢纽内感染病菌的可能性，为人们提供更安全更放心的环境。

当前人工智能的应用案例还有很多，随着人工智能技术的不断发展，可以期待在未来人们将会看到更多令人惊叹的人工智能应用。

7.2　人工智能的起源和发展历程

微课 7-2
人工智能的
起源和发展
历程

现在人工智能已经遍地开花，成为新一轮科技革命和产业变革的重要驱动力量。既能够支持人类对星辰大海的探索，也在实实在在地改善着人们的生产与生活，赋能千行百业，惠及千家万户，其进步可谓一日千里。然而，它从诞生至今可谓经历了一个曲折的发展历程。

7.2.1　人工智能的起源

自古以来，人类对人工智能就有持久的、热烈的追求，并凭借当时的认识水平和技术条件，设法用机器来代替人的部分脑力劳动，用机器来延伸和扩展人类的某种智能行为。例如，公元前900多年，我国就有歌舞机器人传说的记载。12世纪末至13世纪初，西班牙的一位科学家曾试图制造能解决各种问题的通用逻辑机。17世纪，法国物理学家和数学家帕斯卡制成了世界上第一台会演算的加法机并获得实际应用。随后，德国数学家和哲学家莱布尼兹在这台加法机的基础上研发了可进行全部四则运算的计算器，他还提出了逻辑机的设计思想，即通过形式逻辑符引导，对思维进行推理计算。这种"万能符号"和"基于符号的推理计算"的思想是"智能机器"的萌芽，因而莱布尼兹被誉为数理逻辑的开创者。英国数学家图灵在他的一篇《理想计算机》的论文中，提出了著名的图灵机模型。1945 年图灵进一步论述了电子数字计算机的设计思想，1950 年又在《计算机能思维吗？》一文中提出了机器能够思维的论述。1946年，在美国诞生了世界上第一台电子数字计算机 ENIAC。在同一时代，控制论和信息论创立，生物学家设计了脑模型等。这些科学家都为人工智能学科的诞生作出了理论和实验工具的巨大贡献。

1956 年，一群计算机科学家、数学家和工程师聚集在美国新罕布什尔州的达特茅斯学院，讨论机器模拟智能的一系列问题。这些学者分别从不同的角度共同探讨人工智能的可能性，在充分讨论机器智能问题时，研究者们在会上正式决定使用"人工智能"（AI）这一术语，从而开创了人工智能作为一门独立学科的研究方向。这就是著名的"达特茅斯会议"，它标志着"人工智能"概念的诞生，1956 年被定为人工智能元年。

7.2.2　人工智能的发展历程

人工智能探索道路曲折起伏，可将发展历程划分为以下 6 个阶段。

（1）起步发展期：1956 年—20 世纪 60 年代初

人工智能概念提出后，相继取得了一批令人瞩目的研究成果，如机器定理证明、跳棋程序等，掀起人工智能发展的第一个高潮。

（2）反思发展期：20 世纪 60 年代—70 年代初

人工智能发展初期的突破性进展大大提升了人们对人工智能的期望，人们开始尝试更具挑战性的任务，并提出了一些不切实际的研发目标。然而，接二连三的失败和预期目标的落空，使人工智能的发展走入低谷。

（3）应用发展期：20 世纪 70 年代初—80 年代中

20 世纪 70 年代出现的专家系统模拟人类专家的知识和经验解决特定领域的问题，实现了人工智能从理论研究走向实际应用、从一般推理策略探讨转向运用专门知识的重大突破。专家系统在医疗、化学、地质等领域取得成功，推动人工智能走入应用发展的新高潮。

（4）低迷发展期：20 世纪 80 年代中—90 年代中

随着人工智能的应用规模不断扩大，专家系统存在的应用领域狭窄、缺乏常识性知识、知识获取困难、推理方法单一、缺乏分布式功能、难以与现有数据库兼容等问题逐渐暴露出来。

（5）稳步发展期：20 世纪 90 年代中—2010 年

由于网络技术特别是互联网技术的发展，加速了人工智能的创新研究，促使人工智能技术进一步走向实用化。1997 年"深蓝"超级计算机战胜了国际象棋世界冠军，2008 年 IBM 提出"智慧地球"的概念。

（6）蓬勃发展期：2011 年至今

随着大数据、云计算、互联网、物联网等信息技术的发展，在感知数据和图形处理器等计算平台推动以深度神经网络为代表的人工智能技术飞速发展，大幅跨越了科学与应用之间的"技术鸿沟"，诸如图像分类、语音识别、知识问答、人机对弈、自动驾驶等人工智能技术实现了从"不能用、不好用"到"可以用"的技术突破，迎来爆发式增长的新高潮。人工智能的发展历程如图 7-3 所示。

热度

起步 发展期	反思 发展期	应用 发展期	低迷 发展期	稳步 发展期	蓬勃 发展期
人工智能诞生 机器定理证明 智能跳棋程序 ……	任务失败 目标落空 机器翻译 笑话百出 定理证明 发展乏力 ……	专家系统遍地开花 人工智能转向实用 医疗专家系统 化学专家系统 地质专家系统 ……	多项研究 发展缓慢 专家系统 发展乏力 神经网络 研究受阻 ……	互联网推动人工智 能不断创新和实用 深蓝战胜国际象棋 冠军 IBM提出智慧地球 我国提出感知中国 ……	深度学习和大 数据兴起带来 了人工智能的 爆发 物联网 云计算 大数据 ……
初春	初冬	初秋	寒冬	复苏	爆发

1956　　1960　　1970　　1980　　1990　　2000　　2010

时间

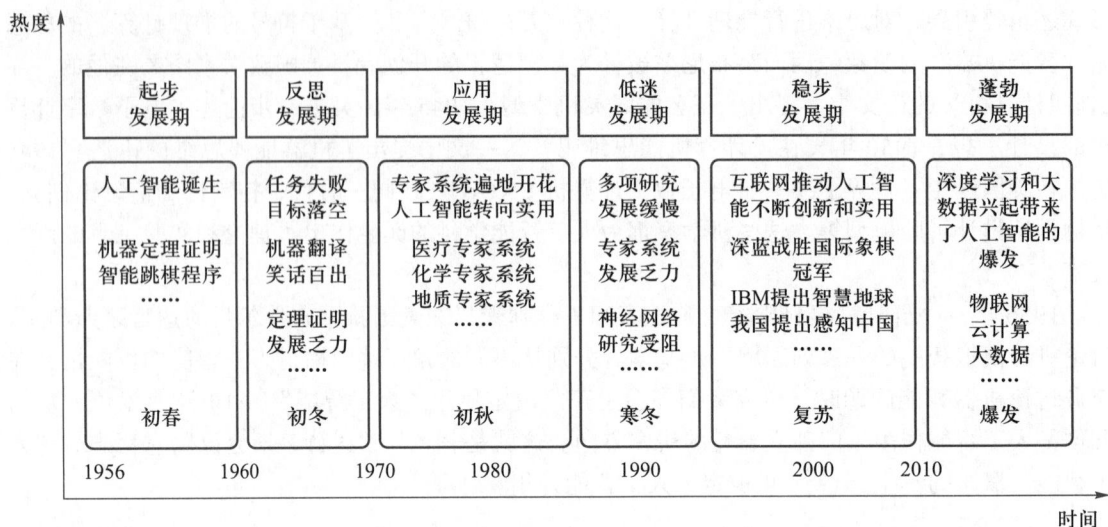

图7-3　人工智能发展历程

微课7-3
人工智能的
研究领域及
发展趋势

7.3　人工智能的研究领域

人工智能的研究领域十分广阔，总的来说是面向应用的，参照人在各种活动中的功能，可以知道人工智能的领域就是代替人的活动。哪个领域有人进行智力活动，哪个领域就是人工智能研究的领域。

7.3.1　人工智能的主要流派

人工智能的发展，在不同的阶段出现过不同的流派。目前，人工智能的主要流派有3个，其对人工智能发展历史具有不同的看法。

1. 符号主义

符号主义（Symbolicism）又称为逻辑主义（Logicism）、心理学派（Psychologism）或计算机学派（Computerism），其原理主要为物理符号系统（即符号操作系统）假设和有限合理性原理。符号主义认为人工智能源于数理逻辑。数理逻辑从19世纪末起得以迅速发展，到20世纪30年代开始用于描述智能行为。计算机出现后，又在计算机上实现了逻辑演绎系统。其有代表性的成果为启发式程序LT逻辑理论家，证明了38条数学定理，表明了可以应用计算机研究人的思维，模拟人类智能活动。正是这些符号主义者，早在1956年首先采用"人工智能"这个术语，后来又发展了启发式算法、专家系统、知识工程理论与技术，并在20世纪80年代取得很大发展。符号主义曾长期一枝独秀，为人工智能的发展做出重要贡献，尤其是专家系统的成功开发与应用，为人工智能走向工程应用和实现理论联系实际具有特别重要的意义。在人工智能的其他学派出现之后，符号主义仍然是人工智能的主流派别。

2. 连接主义

连接主义（Connectionism）又称为仿生学派（Bionicsism）或生理学派（Physiologism），其主要原理为神经网络及神经网络间的连接机制与学习算法。连接主义认为人工智能源于仿生学，特别是对人脑模型的研究。它的代表性成果是 1943 年由生理学家麦克洛克（McCulloch）和数理逻辑学家皮茨（Pitts）创立的脑模型，即 MP 模型，开创了用电子装置模仿人脑结构和功能的新途径。它从神经元开始进而研究神经网络模型和脑模型，开辟了人工智能的又一发展道路。20 世纪 60—70 年代，连接主义，尤其是对以感知机（Perception）为代表的脑模型的研究出现过热潮，由于受到当时的理论模型、生物原型和技术条件的限制，脑模型研究在 20 世纪 70 年代后期至 80 年代初期落入低潮。直到 Hopfield 教授在 1982 年和 1984 年发表两篇重要论文，提出用硬件模拟神经网络以后，连接主义才重新抬头。1986 年，鲁梅尔哈特（Rumelhart）等提出多层网络中的反向传播（BP）算法。此后，连接主义势头大振，从模型到算法，从理论分析到工程实现。现在，对人工神经网络（ANN）的研究热情仍然较高，但研究成果没有像预想的那样好。

3. 行为主义

行为主义（Actionism）又称为进化主义（Evolutionism）或控制论学派（Cyberneticsism），其原理为控制论及感知 – 动作型控制系统。行为主义认为人工智能源于控制论。控制论思想早在 20 世纪 40—50 年代就成为时代思潮的重要部分，影响了早期的人工智能工作者。维纳（Wiener）和麦克洛克（McCulloch）等提出的控制论和自组织系统以及钱学森等提出的工程控制论和生物控制论，影响了许多领域。控制论把神经系统的工作原理与信息理论、控制理论、逻辑以及计算机联系起来。早期的研究工作重点是模拟人在控制过程中的智能行为和作用，如对自适应、自组织和自学习等控制论系统的研究，并进行"控制论动物"的研制。到 20 世纪 60—70 年代，上述这些控制论系统的研究取得一定进展，播下智能控制和智能机器人的种子，并在 20 世纪 80 年代诞生了智能控制和智能机器人系统。行为主义是 20 世纪末才以人工智能新学派的面孔出现的，引起许多人的兴趣。这一学派的代表作首推布鲁克斯（Brooks）的六足行走机器人，它被看作新一代的"控制论动物"，是一个基于感知 – 动作模式模拟昆虫行为的控制系统。

7.3.2　人工智能的研究领域

人工智能研究的领域极为广泛，应用领域也很广泛。人工智能研究主要分为自然语言处理、计算机视觉、语音识别以及专家系统等领域。

1. 自然语言处理

自然语言处理（NLP）的目标是缩小人类交流（自然语言）与计算机理解（机器语言）之间的差距，最终实现计算机在理解自然语言上像人类一样智能。其实就是在人类语言和机器语言之间搭起一座桥梁，使计算机拥有能够理解、处理并使用人类语言的能力。比如，一台机器如果既懂汉语，又懂英语，那么它就可以充当翻译；如果空调能理解人类的语言，那么用户就可以不用按钮而是直接通过语言来遥控空调。自然语言是人类区别于其他动物的根本标志，只有当计算机具备了处理自然语言的能力时，才算实现了真正的智能。自然语言处理相关技术如图 7-4 所示。

2. 计算机视觉

计算机视觉是一门研究如何使机器"看"的科学，更进一步说，就是指用摄影机和计算机代替人眼对目标进行识别、跟踪和测量，并进一步做图形处理，用计算机处理成为更适合人眼观察或传送给仪器检测的图像，如图 7-5 所示。

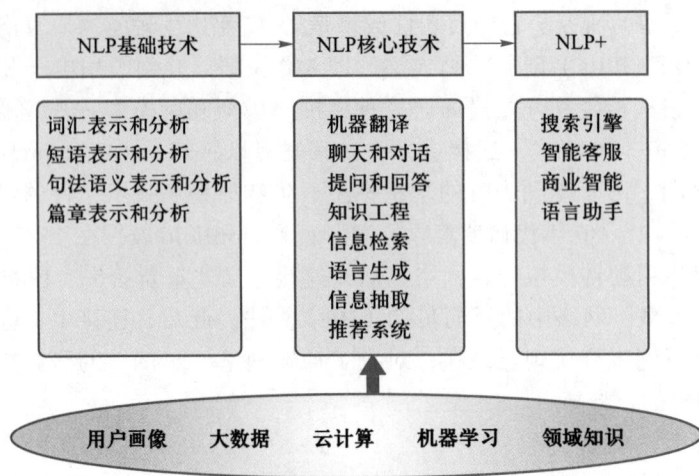

图 7-4　自然语言处理相关技术

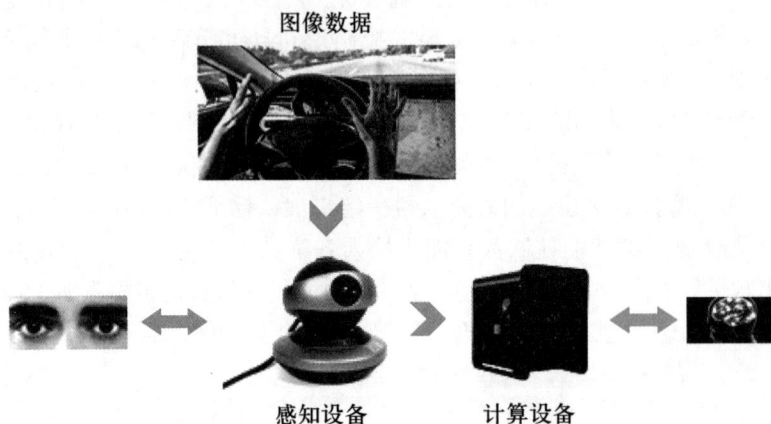

图 7-5　计算机视觉识别图

　　作为一门工程学科,计算机视觉寻求基于相关理论与模型来建立计算机视觉系统。这类系统的组成部分包括程序控制(如工业机器人和自动驾驶汽车)、事件监测(如图像监测)、信息组织(如图像数据库和图像序列的索引建立)、物体与环境建模(如工业检查、医学图像分析和拓扑建模)、交感互动(如人机互动的输入设备)。

　　计算机视觉是一门综合性的学科,它已经吸引了来自各个学科的研究者参加到对它的研究之中。其中包括计算机科学和工程、信号处理、物理学、应用数学和统计学、神经生理学和认知科学等。它的应用领域广泛,并已经成为制造业、检验、文档分析、医疗诊断和军事等领域各种智能/自主系统中不可分割的一部分。

　　3. 语音识别

　　语音识别技术,也被称为自动语音识别,其目标就是让机器通过识别和理解把语音信号转换为相应的文本或命令。根据识别的对象不同,语音识别任务大体可分为孤立词识别、连续语音识别和关键词识别 3 类。孤立词识别,如"开机""关机"等;连续语音识别,如识别一个句子或一段话;关键词识别,针对的是连续语音,检测已知的关键词在何处出现。

语音识别技术主要包括特征提取技术、模式匹配准则及模型训练技术 3 方面。其识别流程如下。

① 信号处理：声音信号是连续的模拟信号，为了保证音频不失真，要进行降噪和过滤处理，保证计算机识别的是过滤后的语音信息。

② 信号表征：对语音的内容信息根据声学特征进行提取，并尽量对数据进行压缩，提取完成之后，就进入了特征识别、字符生成环节。

③ 模式识别：从每一帧中找出当前的音素，由多个音素组成单词，再由单词组成文本句子。通过声学模型识别音素，通过语言模型和词汇模型识别单词和句子。只要模型中涵盖足够的语料（语音的大数据集），就能解决各种语音识别问题。

语音识别流程如图 7-6 所示。

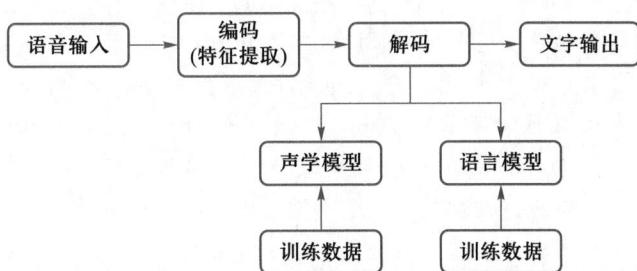

图 7-6　语音识别流程

4. 专家系统

专家系统（Expert System）是一个或一组能在某些特定领域内，应用大量的专家知识和推理方法求解复杂问题的一种人工智能计算机程序。专家系统属于人工智能的一个发展分支，其研究目标是模拟人类专家的推理思维过程。一般是将领域专家的知识和经验，用一种知识表达模式存入计算机。系统对输入的事实进行推理，做出判断和决策。

专家系统通常由人机交互界面、知识库、推理机、解释器、综合数据库、知识获取机构 6 个部分构成。专家系统的基本结构大部分为知识库和推理机。其中知识库中存放着求解问题所需的知识，推理机负责使用知识库中的知识去解决实际问题。知识库的建造需要知识工程师和领域专家相互合作把领域专家头脑中的知识整理出来，并用系统的知识方法存放在知识库中。当解决问题时，用户为系统提供一些已知数据，并可从系统处获得专家水平的结论。专家系统的组成如图 7-7 所示。

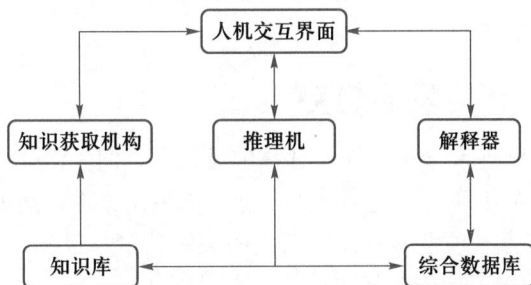

图 7-7　专家系统的组成

专家系统的基本工作流程是：用户通过人机交互界面回答系统的提问，推理机将用户输入的信息与知识库中各个规则的条件进行匹配，并把被匹配规则的结论存放到综合数据库中，最后专家系统将得出的最终结论呈现给用户。

【拓展阅读】

中国智能科学研究的领军人——吴文俊

吴文俊是我国最具国际影响的数学家之一，他对数学的核心领域拓扑学做出了重大贡献，开创了数学机械化新领域，对数学与计算机科学研究影响深远。

1956 年，吴文俊与华罗庚、钱学森一起荣获国家第一届自然科学奖的最高奖——一等奖，并于 1957 年增选为中国科学院学部委员（院士）。1976 年，吴文俊在中国古算研究的基础上，开拓了机械化数学的崭新领域。1997 年吴文俊获得国际自动推理最高奖厄布朗（Herbrand）自动推理杰出成就奖。2000 年，吴文俊由于对拓扑学与数学机械化的贡献，获得首届最高国家科学技术奖。2006 年吴文俊由于"对数学机械化新兴交叉学科的贡献"与美国数学家 David Mumford 共同获得了"邵逸夫数学奖"及 100 万美元的奖金。吴文俊的研究工作涉及代数拓扑学、微分拓扑学、代数几何学、对策论、中国数学史、数学机械化等多个数学领域并在其中做出了独特的贡献。

2011 年，以吴文俊名字命名的中国人工智能大会召开，吴文俊被尊称为"中国人工智能先驱"。2017 年 5 月 7 日，吴文俊因病逝世，享年 98 岁。两年后，以他的名字命名的中国智能科学技术最高奖项"吴文俊人工智能科学技术奖"举行了隆重的颁奖仪式。正是吴文俊提出用计算机证明几何定理的"吴方法"，成为自动推理领域的里程碑。由于他的开拓性贡献，人工智能得到快速发展。2019 年 9 月 17 日，吴文俊被授予"人民科学家"国家荣誉称号；9 月 25 日，入选"最美奋斗者"名单；12 月 18 日，入选"中国海归70 年 70 人"榜单。

7.4　人工智能的发展趋势

人工智能是当今科技领域最热门的话题之一，也是未来社会发展的重要驱动力。如今人工智能已经进入了一个快速发展和广泛应用的新时代，从智能手机、智能音箱、智能汽车，到智能医疗、智能教育、智能金融，人工智能的应用无处不在，而且还在不断创新和突破。那么，未来人工智能的发展趋势如何呢？

7.4.1　国际人工智能发展趋势

人工智能发展迅速，已进入寻常百姓的日常生活，为人们生活提供便利。人工智能将给人们的生产与生活方式带来革命性的变化，助力于把人们带入人类命运共同体的新时代，许多国家都将人工智能的发展作为占领世界科技制高点的关键政策与措施。根据最新发布的 2023 年AI 指数报告，全球最新的人工智能趋势主要体现在以下几个方面。

1. 人工智能技术的快速普及

随着互联网、云计算、开源软件等技术的发展，人工智能技术变得更加容易获取和使用。无论是个人还是企业，都可以通过各种应用、平台、服务等方式，轻松地利用人工智能技术来实现各种功能和目标。例如，在 2023 年，全球有超过 50% 的移动用户每天使用语音搜索；有超过 80% 的企业使用或计划使用聊天机器人；有超过 90% 的企业使用或计划使用机器学习。

2. 生成型人工智能技术的不断提升和创新

生成型人工智能技术是指可以根据输入数据或条件生成新的数据或内容的人工智能技术，比如生成图像、文本、音乐、视频等。这种技术在 2023 年取得了令人惊叹的进步和成果。例如，在 2023 年 5 月，OpenAI 发布了一个名为 ChatGPT 的聊天机器人应用，它可以与用户进行自然、流畅、有趣的对话，并在上线后 5 天内就吸引了 100 万用户；2023 年 8 月，百度宣布文心一言向全社会全面开放，据官方平台数据显示，24 h 内，文心一言共计回复网友超 3 342 万个问题，且文心一言 App 开放下载首日，日活跃用户破 100 万，让广大用户充分体验生成式 AI 的理解、生成、逻辑、记忆四大核心能力。

3. 人工智能行业监管与伦理的加强和完善

随着人工智能技术在各个领域和场景中的广泛应用和影响，也带来了一些潜在的风险和挑战，如数据安全、隐私保护、算法偏见、责任归属等。这些问题需要通过有效的监管与伦理来解决和规范。2023 年，全球各国和相关组织都在积极制定和实施相关的政策和标准来促进人工智能行业的健康发展。例如，2023 年 5 月，国家网信办联合国家发展改革委、教育部、科技部、工业和信息化部、公安部、广电总局公布《生成式人工智能服务管理暂行办法》（以下称《办法》），《办法》自 2023 年 8 月 15 日起施行，以促进生成式 AI 健康发展和规范应用，维护国家安全和社会公共利益，保护公民、法人和其他组织的合法权益。

4. 可解释性人工智能技术被更多关注和重视

可解释性人工智能技术是指可以让用户或开发者理解和验证人工智能系统或模型如何做出决策或输出结果的技术。这种技术对于提高用户或开发者对人工智能系统或模型的信任和满意度至关重要。2023 年，随着用户或开发者对人工智能系统或模型复杂性、透明度、可靠性等方面提出更高要求，可解释性人工智能技术也受到了更多关注和重视。

5. 人类与人工智能之间协作与互动的增加与改善

人类与人工智能之间协作与互动是指通过各种方式让用户或开发者与人工智能系统或模型进行有效沟通、交流、协作或互动。这种协作与互动对于提高用户或开发者对人工智能系统或模型效果、价值、体验等方面感知至关重要。2023 年，随着用户或开发者对人工智能系统或模型功能、性能、品质等方面提出更高期待，人类与人工智能之间协作与互动也受到了更多增加与改善。例如，在 2023 年 8 月，微软公司发布了一个名为 CoPilot（共同驾驶员）的代码生成助手应用，它可以根据开发者输入的代码片段或注释自动生成代码，并提供实时反馈和建议。

在 2023 年全球最新的人工智能趋势中，人们可以看到人工智能技术不断进步和创新，并且在各个领域和场景中产生广泛应用和影响。

7.4.2　中国人工智能发展趋势

1. 中国人工智能的发展

人工智能是人类社会发展的重要驱动力。近年来在人工智能领域，中国的技术和应用水平迅速提升。那么，在未来中国人工智能会有哪些发展趋势呢？

（1）政策环境与行业规范日渐完善

近年来，尽管国家陆续颁布多个人工智能相关文件，对技术发展提供助力，并对行业进行规范，但相比技术产品市场，人工智能政策法规建设依然处于相对滞后的态势。人工智能涉及技术众多、覆盖行业广泛，若缺乏必要的规范，一方面会导致产品质量低下，影响整个行业的发展，另一方面也会导致不法分子打着"人工智能"的旗号生产违规产品，甚至违法犯罪。在未来的发展中，国家必然会进一步颁布关于人工智能行业的政策文件，从而优化行业环境。与此同时，技术标准也会陆续出台，以规范人工智能产品与应用，确保产业的健康稳定发展。

（2）产业协同能力增强，聚焦效应日益显著

据工业和信息化部统计数据显示，截至 2022 年 6 月，我国人工智能企业数量超过 3 000 家，产业链条日趋完善。基础领域出现了诸如寒武纪、地平线、西井科技等企业；技术方面，商汤、云从科技、旷视科技等深耕机器人视觉领域，科大讯飞、搜狗等在自然语言处理方面占据国际领先地位，腾讯、华为等在机器学习、云计算方面具有优势；行业应用方面，在自动驾驶、智能教育、智能金融、智能机器等领域均涌现出一批优秀企业。在未来，国内人工智能产业链条的协同性、关联性将不断增强。同时，国内一些经济发达地区人工智能产业聚焦效应也日益显著，如北京人工智能企业数量居全国之首，构建了以领军、高成长、初创企业协同发展的业态；上海则立足金融优势，大力推进芯片、类脑智能等方面的发展。

（3）涌现更多新产品与新应用

近年来，随着人工智能技术的高速发展，其在金融、教育等多个领域得到应用，进一步改变着人们的生活。中国人口基数庞大，消费市场多元，随着人工智能与各行业的融合，将会产生更多的产品与应用，激发更广阔的市场前景。在未来一段时间里，基于人工智能技术的产品将会不断增多，甚至是颠覆某个行业，如智能教育领域，将会对整个教育行业造成影响，淘汰落后产品、产能。对于企业来讲，应当具有全局战略思维，思考人工智能可能对行业的影响，及早布局，实现与人工智能技术的融合。

2. 中国人工智能面临的机遇与挑战

中国人工智能领域发展机遇体现在三个方面：一是国家战略层面的大力支持。国家陆续颁布多个文件对人工智能发展进行支持，使中国人工智能发展处于良好的政策环境中。同时，国家还在财政、技术攻关、基地平台建设、税收优惠等方面为人工智能发展提供助力。二是丰富的数据资源为技术开发提供助力。经过多年的发展，中国储备了海量数据，为深度学习等技术用数据训练、分析提供"燃料支持"。三是学科建设稳步推进。在科教兴国战略的支撑下，中国高校与各大人工智能企业建立合作关系，为国家人工智能事业培养高端人才，同时，中国与国外部分机构有合作，引入国际最新的人工智能技术与服务。

然而，中国在人工智能方面也还面临着一些挑战：一是人工智能人才匮乏。基于人工智能技术的复杂性，目前国内从事该领域研究的人员数量较少，且现有人才都是理工科背景，鲜有人文学科的人才，由此可能导致人工智能领域创新受限。二是数据平台存在信息孤岛。人工智能技术的发展需要以大量数据算法训练为基础，但目前国内缺乏统一的人工智能数据平台，在信息时代，数据资源是公司最为宝贵的资源之一，很难实现共享，数据是企业安身立命之本，很难对外共享，数据碎片化与孤岛化态势明显。三是易引发社会问题。智能机器会代替部分人工工作，当企业引入机器后，必然会导致一部分工人失业，对社会安定造成一定威胁。四是部

分行业规则不完善。例如自动驾驶方面，若发生交通事故，责任如何划分等，还处于热议之中。这些都需要科技工作者进一步加强合作和学习，提高人工智能水平和竞争力。

【拓展阅读】

人工智能加速走进百姓生活
——从 2023 全球人工智能技术大会看行业新趋势

2023 年，由中国人工智能学会和杭州市政府主办的全球人工智能技术大会在浙江杭州举办，会上日新月异的人工智能技术可感可触，在生产、医疗、教育等越来越多领域都能看到人工智能的身影。

简单输入文字，几秒就能生成图画、创意、文本等，百度"文心一言""文心一格"、科大讯飞"讯飞星火认知大模型"等生成式人工智能产品，通过自然对话方式理解和执行用户任务，展现了人工智能更广泛的应用前景和巨大的赋能潜力。

让截肢患者像控制自己的手脚一样控制假肢，帮助孤独症患者提升社交沟通与行为能力，助眠舒压、改善睡眠质量……一系列的医疗产品应用于康复、大健康、人机交互等领域，帮助了上千名患者回归正常的生活。

从虚拟数字人到外骨骼机器人，主打陪伴的机器人将随着人工智能在深度学习模型相关领域的发展，其外形、交互能力以及学习能力甚至情绪感知能力都将得到很大提升。

人工智能正在深刻地改变着这个时代，它可以拓展人类发现、理解与创造的能力。未来，人工智能的发展将承担起赋能生活、提升幸福感的使命。

7.5　人工智能的产业结构

微课 7-4
人工智能的
产业结构

人工智能产业是智能产业发展的核心，是其他智能科技产品发展的基础。近年来，中国人工智能产业在政策与技术的双重驱动下已呈现高速增长态势。

7.5.1　人工智能的社会价值

在过去的十多年里，作为科技革命技术核心的（移动）互联网、大数据、云计算、3G/4G/5G 通信等新一代信息技术快速迭代并实现大规模的商业化应用，使数据信息在生产、存储、处理、分析、传输等不同环节发生全方位、革命性变化。随着人工智能在社会生活各个领域的广泛应用和深层渗透融合，将推动形成不同的技术社会形态；而人工智能技术上的变革会导致社会结构的重构，社会群体可能会被分化为"人工智能"和"非人工智能"两个层面。在法律层面上讲，如果机器能够同人一样思考和推理，则需要一种方法解决机器行为的后果，以及处理人与机器相互作用、相互影响的结果。人工智能够促进宏观经济的高质量增长，并且可能改变全球产业链和产业的结构性变化。以下从 5 个方面简要概述人工智能的社会价值。

1. 带来新的行业创新，促进新的经济增长点

从行业领域来看，人工智能在语音识别、图像识别、人机交互和大数据四大领域有着广泛的应用。它逐渐渗透各行各业，带动了各行业的创新，其中医疗、通信和与交通相关的制造业更是发展迅速。从企业来看，人工智能引发各大产业巨头进行新的布局以开拓创新业务。

人工智能不仅能带来新的行业创新，还能催生新的经济增长点。根据我国的经济发展形势，人工智能的出现很好地实现了"互联网＋人工智能"和"大数据＋人工智能"的战略应用，而这些符合经济发展需要的组合式战略，将在实施过程中显示出其巨大的价值。

2. 实现智能化生活和产业模式变革

在人类社会发展进程中，从纯粹的手工操作到机械化，是一个创新性、革命性的进步。人工智能的到来，带给了人们更加便利、舒适的生活。比如与人们生活息息相关的智能家居，在使用过程中人们就可深切地感受到智能化生活所带来的变化。人工智能在各领域的普及应用，触发了新的业态和商业模式，并最终带动发生产业结构深刻变革。人工智能的应用领域如图 7-8 所示。

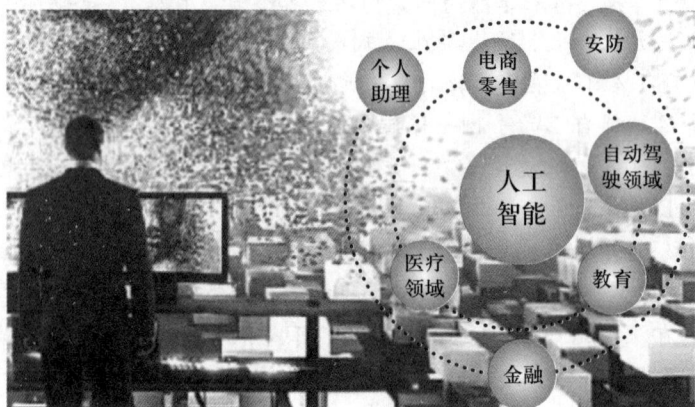

图 7-8 人工智能的应用领域

3. 改变人们的生活行为方式

① 改变劳动方式。现如今，人工智能已在工业、农业以及物流等领域被广泛应用，人工智能改变了过去传统的人力劳动生产方式，由人工智能机器人代替人类的体力劳动甚至部分脑力劳动，实现了生产、工作自动化和智能化。

② 改变生活方式。人工智能改变了人们的生活方式，智能家居的兴起和普及就是最好的证明。人工智能也为人类的休闲娱乐生活提供了新的玩法，人工智能系统已经被应用到各大游戏公司的开发中。目前，人工智能已经渗透到人们生活中的各个角落，为我们的生活提供便利，如小米的小爱同学、华为的小艺等智能语音助手。

③ 改变交往方式。人工智能使得人们的交通更加快速便利，沟通交流更加快捷方便。智能翻译系统和智能手机等通信工具让人们可以突破时空的限制，实现无障碍的实时沟通和交流。

④ 改变思考方式。人工智能会改变人们的思考方式，遇到不懂的就在网上用搜索引擎查询，这会使得人们越来越依赖于智能搜索引擎，而不再去主动思考，对资料和工具书的依赖程度也有所减少。尽管如此，人工智能也让人类的视觉、听觉等感官范围大为拓展，使得人们认识和感受到以前从未接触过的世界，这必然导致人们的传统思维观念发生改变，推动思想的启蒙和解放。

4. 推动社会市场经济的迅速发展

① 推动传统产业的发展。人工智能具有强大的创造力和增值效应，它能够实现传统产业

的自动化和智能化，从而促进传统行业实现跨越式的发展，对行业的多元化发展具有重要意义。例如，人工智能与传统家居的结合，促成了智能家居的产生；人工智能与传统物流的结合，形成了智慧物流体系。

② 创造新的市场需求。人工智能带动了产业的发展，也相应地会出现新的消费市场需求。随着人工智能技术的深入发展和广泛应用，已经生产出许多新的智能产品，如智能音箱、无人机以及智能可穿戴设备等，从而刺激了消费需求，带动了经济的增长和发展。

③ 产生新的行业和业务。人工智能的兴起和发展产生了一批新的行业和业务，对产业结构的升级产生了重大的影响，改变了产业结构中不同生产要素所占的比重，推动了产业结构的优化和升级。人工智能虽然会取代部分劳动力的工作，但也会产生一大批新的职业和岗位，为人们提供新的就业机会。

5. 提高效率降低成本

① 降低绩效成本。人工智能的发展为企业的绩效考核管理提供了新的技术和方法，如指纹考勤打卡、人脸识别打卡、智能打卡机器人以及软件打卡等。通过人工智能技术能够避免人为因素的干扰，使企业绩效考核更加客观、公正，提高绩效管理的效率。

② 降低企业生成成本。降低生产成本是企业增加利润的手段之一，因为人工智能机器设备可以取代人工从事那些简单而重复性的流水线作业，所以就可以直接降低员工雇佣成本。这样还能避免员工因个人因素而导致的工作失误，提高生产效率。基于这些好处，各大企业及生产厂家都在大力引进人工智能生产设备，推行自动化生产。

③ 降低企业人工成本。在互联网企业中，通过人工智能技术开发出人工智能客服，能够实现 24 h 在线，节省人工客服成本。人工智能客服能够根据用户的问题自动为其匹配生成最佳的答案，解决用户问题。此外，还有物流中的无人仓，企业制造生产中的机械臂，这些人工智能技术都可以降低企业人工成本。

7.5.2　人工智能的产业结构

人工智能作为全球科技革命和产业变革的制高点，已经成为推动经济社会发展的新引擎。人工智能时代的来临，将使人们的工作方式、生活模式、社会结构等进入一个崭新的发展期，将催生新的技术、产品、产业和业态模式，从而引发经济结构的重大变革。

人工智能从产业结构上分为三个层次：基础支撑层（基础层）、技术驱动层（技术层）、场景应用层（应用层），如图 7-9 所示。

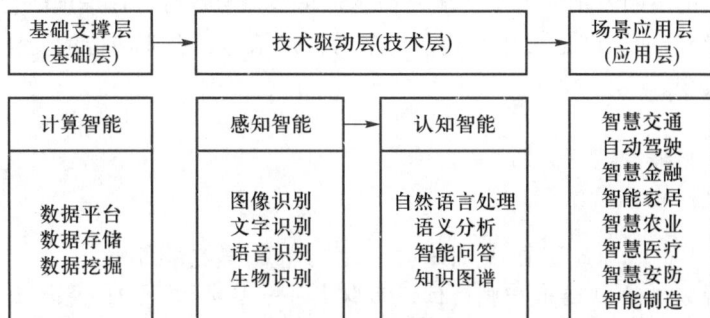

图 7-9　人工智能产业结构层次划分

基础层是人工智能产业的基础，主要研发硬件及软件，为人工智能提供数据及算力支撑。基础层主要包括物质基础，即计算硬件（传感器、人工智能芯片）、计算系统技术（大数据、云计算、5G 通信）、数据（数据采集、标注、分析）和算法模型。其中，人工智能芯片（GPU、FPGA、ASIC 等）负责运算；算法模型负责训练数据；传感器负责收集数据。

技术层在基础层之上，是人工智能产业的核心，主要包括图像识别、文字识别、语音识别、生物识别等应用技术，用于让机器完成对外部世界的探测，即看懂、听懂、读懂世界，进而才能够做出分析判断、采取行动，让更复杂层面的智慧决策、自主行动成为可能。

应用层是人工智能产业的延伸，主要面向人工智能与传统产业的深度融合，提供不同行业应用场景（如 AI+ 交通、AI+ 教育、AI+ 制造等）的解决方案和人工智能消费级终端产品（如智能汽车、智能机器人、智能无人机、智能家居设备、可穿戴设备等）。

人工智能产业结构如图 7-10 所示。

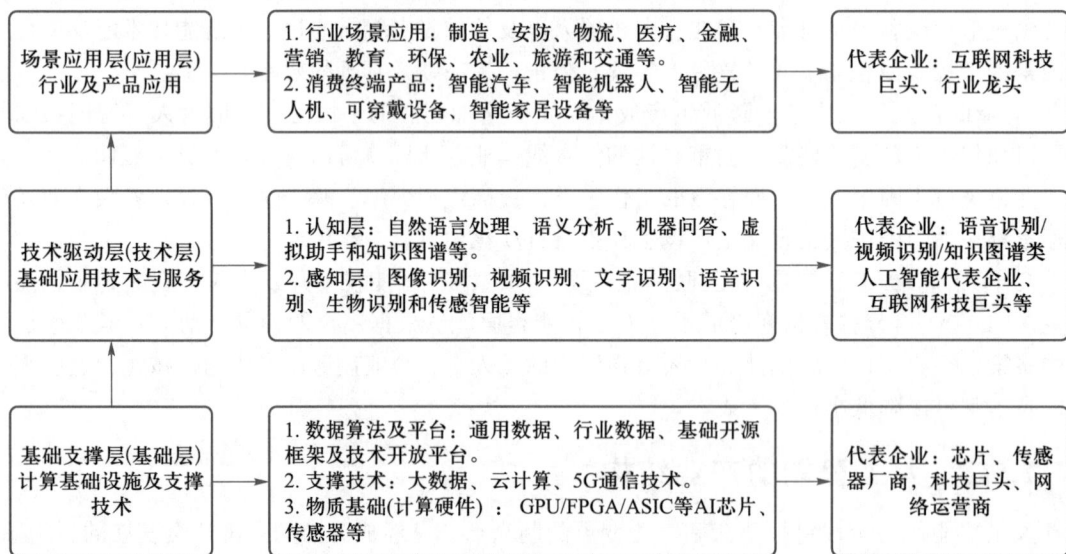

图 7-10　人工智能产业结构

据统计，中国人工智能企业多集中在应用层，技术层和基础层企业占比相对较少。从技术类型分布上，涉及机器学习、大数据、云计算和机器人技术的企业较多，整体分布相对均匀。随着人工智能技术的不断变革，人工智能正在越来越多地与各行各业深度融合，加快产业智能化进程。"AI+ 传统产业"已是大势所趋，未来对人才培养、企业岗位的变化以及职业能力的要求将出现巨大改变。

【拓展阅读】

人工智能训练师：让机器变得更聪明

任何技术革命都会创造出一些岗位，而取代另一些岗位。2019 年 4 月，中华人民共和国人力资源和社会保障部（以下简称"人社部"）等部门发布了 13 个新职业，人工智能相关职业被提及强调，包括人工智能工程技术人员、物联网工程技术人员、大数据工程技术人员、云计算工程技术人员、无人机驾驶员等。2020 年 2 月，人社部再次向社会发布了未来紧缺的 16 个新职业，人工智能训练师、智能制造工程技术人员、工业互联网工程技术人员和虚拟现实工程技术人员等名列其中。而这些新职业的诞生就是新产业、新业态、新技术下企业的迫切需求。

以人工智能训练师为例，大家都觉得很陌生。这是什么新职业？为什么会有这个需求？究竟要具备什么能力？人工智能训练师的定义是阿里率先提出的，被形象地称为"机器人饲养员"。这也是人工智能技术广泛应用所带来的第一个非技术类新职位。众所周知，人工智能的应用需要大量数据支撑，而在各行各业获取到的原始数据无法直接用于模型训练，这需要经专业标注和加工后才能使用，但如果标注人员不懂行业具体的应用场景，对数据的理解和标注质量差异很大，将导致整体标注工作的效率和效果都不够理想。因此，人工智能训练师应运而生，这不是一个人工智能技术职位，而是"人工智能＋专业应用"的新岗位。人工智能训练师是指使用智能训练软件，在人工智能产品实际使用过程中进行数据库管理、算法参数设置、人机交互设计、性能测试跟踪及其他辅助作业的人员。简而言之，就是让人工智能更"懂"人，通"人"性，更好地为人服务。

人们熟悉的天猫精灵、菜鸟语音助手、阿里小蜜等智能产品背后，都有人工智能训练师的身影，中国第一批人工智能训练师就在阿里的客服团队中诞生。

7.6 人工智能的伦理

随着人工智能技术的不断进步，如何确保人类始终能在人工智能领域发挥主导作用，避免出现失控的情况？这个问题既涉及技术的发展，也涉及伦理、法律和社会责任等方面的思考。人工智能究竟会带来哪些伦理和法律问题呢？

微课 7-5
人工智能的
伦理

7.6.1 伦理问题的产生

人工智能技术是一把双刃剑，在给人们带来极大便利的同时，也留下了许多的伦理问题，这些问题为人工智能的有序健康发展增加了许多不确定性因素。以下是人工智能伦理问题的几个例子。

1. 数据隐私保护存隐患

人工智能的发展，离不开数据这一关键要素，但也正是对数据资源的开发利用，给隐私问题带来不小的伦理问题。当今社会，互联网平台及各类移动端应用都需要注册后才能使用其相关功能，因此收集到用户的个人数据不断增多，成为企业掌握用户个人消费及行为的重要参考。人工智能系统中所使用的数据挖掘分析技术可以通过海量数据挖掘分析出有价值的内容，人类的现实身份信息、互联网使用行为以及个人生活习惯轨迹极有可能被某些商业机构用来进行商业开发。人类通过使用网络便捷地获取想要知晓的信息，同时也在网络留下了使用痕迹，这些痕迹可能成为一些机构进行开发的支撑数据。一些人工智能产品及应用通过挖掘分析用户的喜好来推荐个性化定制服务，使用户在无形之中接受了智能系统的推荐，且智能系统能够根据用户留下的体验反馈及使用数据进一步优化推荐方案，不断贴近用户所需，导致用户的个人隐私等信息不断被智能系统所吸纳。长此以往，用户的个人隐私数据信息就有可能暴露在网络中，使用户随时有遭受隐私泄露风险的可能性，甚至造成财产损失，给人类伦理有序健康发展带来较大的不良影响。

2. 安全防范能力不足

人工智能技术的突飞猛进为伦理方面带来不少的安全风险，其中以下 3 个部分较为突出。

① 人工智能所拥有的机器学习能力需要持续不断的数据作为支撑，机器学习在持续提高分析决策性能的同时，算法所需要挖掘的数据内容会更深入，极有可能使受保护的信息受到破坏，以及不法分子可能通过人工智能技术盗取用户在互联网平台上所保存的数据信息，即技术开发应用不加节制。

② 有些技术未被合理规制就被使用在智能系统中，极有可能使系统出现异常，并且算法中的"黑箱"操作无法被准确判断，导致算法决策后果定性困难，为安全带来更大的不确定性，即技术本身存在缺陷。

③ 人工智能系统的安全防护得不到应有的保障，极有可能受到不法分子及黑客的网络攻击，发生窃取用户数据信息等问题，导致社会安全风险增加，即缺乏必要的监管体系机制。

3. 算法规制意识较弱

人工智能系统的开发过程离不开算法的支撑。此外，人工智能系统主要是运用算法模型与数据信息来不断学习人们已经产生的行为数据，从而做出相关的分析与预测。但是由科研技术人员选取的数据而得出的训练模型不一定能确切地体现出真实的情况，算法的设计者和开发者很可能将其主观偏见带入算法系统，因所选取的样本数据中存在一部分对抗样本的干扰，故人工智能系统体现出来的结果未能符合预期，会导致生成一部分错误决策。且在所使用的数据中极有可能存在容易被人忽视的价值取向以及当地风俗特征，一旦发生此类忽视价值取向等事件，很难在短时间内纠正，也无法从技术方面取得立竿见影的效果，想要辨别哪些数据带有歧视性是非常困难的。一旦在算法设计中携带某些歧视，就极有可能对社会公正发展产生不利影响。

4. 生成式人工智能的挑战

在生成式人工智能的神奇力量之下，伴随着的是巨大的挑战，主要体现在信息的真实性、数据的隐私、决策的公正性等方面。首先，就数据真实性而言，由于生成式人工智能具有创建逼真文本、图像甚至视频的能力，因此一定程度上催生了假新闻、深度伪造等问题，人工智能生成的假数据、诈骗电话等层出不穷，人工智能技术被滥用，如不加以管控，可能会对人们的信任、社会的稳定产生深远影响。其次，生成式人工智能的训练依赖大量的数据，这将引发数据隐私问题，若泄露模型训练过程中的敏感数据，将对使用者的隐私权益构成威胁。再次，生成式人工智能在决策制定中的角色也会引发伦理挑战。例如，在招聘过程中，如果使用人工智能进行简历筛选或候选人评估，是否会因为人工智能的潜在偏见而导致不公平？在医疗领域，如果让人工智能进行诊断或治疗建议，那么谁应该对可能的误诊或错误建议负责？最后，生成式人工智能在人工智能未来的发展中还存在道德风险问题。那么，随着技术的进步，人类是否会过度依赖人工智能，而导致可能丧失一些基本的社会和认知技能……

尽管生成式人工智能的崛起开启了无尽的可能性，但必须正视并解决伴随其出现的伦理挑战，确保人工智能的公平性、透明度和责任性，只有这样，才能充分发挥生成式人工智能的力量，并最大限度地降低其可能带来的负面影响。

7.6.2　伦理问题的解决途径

随着人工智能技术的发展和应用，人工智能伦理问题已越来越受到人们的重视。人工智能伦理问题涉及诸多方面，需要制定相应的应对策略。

1. 建立合适的法律法规

人工智能伦理问题的应对需要建立符合实际的法律法规。政府和相关行业组织需要制定和完善相关法律法规和伦理规范，明确智能机器人的责任、权利、隐私保护和审查制度等。同时，相关制度的全面宣传和落地，将有利于社会对人工智能伦理问题的认识和应对。

2. 加强人工智能技术的透明度

随着人工智能技术的快速发展，越来越多的相关技术应用在社会领域中，带来了巨大的利益，但也带来了一定的风险。人工智能技术只有健康、稳定和可控才能真正服务社会，并获得大众的信任与认可。提高技术的透明度是一个很好的选择，通过透明度的提高加强对人工智能算法的解释和预测效果的能力，减少技术使用的风险，增强社会的信任度。

3. 加强智能机器人的安全性与隐私保护

人工智能系统在使用过程中会出现各种安全和隐私问题，为了避免这些问题的出现，需要加强智能机器人的安全性和隐私保护。对于人工智能算法和应用技术的测试和保护，有必要建立完善的安全机制，以确保机器人的安全性、机密性和可用性，严查安全漏洞、黑客攻击和隐私泄露等问题。智能机器人的隐私保护同样也应得到重视，为避免大面积数据泄露，应加强对大数据安全性和隐私性的加密及防护措施。

4. 促进人与机器的协作

人工智能系统作为工具与人合作，可以取代人类完成一些复杂或危险的任务，提高社会效率，缩短工作时间和降低经济成本。但人工智能的使用也必须在人类的掌控之下。唯有强化人工智能机器人与人类的互信，做好协作与交流，让人工智能从概念上就与传统的机器有所区别，这也是人工智能技术应对伦理问题的有效途径。人工智能机器人也必须自主提供人与技术相互协作的接口，允许用户根据自己的偏好和需求使用。

【实训任务】

人类探索未知的脚步永远不会停下，而眼下，人工智能无疑是全球范围内最火热的"风口"，它已经成为国际社会竞争的新焦点，商业巨头角逐的新战场。

设想，如果将来你考虑从事人工智能行业，请从人工智能行业思考自身需要具备哪些过硬的理论知识。

【单元测试】

一、选择题

1. 人工智能是一门（　　　）。

A. 数学和生理学学科　　　　　　　　　　B. 心理学和生理学学科

C. 语言学学科   D. 综合性的交叉学科和边缘学科

2. 人工智能的目的是让机器能够（   ），以实现某些脑力劳动的机械化。

    A. 具有完全的智能   B. 和人脑一样考虑问题

    C. 完全代替人   D. 模拟、延伸和扩展人的智能

3. 人工智能诞生于（   ）。

    A. 达特茅斯   B. 伦敦   C. 纽约   D. 拉斯维加斯

4. 关于人工智能，下列叙述中不正确的是（   ）。

    A. 人工智能与其他科学技术相结合，极大地提高了应用技术的智能化水平

    B. 人工智能是科学技术发展的趋势

    C. 人工智能是 20 世纪 50 年代才开始的一项技术，还没有得到应用

    D. 人工智能有力地促进了社会的发展

5. 以下（   ）不是人工智能发展过程中的重要事件。

    A. 1950 年"图灵测试"的提出   B. 1980 年专家系统的诞生

    C. 1997 年"深蓝"战胜国际象棋世界冠军   D. 2010 年苹果第四代手机 iPhone 4 发布

6. 下列中不属于人工智能学派的是（   ）。

    A. 符号主义   B. 机会主义   C. 行为主义   D. 连接主义

7. 下列中不属于人工智能技术应用领域的是（   ）。

    A. 搜索技术   B. 数据挖掘   C. 智能控制   D. 编译原理

8. 家里扫地机器人具有自动避障、自动清扫等功能，这主要体现了（   ）。

    A. 数据管理技术   B. 人工智能技术   C. 网络技术   D. 多媒体技术

9. 下列中不属于专家系统组成部分的是（   ）。

    A. 知识库   B. 推理机   C. 综合数据库   D. 用户

10. （   ）人工智能科学技术奖，是为了奖励我国人工智能领域有成就和创新的个人或项目而设立的，共设有科学技术成就奖、科学技术创新奖和科学技术进步奖，从 2011 年开始，每年评奖一次。

    A. 华罗庚   B. 吴文俊   C. 苏步青   D. 陈景

二、简答题

1. 想一想，人工智能从会学习、会行动到能思考、能应变，两种不同的智能水平可能带来的人类工作、生活的巨大变化。我们和机器怎么协同共处？

2. 结合本单元学习的内容，查阅相关资料，思考并针对人工智能产业结构、人工智能在行业的典型应用场景等主题展开小组讨论，可选择一个应用领域向全班同学讲解、展示。

3. 结合自己所学的专业，查阅相关行业资料，思考：该行业未来需要人工智能训练师吗？在哪些具体工作领域有需求？

单元 8

体验人工智能编程语言 Python

【学习目标】

知识目标：

1. 了解程序设计的基本理念。

2. 理解算法的概念，认识当前主流的程序设计语言。

3. 了解 Python 的基本概念，熟悉常用的 Python 开发环境。

4. 掌握 Python 编程的基础规范。

5. 理解 Python 的数据类型，掌握程序设计的基本结构。

6. 了解函数的概念。

技能目标：

1. 能够熟练使用 Python 的开发环境。

2. 能够用 Python 表达式表达实际问题，具有设计程序解决简单应用问题能力。

3. 能够用 Python 表达式表达实际问题中的各种条件，具有解决分支结构、循环结构等的程序设计能力。

4. 能够基于具体问题设计简单的程序。

素养目标：

1. 养成善于思考、深入研究的良好自主学习的习惯和创新精神。

2. 培养结构化程序设计思想和良好的编码习惯。

3. 培养细致缜密的工作态度、团结协作的良好品质，以及良好的沟通交流和书面表达能力。

4. 养成爱岗敬业、遵守职业道德规范、诚实、守信的高尚品质。

【思维导图】

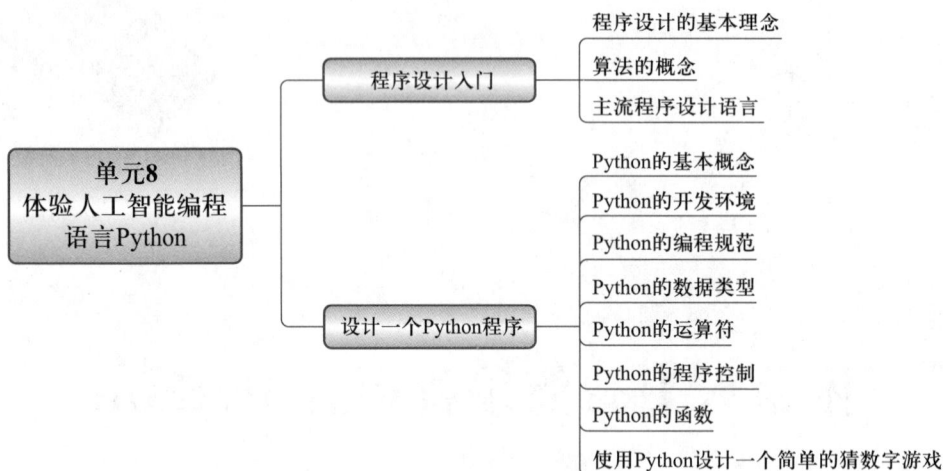

图 8-1　单元 8 知识图谱

【案例导入】

近年来，伴随着人工智能的浪潮，互联网行业迅猛发展，国家陆续出台了一系列的鼓励、支持政策，使编程教育更加普及。

2016 年 6 月，教育部印发《教育信息化"十三五"规划》通知，把信息化教学能力纳入学校办学水平考评体系，信息化教学即计算机技术（含编程）首次进入了国家教育政策的视野。2017 年 7 月，国务院发布《新一代人工智能发展规划》，提出在中小学阶段推广编程，将人工智能上升为国家发展战略。2018 年 4 月，教育部发布《教育信息化 2.0 行动计划》，提出完善编程课程的相关要求，以充实适应信息时代、智能时代发展需要的人工智能和编程课程内容。2019 年 3 月，教育部办公厅印发《2019 年教育信息化和网络安全工作要点》，推动在中小学阶段设置人工智能相关课程，逐步推广编程教育。

国家通过政策等形式鼓励、支持编程教育的发展，同时各地政府积极响应并落实普及编程教育，纷纷开设 Python、人工智能、编程类课程等，在众多的编程语言中，Python 凭借其独特的优势，逐步成为最受程序员欢迎的编程语言之一。

8.1　程序设计入门

微课 8-1
程序设计
入门

程序设计是计算机领域从业者的一种基本技能，是通过特定的编程语言和算法，将解决问题的思路转化为计算机能够理解和执行的指令的过程。程序设计的主要目的是实现计算机的自动化和高效化，从而提高生产效率和解决实际问题。

8.1.1 程序设计的基本理念

程序设计是给出解决特定问题的程序的过程，它往往以某种程序设计语言为工具，给出这种语言的程序。进行程序设计时，一般可以从以下几点来了解程序设计的基本理念，把握这几点，才能设计出优秀的程序。

① 易于测试和调试。程序是代码指令（语句）的序列，大型程序的代码动辄十几万行到几十万行不等，当需要测试或调试程序中指定的内容时，如果能快速定位到这些内容，并完成测试与调试任务，就能更好地完成设计工作，提高设计效率。

② 易于修改。程序运行如果出现错误，就需要对代码进行修改，因此在进行程序设计时一定要考虑能够方便修改。

③ 易于维护。与修改程序一样，对程序进行优化等维护时，也是"牵一发而动全身"，因此在进行程序设计时，不仅要考虑易于修改，还要考虑易于维护才行。

④ 设计简单。程序的好坏与逻辑密切相关，优秀的程序不见得内容非常复杂，在设计程序时，应该考虑有没有更简单的解决问题的路径，这样整个程序的设计就会变得更加简单，将更有利于程序的测试、调试、维护与修改等工作。

⑤ 效率高。效率高是指程序运行后发挥的作用非常高效，即解决问题的速度、准确性、稳定性都非常不错。

8.1.2 算法的概念

算法即为解决一个问题而采取的方法和步骤。例如，在日常生活中，当人们需要使用手机在淘宝上购买一件玩具，方法和步骤是：打开淘宝 App →搜索玩具→选择商家→加入购物车→结算→填写收货地址→提交订单→完成付款。这些步骤是按照一定的顺序进行的，缺一不可，只是往往由于人们已经养成了习惯，所以并没有意识到这一桩桩的事件其实都是事先设计好的步骤。就好比将蔬菜放进冰箱时，需要执行三个步骤：第一，打开冰箱门；第二，将蔬菜放进冰箱；第三，关闭冰箱门。所以说，完成任何工作和活动，都需要事先设计好进行的步骤，然后按部就班地进行，才能尽可能地避免出错。在程序设计中，通常把这种为了解决某一个特定的问题而设计出来的方法和步骤称为"算法"。

在计算机中，算法通常是对计算机上执行的运算过程的具体描述，包括数值运算型算法和非数值运算型算法。设计数值运算型算法的目的是针对问题求数值解，例如三角形周长、面积的求解，多元一次方程的求解等；而非数值运算型算法所涉及的面则相对较广，如教学信息管理系统、图书馆信息管理系统等。

然而，针对同一问题，不同的人会有不同的处理方式，这就使得在进行算法设计的过程中，会出现不同的设计方法和步骤。例如，针对数学中的一个经典问题，$S=1+2+3+\cdots+99+100$。有人会采用逐一相加的方式，即先计算 1 加 2，再加 3，依此类推，一直加到 100；有人会观察规律，将 1 和 100 相加，2 和 99 相加，依此类推，50 和 51 相加，每次相加之和为 101，共相加了 50 次；也有人会利用等差数列的求和公式 $S=(a_1+a_n)\,n/2$ 来计算。通过几种计算方法的比较可知，在面对同一问题时，解决的方法亦有优劣之分。这就要求人们在设计算法时，不仅要保证算法运算的正确，还要充分考虑算法的质量，这样才能设计出精简、高效的算法。

通常，一个有效的算法，应该具有以下 5 个特性。

（1）有限性

一个算法必须能在执行有限个步骤之后终止，且每一步都必须在有限时间内完成。例如，针对求和，必须设定一个求和的上限，即加到哪个数之后停止。若无上限，则程序会一直累加下去而无法停止。

（2）确定性

对于每种情况下所应执行的操作，在算法中都有确切的规定，不会产生二义性，使算法的执行者或阅读者都能明确其含义及如何执行。例如，在游戏环节，老师喊大家做一个动作——举起手摸自己的耳朵，这时你会发现，不同的人完成的动作各不相同，有的人用左手摸左耳朵，有的人用右手摸右耳朵，也有的人用双手去摸耳朵，还有的人可能愣在那里什么都没有做……因为这个动作本身就是不明确的。

（3）可行性

算法中的所有操作都应该能有效执行，一个不可执行的操作是无效的。例如计算两数相除时，如果被除数为 0，则该操作就是无效的，因此在设计算法时，应尽量避免这种操作。

（4）输入

一个算法应该有零个或多个输入，输入的多少取决于具体的问题。例如在求 $S=1+2+3+\cdots+n$ 的累加之后时，需要输入一个 n 值；在比较 a 和 b 两数的大小时，则需要输入 a、b 两个数的值。

（5）输出

一个算法有一个或多个输出，它们是算法最终求解的结果，无输出的算法没有任何意义。

8.1.3　主流程序设计语言

程序设计语言从最初的机器语言、汇编语言，到现在的高级语言、非过程化语言，经历了无数次改进和发展。就目前而言，主流的程序设计语言主要有以下几种。

1. C 语言

C 语言是一门通用的计算机编程语言，它是一切高级语言开发的鼻祖，后来所有的语言都是在 C 语言的基础上进行开发和加工的，如 C#、Java、C++、Python 等。C 语言的设计目标是以简易的方式编译、处理低级存储器、产生少量机器代码以及不需要任何运行环境支持就可以运行的编程语言，因此其应用范围非常广泛，目前主要用于嵌入式开发。

2. C++

C++ 是在 C 语言的基础上发展起来的，它是 C 语言的延伸，并进一步扩充和完善了 C 语言的功能，成为一种面向对象的计算机程序设计语言。它是一种静态数据类型检查的、支持多重编程范式的通用程序设计语言。它支持过程化程序设计、数据抽象、面向对象程序设计、泛型程序设计等多种程序设计风格。

3. Java

Java 也是一门面向对象编程语言，它不仅吸收了 C++ 语言的各种优点，还摒弃了 C++ 中难以理解的多继承、指针等概念，因此 Java 语言具有功能强大和简单易用两个特征。Java 语言作为静态面向对象编程语言的代表，极好地实现了面向对象理论，允许程序员以优雅的思维方式进行复杂的编程。

Java 具有简单性、面向对象、分布式、健壮性、安全性、平台独立与可移植性、多线程、动态性等特点，可以编写桌面应用程序、Web 应用程序、分布式系统和嵌入式系统应用程序等。

4. PHP

PHP（Page Hypertext Preprocessor，页面超文本预处理器）是一种通用开源脚本语言。语法吸收了 C、Java 等语言的特点，利于学习，使用广泛，主要适用于 Web 开发领域。用 PHP 做出的动态页面与其他的编程语言所做的相比，执行效率要提高很多。

5. Python

Python 是一种高级、解释型的编程语言，具有丰富和强大的库，常被称为"胶水语言"，能够把用其他语言制作的各种模块（尤其是 C 和 C++）很轻松地连接在一起。常见的一种应用情形是，使用 Python 快速生成程序的原型（有时甚至是程序的最终界面），然后对其中有特别要求的部分，用更合适的语言改写，例如 3D 游戏中的图形渲染模块，性能要求特别高，就可以用 C 或 C++ 重写，而后封装为 Python 可以调用的扩展类库。

凭借其简单易学、高效实用、开放共享，且应用广泛等优势，Python 俨然成为人们学习和使用编程语言的首选之一。近日，TIOBE 公布了 2023 年 5 月编程语言排行榜，Python 荣登榜首，累计四次成为 TIOBE 年度编程语言，如图 8-2 所示。

May 2023	May 2022	Change	Programming Language	Ratings	Change
1	1		Python	13.45%	+0.71%
2	2		C	13.35%	+1.76%
3	3		Java	12.22%	+1.22%
4	4		C++	11.96%	+3.13%
5	5		C#	7.43%	+1.04%

图 8-2　2023 年 5 月 TIOBE 编程语言排行榜

【拓展阅读】

Python 的起源及发展

（1）生于 1991 年，计算机语言中的"元老"级前辈

每一种编程语言的发明，大多源于人们对现有计算机语言的不满意，Python 的诞生也是如此。Python 语言的发明者 Guido van Rossum（吉多·范·罗苏姆）设计 Python 的初衷是觉得当时市面上的编程语言要么语法复杂、学习成本高，要么功能不够强大。在这样一个背景下，他开始了 Python 的开发，并于 1991 年发布了第一个 Python 编辑器。从此，人类又增加了一种"Hello World"的语言方式，Guido van Rossum 也因此被称为 Python 之父。

Python 的诞生甚至要比 Java 还早 4 年，可谓是编程语言界的"元老"了！

（2）Python 的发展壮大

Python 之所以有如今这么强大的功能，除了发明者的功劳外，也离不开千千万万的程序爱好者。20 世纪 90 年代初期，Guido van Rossum 慷慨地将 Python 源代码开放给所

有人，这一举措不仅吸引了全球各地的开发者加入，也让 Python 语言的管理工作不断走向规范化。

　　Python 在大家的精心"养育"下，不断茁壮成长，其应用领域也从最初的系统管理和科学计算等领域，扩展至 Web 开发、数据分析和人工智能等领域。如今，Python 语言已成为机器学习、深度学习和大数据分析领域的主流语言之一。随着 Python 语言的不断发展和演进，未来它将有更加广阔的空间。

8.2　设计一个 Python 程序

微课 8-2
认识 Python

　　要设计一个程序，需要确定程序所涉及的数据类型和数据格式等。本节以 Python 语言为例，介绍 Python 编程的基础语法。

8.2.1　Python 的基本概念

　　Python 是一种非常流行的解释型开源编程语言，具有简单易学、免费开源、类库丰富、可扩展、可移植、可嵌入、面向对象等特点，它的面向对象甚至比 Java 和 C# 更彻底。作为一种通用型语言，Python 支持更加广泛的应用程序开发，可被应用于任何领域和场合，包括文字处理、数据分析、Web 应用和游戏开发等。在百度、阿里、腾讯、网易、搜狐等各大知名企业里，Python 的企业需求逐渐上升，各公司都在大规模使用 Python 完成各种开发任务。

8.2.2　Python 的开发环境

　　Python 本身也是由诸多的其他语言发展而来的，包括了 ABC、Module-3、C、C++、Algol-68、SmallTalk、UNIX Shell 和其他的脚本语言等。

　　学习 Python 需要有编译 Python 程序的软件，通常在 Python 官方网站下载对应的 Python 版本即可。目前，Python 官方网站发行的主流版本为 Python 2.x 和 Python 3.x 两个不同系列的版本，这两个系列的版本之间在很多用法上是互不兼容的，如基本输入输出方式不同，很多内置函数和标准库对象的用法等均存在较大的差异。相较于 Python 2.x，Python 3.x 删除了一些标准库，也新增了很多 Python 2.x 没有的标准库，同时还对 Python 2.x 的标准库进行了一定程度的拆分或合并。除此之外，在扩展库的使用方面，Python 2.x 和 Python 3.x 之间也存在着很大的差别。这就需要人们在正式开始使用 Python 之前，必须依据需求选择合适的 Python 版本，以免浪费时间。

　　然而，本书在开发环境的选择上，不太支持大家，尤其是初学者选用官方版本的开发环境，一是因为官方版本的开发环境过于简陋，对于初学者而言会是一个陌生的状态，且操作不便。二是因为直接安装 Python，在后期需要使用一些第三方库时，需要执行 pip install 命令一个一个地安装各种库，操作起来比较麻烦，且还需要综合考虑 Python 不同版本之间的兼容性。因而本书推荐使用的 Anaconda，可以较好地解决以上问题。

　　首先 Anaconda 是 Python 的一个发行版，它是一个基于 Python 的数据处理和科学计算平台，内置了许多非常有用的第三方库。安装了 Anaconda，就相当于把 Python 和一些如数据分析领域会使用的 NumPy、SciPy、Pandas、Matplotlib 等常用的库自动安装好了，这就使得其安装比常规的 Python 安装要容易，且可极大地方便用户进行 Python 语言的开发，如调试、智能提示、自动补全代码等，方便用于编写和运行代码，提高工作效率。其次，鉴于 Python 2.x，Python 3.x 不兼容的问题，Anaconda 完美地解决了 Python 2 和 Python 3 的共存问题，可方便用户根据开发、调试的需要，轻松实现版本的切换。因此，本书涉及的代码均基于 Anaconda 的 Jupyter Notebook 来实现。

8.2.3　Python 的编程规范

Python 程序讲究优雅、简洁，这就要求人们在编写 Python 程序的过程中，遵循良好的编程规范，一段优美的 Python 代码，不仅可以有效地提高程序代码的可读性，降低出错概率和维护难度。同时，符合编程规范的程序有助于他人阅读与再次修改、开发。

1. 代码布局

代码布局通常指 Python 代码的外观和组织结构，它对代码的可读性和可维护性有很大的影响，通常在布局过程中可遵循如下布局规范。

① 缩进。缩进是 Python 特有的语法规则，Python 通过强制缩进的方式来展现代码的结构，确保用户写出来的代码条理清晰，可读性强。实现代码的缩进可以使用空格键，也可以使用 Tab 键，建议使用 Tab 键。同一层级的代码要求相同的缩进，下一层级的代码相对于上一层级的代码再进行缩进，一般情况下，使用 4 个空格（即按一次 Tab 键）作为缩进级别。如果不该缩进的地方缩进了，或是该缩进的地方没有缩进，运行程序时系统会自动报错，如图 8-3~ 图 8-6 所示。

```
print('Hello!')
print('world!')

Hello!
world!
```

图 8-3　同一级别代码严格对齐

```
print('Hello!')
    print('world!')

  File "<ipython-input-3-bfb485cf8276>", line 2
    print('world!')
    ^
IndentationError: unexpected indent
```

图 8-4　不该缩进时缩进

```
a,b = 1,2
if a>b:
    print(a)
else:
    print(b)

2
```

图 8-5　不同级别代码需缩进

```
a,b = 1,2
if a>b:
print(a)
else:
    print(b)

  File "<ipython-input-5-54af438d4ed6>", line 3
    print(a)
    ^
IndentationError: expected an indented block
```

图 8-6　该缩进时未缩进

② 引号的使用。字符串引号支持单引号或双引号，二者之间没有区别，但是不建议混用。

③ 分号的使用。尽量避免一行写多条语句，不要在每一行的行尾添加分号。

④ 换行。每一行代码的长度一般不超过 80 个字符，如遇代码过长，可以使用“\”换行显示。

2. 命名规范

命名规范是 Python 代码中最基本的规范之一，它对代码的可读性和可维护性有很大的影响。常用的命名规范如下。

① 变量名应该尽量简短，且不使用下画线。例如：num。

② 常量名应该全部大写，可以在单词之间使用下画线。例如：MAX_SIZE。

③ 函数名应该全小写，如果需要，可以使用下画线分隔单词。例如：my_function。

④ 类名应该采用驼峰式命名法，即单词首字母大写，不使用下画线。例如：MyClass。

⑤ 模块名应简短，全小写，且不使用下画线，如：module。

3. 注释规范

注释是 Python 代码中用于解释代码意图和用途的重要元素之一，它对代码的可读性和可维护性有很大的影响，添加程序代码注释是规范编程的一个好习惯。注释在程序运行时不会被执行，在 Python 中的注释分为单行注释和多行注释。

① 单行注释。在 Python 中，使用"#"作为单行注释的标示符号，从符号"#"开始直到换行为止，后面的所有内容都是注释的内容。

② 多行注释。在 Python 中，没有单独的多行注释标记，而是将需要注释的多行代码包含在三个单引号或三个双引号之间。

4. 使用必要的空格与空行

使用必要的空格与空行可以增强代码的可读性。一般来说，运算符两侧、函数参数之间、逗号后面建议使用空格进行分隔。而不同功能的代码块之间、不同的函数定义以及不同对的类定义之间则建议增加一个空行以提高程序的可读性。

8.2.4　Python 的数据类型

微课 8-3
Python 的
数据类型和
运算符

Python 是一种动态类型语言，这意味着在运行时变量的类型可以更改。Python 中有多种数据类型，每种类型都具有不同的特征和用途。

1. 数字类型

数字数据类型用于存储数值，Python 支持以下 3 种数值类型。

① 整型（int）。整型数据类型被表示为 'int'，Python 可以处理任意大小的整数，包括正整数、负整数和零，如 1，100，–500。

② 浮点型（float）。浮点型数据类型被表示为 'float'，由整数和小数组成，包括正浮点数、负浮点数和零，如 1.0，3.14，–2.5。

③ 复数（complex）。复数数据类型被表示为 'complex'，由实数部分和虚数部分组成，一般形式为 x+yj，其中 x 是复数的实数部分，y 是复数的虚数部分，如 2.14j，1+2.3j。

2. 布尔类型（bool）

布尔值数据类型被表示为 'bool'，它是一种比较特殊的类型，只有两个取值：True（真）和 False（假）。布尔值通常用于控制程序的流程，以判断条件是否为真或假，如 1>2 会返回 False，而 2 > 1 会返回 True。

3. 字符串（str）

字符串数据类型被表示为 'str'，它可以是用单引号或双引号括起来的任意文本，如 'ab'，"world" 等。

4. 列表（list）

列表数据类型被表示为 'list'，它是一组用方括号括起来包含 0 个或多个元素的有序序列，属于序列类型。列表的长度和内容都是可变的，可自由对列表中的元素进行增加、删除或替换。同时列表没有长度限制，元素类型可以不同，可以同时包含整数、实数、字符串等基本类型，也可以是列表、元组、字典、集合以及其他自定义类型的对象，使用非常灵活。例如，[1,2,3]，[2, 'b', 2.8]，[True, False, True]，[1, [1,2,3], 3.7] 等都是列表。

5. 元组（tuple）

元组数据类型被表示为 'tuple'，它与列表类似，不同之处在于不能修改元组的元素，这使得它们更适合用作常量数据；同时元组使用圆括号包含元素，而列表使用方括号包含元素。例如，(1,2,3)，('a','b','c') 等都是元组。

6. 字典（dict）

字典数据类型被表示为 'dict'，它是 Python 中常用的一种数据存储结构，由"键–值"对组成，这些"键–值"对用一对大括号括起来，每个"键–值"对称为一个元素，每个元素表示一种映射或对应关系。在字典中，"键"可以是 Python 中任意不可变数据，如整数、实数、复数、字符串、元组等类型，但不能使用列表、集合、字典或其他可变类型作为字典的"键"；而"值"可以取任意数据类型。在字典中的"键"必须是唯一的，而"值"可以重复。例如，{'name': 'John', 'age': 26, 'gender': 'male'} 就是一个字典。

7. 集合（set）

集合数据类型被表示为 'set'，它是用大括号括起来的包含 0 个或多个数据项的无序组合。集合中的元素不允许重复，这意味着可以使用集合类型过滤掉重复元素。

8.2.5　Python 的运算符

运算符用于连接表达式中各种类型的数字、变量等操作数，其作用是指明对操作数所执行的运算类型。Python 支持多种类型的运算符，见表 8-1。

表 8-1　Python 语言中的运算符

类型	运算符	说明
算术运算符	+、-、*、/、%、//、**	用于各类数值运算。其中，% 返回除法运算的余数；// 返回商的整数部分；x**y 则返回 x 的 y 次幂
赋值运算符	=	简单赋值，用于给变量赋值
	+=、-=、*=、/=、%=、//=、**=	复合赋值，用于给变量赋值
关系运算符	==、! =、>、>=、<、<=	用于比较运算符两侧的值，结果为布尔值
逻辑运算符	and、or、not	用于逻辑运算
成员运算符	in、not in	判断一个元素是否在一个序列中
身份运算符	is、is not	判断两个变量的引用对象是否相同
位运算符	&、|、^、~、<<、>>	用于进行二进制位的运算

8.2.6　Python 的程序控制

程序设计需要利用流程实现与用户交流，根据用户的需求来决定做什么、怎么做。因此，掌握程序控制对学习任何一门编程语言都是至关重要的，它可以为用户提供程序运行的方法。Python 中的程序控制主要包括选择分支和循环。

微课 8-4
Python 的程
序控制

1. 选择分支

生活中，人们经常需要做出各种各样的选择，如网上预约商品，若成功，则可以抢购；登录某一网站，当用户名和密码输入正确时，可成功登录，否则，提示登录失败；等等。这些生活中的应用实例，均可通过编写程序来实现，整个程序的实现过程中需要用到 if 语句。在 Python 中，if 语句有三种结构，分别为单分支、双分支和多分支。

（1）if 语句单分支

if 语句单分支的语法结构为：

if 表达式：

　　语句块

具体的执行流程为：如果表达式的值成立，则执行语句块；否则，跳过语句块，继续执行后面的语句。具体示例代码如下。

```
age = 30
if age >=18 :
  print ( " 已成年 " )
```

该代码中，age 的值为 30，满足判断条件，输出"已成年"。若 age 的值为 16，则跳过该语句。

（2）if 语句双分支

if 语句双分支的语法结构为：

if 表达式：

　　语句块 1

else：

　　语句块 2

具体的执行流程为：如果表达式的值成立，执行语句块 1；否则，执行语句块 2。具体示例代码如下。

```
age = 30
if age >=18 :
  print ( " 已成年 " )
else :
  print ( " 未成年 " )
```

该代码中，age 的值为 30，满足判断条件，输出"已成年"；若 age 的值为 16，则不满足判断条件，输出"未成年"。

（3）if 语句多分支

if 语句多分支的语法结构为：

if 表达式 1：

　　语句块 1

elif 表达式 2：

　　语句块 2

……

```
elif 表达式 n：
    语句块 n
else :
    语句块 n+1
```

具体执行流程为：依次求解表达式 i 的值，如果表达式 i 的值为真，则执行与其对应的语句块 i，跳过剩余的语句块；如果所有表达式的值都为假，则执行最后一个 else 后面的语句块 n+1。具体示例代码如下。

```
score=int（input（"请输入百分制成绩："））      # 输入分数 score 并将其转换为整数
if score>100 or score<0：                      # 当分值不合理时显示出错信息
    print（"输入数据错误"）
elif score>=90：               # 当成绩大于或等于 90，小于或等于 100 时，输出"优"
    print（"优"）
elif score>=80：               # 当成绩大于或等于 80，小于 90 时，输出"良"
    print（"良"）
elif score>=70：               # 当成绩大于或等于 70，小于 80 时，输出"中"
    print（"中"）
elif score>=60：               # 当成绩大于或等于 60，小于 70 时，输出"及格"
    print（"及格"）
else：                         # 以上条件都不满足
    print（"不及格"）          # 输出不及格
```

该代码根据输入的成绩，决定显示的成绩等级，具体显示规则见表 8-2。

表 8-2　成绩百分制与五级制的对照表

百分制	五级制	百分制	五级制
score>100 或 score<0	错误	70=<score<80	中
90=<score<=100	优	60=<score<70	及格
80=<score<90	良	score<60	不及格

2. 循环

生活当中，人们经常会遇到各种各样需要重复做的事情。例如，每周从周一开始到周日，每年从 1 月开始到 12 月，等等，如此循环往复，年复一年。在 Python 中，类似这种重复做的某件事情，可以使用循环语句来实现。Python 提供了 while 循环和 for 循环来处理循环问题。

（1）while 循环

while 循环的语法结构为：

```
while 判断条件：
    语句块        # 循环体
```

具体执行流程为：当判断条件为真时，执行循环体，接着再次判断条件是否为真，如果为真，继续执行循环体；如此反复，直到判断条件为假时结束循环，执行 while 语句后的下一条语句。具体示例代码如下。

```
count = 0
while count < 10 :
  print ( " 当前计数 : ", count )
  count += 1
```

该代码中，会循环打印出数字 0~9，直到 count 的值变为 10，结束循环。

（2）for 循环

for 循环的语法结构为：

for 变量 in 序列：

　　语句块

while 循环的使用非常灵活，基本能够满足循环结构程序设计的需要，但是如果变量的变化范围可以用序列来描述时，使用 for 循环语句会更加合适。

for 循环语句的执行流程为：首先需要定义序列对象，然后将序列对象的每个元素赋给目标变量，对每一次赋值都执行一遍循环体语句。当序列被遍历完毕之后，循环则停止。在具体的使用过程中 for 循环语句经常会与 rang( ) 函数一起使用。rang( ) 函数是 Python 的内置函数，用于创建一个整数列表。该函数的语法为：

rang（[start,], stop, step）

参数说明：

start 为计数初值，默认从 0 开始，即 rang（5）等价于 rang（0,5）。

stop 为计数结束值，但该值不可取，即 rang（5）是 [0,1,2,3,4]。

step 为计数步长，默认为 1，即 rang（0,5）等价于 rang（0,5,1）。

使用 for 循环语句打印输出数字 0~9 的代码如下。

```
for i in rang (10):
    print (i)
```

可见，当循环控制变量为一个可迭代的对象时，使用 for 循环将会具有明显的优势。

8.2.7　Python 的函数

微课 8-5
Python 的
函数

在程序设计中，有很多操作是完全相似的，只是处理的对象不同，遇到这种情况比较好的做法是将反复用到的某些程序写成函数，当需要时调用该函数，以提高程序的模块化和代码的复用率。Python 提供了很多内置函数（如输入函数 input( ) 和输出函数 print( ) 等）和标准库函数（如 math 库中的 sqrt( ) 函数），除此之外，用户还可以结合自己的实际需求编写函数，称为自定义函数。

1. 内置函数

Python 之所以受欢迎，是因为它提供了很多功能强大的内置函数，这些内置函数调用起来非常方便。本书主要介绍输入函数 input( ) 和输出函数 print( )。

（1）输入函数 input( )

input( ) 函数用于获取用户通过键盘输入的字符，当程序运行至 input( ) 函数时，将暂停运行，等待用户输入数据，当获取用户输入后，Python 将其以字符串的形式存储在一个变量中，以方便后面使用。其具体使用格式为：

input（[提示字符串]）

其中，括号中的提示字符串是可选项。

具体示例为：

```
Password = input ("请输入密码：")
```

运行程序后，当用户看到提示"请输入密码："时，程序将暂停，等待用户输入，并在用户按 Enter 键后继续运行，并将输入的内容存储在变量 Password 中。

（2）输出函数 print（）

print（）函数用于将一个或多个对象输出到控制台或文件中。可以输出字符串、数字、变量、列表、元组等多种类型的数据。其具体使用格式为：

print（str）

其中，参数 str 表示要输出的内容，可以是字符串，也可以是变量。输出字符串时，可用单引号或双引号括起来；输出变量时，可不加引号，若为变量与字符串同时输出或多个变量同时输出时，需用","隔开各项。具体示例为：

```
print ("Hello world!")
```

运行程序后，控制台可显示字符串"Hello world!"。

2. 标准库函数

Python 标准库是 Python 语言自带的一系列模块和函数库，是 Python 开发人员日常开发中使用的重要资源，包含了丰富的工具和函数，可以减少程序员的工作量，提高开发工作效率。以 math 模块为例，该模块是 Python 中用于数学计算的标准库，提供了一系列的数学函数和常数，方便用户快速地进行数学计算，只是使用之前需先导入该模块。具体导入代码如下。

```
import math
B = math.sqrt (9)
```

运行程序后，可调用 math 模块的平方根函数，计算 9 的平方根。

3. 自定义函数

在 Python 中，可以根据需要将某些特定功能的代码块提取出来，定义成函数，以便将来在程序中调用。这就是人们所说的自定义函数，它不仅可以解决代码重复的问题，还可以使得代码清晰、易读、易修改。可以使用 def 关键字来定义一个函数，具体的定义方式如下：

def 函数名（[形式参数列表]）：

　　函数体

　　return 返回值

其中，形式参数列表是一个用逗号分隔的变量列表，可以为空。函数体是函数的执行语句块，可以包含多个语句。return 语句可以返回函数的结果，也可以省略。

定义了函数后，就相当于有了一段具有特定功能的代码，要想执行这些代码，需要调用函数，调用函数的形式为：

函数名（[实际参数列表]）

此时，实际参数列表中应给出传入函数内部的具体值。具体代码如下。

```python
def add (a, b):
    return a + b
result = add (2, 3)
print (result)
```

该程序中定义了一个名为 add（ ）的函数，接收两个参数 a 和 b，返回 a + b 的结果。运行程序后，可调用 add（ ）函数，并将返回值赋给 result 变量，并在控制台输出该变量的值。

8.2.8 使用 Python 设计一个简单的猜数字游戏

1. 提出问题

使用 Python 设计一个简单的猜数字游戏，在游戏开始时，程序会随机生成一个 1 到 100 之间的整数，然后玩家需要猜测这个整数是多少。玩家每次猜测一次后，程序会给出相应的提示。如果猜测的数字比生成的数字小，程序会提示"猜小了，请重试！"如果猜测的数字比生成的数字大，程序会提示"猜大了，请重试！"如果猜测的数字恰好等于生成的数字，程序会输出"恭喜你，猜对了！"

2. 分析问题

为了实现这个游戏，需要使用 Python 的 random 模块。它提供了生成随机数的函数 randint（ ）。同时，还需要使用 Python 的基本语法，如 if-else 语句和 while 循环等，对猜测的数字进行判断，直到猜到系统预先生成的数字。

3. 解决问题

该游戏的代码实现如下：

```python
import random
number = random.randint (1, 100)
guess = int (input ("请输入 1-100 之间的整数 :"))
while guess != number :
  if guess > number :
    print ("猜大了，请重试！")
  else :
    print ("猜小了，请重试！")
  guess = int (input ("请输入 1-100 之间的整数 :"))
print ("恭喜你，猜对了!")
```

运行程序后，程序会随机生成一个 1 至 100 之间的随机整数，然后要求用户输入一个数进行猜测，并根据用户输入的数给出相应的提示，如果猜对了，则提示"恭喜你，猜对了！"，如图 8-7 所示。

希望通过这个简单的例子能够让大家了解 Python 的基本语法，并且体验编写一个简单程序的乐趣。还想设计更多有趣的游戏吗？赶快来动手试一试吧！

```
import random
number = random.randint(1, 100)
guess = int(input("请输入1-100之间的整数："))
while guess != number:
    if guess > number:
        print("猜大了，请重试！")
    else:
        print("猜小了，请重试！")
    guess = int(input("请输入1-100之间的整数："))
print("恭喜你，猜对了！")
```

请输入1-100之间的整数：90
猜大了，请重试！
请输入1-100之间的整数：80
猜大了，请重试！
请输入1-100之间的整数：70
猜小了，请重试！
请输入1-100之间的整数：75
猜小了，请重试！
请输入1-100之间的整数：78
恭喜你，猜对了！

图 8-7　猜数字游戏代码运行示例

【拓展阅读】

早期编程发展史

1942 年，人类历史上第一台电子计算机——阿塔纳索夫 - 贝瑞计算机诞生。这是一台名副其实的"计算"机，只能用来解线性方程，而不能编程。

一直到 1946 年，ENIAC 问世，这个重达 31 t 的大家伙，成为世界上第一台需要程序驱动的通用计算机，由此便有了程序和编写程序的程序员。

最初的编程语言被称为机器语言，大概是因为 0 和 1 是直接能被计算机读懂的语言。当时的程序员编程只需要输入 0 和 1 两个数字即可。看似简单，实则十分令人恼火，不但容易出错，且难以发现错误在哪，就好似把盐粒和味精混合到一起，让你挑出来混进去的一粒白砂糖。

于是，便有了汇编语言。其特点是用英文缩写的助记符来表示基本的计算机操作，如 LOAD、MOVE 等。如此一来，计算机就更易于使用了。毕竟，识别几百、几千个单词要比记住成百上千种 0 和 1 的组合简单多了。

不过，汇编语言只是将机器语言做了简单的编译，所以依然难以移植和推广，读懂代码的设计意图也存在不小的障碍。毫不夸张地说，当时的程序员，能读懂上个月自己写的代码都是一种挑战。对于简单的任务，汇编语言可以胜任。但是随着科技的发展，计算机渗透到了人们工作、生活的更多方面，对于一些复杂的问题，汇编语言就显得力不从心了。

1956 年，FORTRAN 语言被正式推广使用，意味着高级编程语言时代的到来。高级语言允许程序员使用接近日常英语的指令来编写程序。例如，实现一个简单的任务：A+B=C，使用机器语言、汇编语言和高级语言的实现如图 8-8 所示：

	机器语言	汇编语言	高级语言
	0000, 0000, 000000000001	LOAD A	
	0010, 0000, 000000000010	ADD　B	C=A+B
	0001, 0000, 000000010000	STORE C	

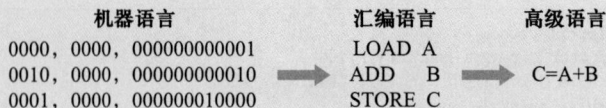

图 8-8　不同编程语言对比

　　从上面这个简单的加法计算，可以看出越是高级语言，越接近人的思维，人使用起来就越方便。计算机编程语言从低级到高级发展的核心是"让编程更容易"，让整个计算机行业越来越低门槛、高效率。

【实训任务】

　　生活中小到简单的计算程序，大到高端复杂的人工智能程序，都需要通过编写代码来实现，这些无不汇聚着每一位程序设计人员的辛勤劳动。设想，如果将来你考虑做一名优秀的程序设计人员，请从程序员必备的技能和职业要求等方面思考自身需要具备哪些过硬的素质。

【单元测试】

一、选择题

1. 下列选项中，不属于程序设计基本理念的是（　　　）。
   A. 易于测试　　　　　　　　　　　　　B. 易于维护
   C. 易于修改　　　　　　　　　　　　　D. 设计复杂避免盗用
2. 下列中不属于 Python 语言特点的是（　　　）。
   A. 易于学习　　　　　B. 开发效率高　　　　C. 可移植性强　　　　D. 运行效率高
3. 被戏称为"胶水语言"的程序设计语言是（　　　）。
   A. C 语言　　　　　　B. C++　　　　　　　C. Java　　　　　　　D. Python
4. 在 Python 中，输出变量 a 的正确写法是（　　　）。
   A. print a　　　　　　B. print（a）　　　　　C. print "a"　　　　　D. print（"a"）
5. Python 中的单行注释以（　　　）开始。
   A. #　　　　　　　　B. //　　　　　　　　C. """　　　　　　　D. '''
6. 下列选项中，属于 Python 程序设计语言中取整除的算术运算符是（　　　）。
   A. /　　　　　　　　B. %　　　　　　　　C. //　　　　　　　　D. **
7. 下列中关于 Python 的说法，错误的是（　　　）。
   A. Python 是从 ABC 发展起来的
   B. Python 源程序需要编译和连接后才可生成可执行文件
   C. Python 是开源的，它可以被移植到许多平台上
   D. Python 是一门高级的计算机语言

8. 下列领域中，（   ）不是 Python 的主要应用领域。

A. Web 应用开发   B. 科学计算

C. 操作系统管理   D. 3D 游戏开发

9. 下列程序运行后的结果是（   ）。

```
i = 2
j = -3
if j < 0:
  i = -1
else:
  i = 0
print(i)
```

A. 2   B. 3   C. -1   D. 0

10. 下列程序运行后的结果是（   ）。

```
i = 1
while i<105:
  i = i+2
print(i)
```

A. 103   B. 104   C. 105   D. 107

二、简答题

1. 简述程序的基本结构。

2. 简述 Python 的特点及应用领域。

3. 简述 Python 的数据类型。

三、编程题

1. 编写程序，输出如下语句。

你好，这是我的第一个 Python 程序。

2. 编写程序，实现输入用户的姓名、年龄和专业，并用 print( ) 函数输出。

3. 编写程序，实现从键盘输入长方形的长和宽，算出长方形的周长和面积并输出。

4. 编写程序，实现判断用户输入的账号、密码是否正确。

单元 9

探索人工智能关键技术及其应用

📑【学习目标】

知识目标：

1. 了解人工智能涉及的核心技术及部分算法，包括计算机视觉、语言识别及自然语言处理等。

2. 了解人工智能在互联网及各传统行业中的典型应用，包括交通行业、教育行业及电商行业等。

3. 熟悉人工智能技术的应用流程，了解人工智能技术的常用开发平台。

技能目标：

1. 掌握人工智能技术的常用开发平台、框架和工具，熟悉其特点和适用范围。

2. 能够基于人工智能开发平台完成图像识别、图像搜索等任务。

3. 能够使用人工智能相关技术解决实际问题。

素养目标：

1. 通过人工智能关键技术及其算法思想的学习，培养科学思维，提高分析与解决复杂问题的能力。

2. 通过人工智能在各行业的应用展示，激发学习热情，培养热爱专业、报效国家的家国情怀。

3. 培养追求真理、勇攀科学高峰的责任感和使命感。

【思维导图】

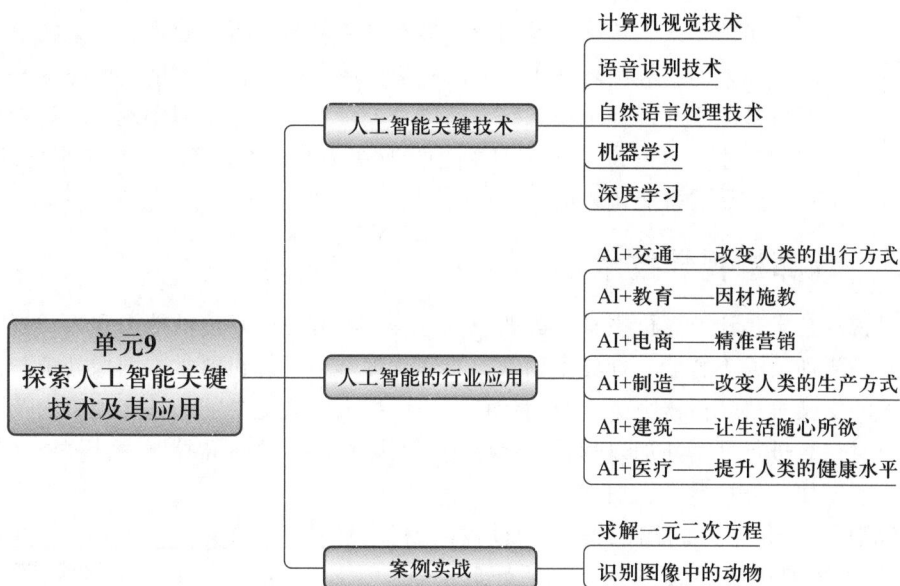

图 9-1　单元 9 知识图谱

【案例导入】

2017 年 10 月 9 日，京东物流官方宣布，已建成全球首个全流程无人仓——上海亚洲一号。这是全球首个正式落成并规模化投入使用的全流程无人物流中心，从入库、储存到包装、分拣，无人仓已经真正实现了全流程、全系统的无人化和智能化，着实让人眼前一亮。京东的这一壮举，对整个物流领域而言都具有里程碑意义，从无人配送车的研发到无人仓的正式建成，短短几年时间里，京东物流以极快的步伐和大胆的创新迅速抢占了人工智能的全新领域，并一举成为新近物流产业的领军者。

京东无人仓是京东在智能化仓储方面的一次大胆创新，其自动化、智能化设备覆盖率达到100%。正式运行之后，京东无人仓的日处理订单能力超过 20 万单，并且实际有效处理了包括"京东 618""双 11"等数额庞大的巨量订单日，其高效快捷可见一斑。

可以想象，当"双 11""京东 618"等海量购物节来临时，京东的智能仓库的员工们可以悠闲地坐在计算机前监测所有机器人的运作情况和状态，在数分钟后便可将上千件货物装配上车送至千家万户。在信息化的时代，无人仓将高效体现到了极致，彰显出了这个时代、这个社会的发展速度。

无人仓的发展，离不开人工智能技术的支撑，在这个科技快速发展的时代，人工智能技术的不断"演化"给人们的生活带来了一次又一次的惊喜，越来越多的智能化设备将不断出现在人们的生活中。未来，人工智能技术将有广阔的发展前景。因此，了解并掌握人工智能关键技术对当代大学生而言具有重要的战略意义。面对人工智能全球化带来的新机遇，唯有改变才能赢得机会。

9.1   人工智能关键技术

微课 9-1
人工智能关
键技术

　　近年来，人工智能技术高速发展，越来越多的无人超市、无人物流、无人加油站、无人酒店等出现在了人们的身边，改善着人们的生活。而在这些巨大改变的背后，离不开计算机视觉、自然语言处理、生物特征识别及语音识别等人工智能关键技术。可以说，在人工智能产业中，技术是连接芯片和应用场景的纽带，决定了产品的智能化程度。

9.1.1   计算机视觉技术

　　计算机视觉技术是让计算机模拟人类的视觉过程，具有感受环境的能力和人类视觉功能的技术。这是一门涉及人工智能、神经生物学、心理物理学、计算机科学、图像处理、模式识别等诸多领域的交叉学科。机器视觉主要用计算机来模拟人的视觉功能，从客观事物及图像中提取信息，再对信息进行处理并加以理解，最终用于实际检测、测量和控制。计算机视觉技术最大的特点是速度快、信息量大、功能多。

　　自动驾驶、机器人、智能医疗等领域均需要利用计算机视觉技术从视觉信号中提取并处理信息。其应用领域非常广泛，包括但不限于人脸识别、图像检索、安防监控、生物识别和智能汽车等。如医疗领域的成像分析技术用来对疾病进行预测、诊断和治疗；人脸识别技术在安防和监控领域用来识别嫌疑人；在购物方面，消费者可以用智能手机拍摄产品以获得更多的购物选择。计算机视觉技术的典型应用场景如图 9-2 所示。

安防	安防布控 视频监控 交通安全 人群分析
医疗	智慧医疗 临床医学 医疗图像特征提取
金融	卡证识别 物体检测 远程业务
手机	图像美化 AR/VR 人脸识别 摄像头优化
交通	车辆对比 辅助驾驶 自动驾驶 视频分析

图 9-2   计算机视觉技术的典型应用场景

　　近年来随着深度学习的发展，预处理、特征提取与算法处理渐渐融合，形成了端到端的人工智能算法技术。计算机视觉系统有五大常见任务，分别是图像分割、物体检测、物体识别、图像描述和语义推理。

　　① 图像分割是指将图像分解成若干特定、具有独特性质的目标区域。例如，用户输入左边这张图片，机器会对其做一些场景上的分割，将图片中的人和汽车区分开来，如图 9-3 所示。

　　② 物体检测是指发现目标并确定其位置。其常见的任务有 3 类：这张图片中是否有××？××的数量是多少？××的位置在哪里？

　　③ 物体识别是在物体检测的基础上，不仅找到对象在哪里，还要确认该对象是什么。物体识别通常由两类常规任务构成：第一类任务是相似检索问题，例如搜索引擎中找相同或相似图像的搜索功能；第二类任务是相似比对问题。

　　④ 图像描述即"看图说话"，由机器来描述照片中的内容，如图 9-4 所示。

　　⑤ 语义推理是五项任务中最难的一项，即挖掘图像或视频内容背后更深层的故事。以图9-4为例，机器对"鞋子里的小猫"这张图像进行背后故事的挖掘，猜想小猫是因为好奇所以

图 9-3　图像分割示例

图像描述：
地上有一只棕色的鞋子，
鞋子里有一只小花猫。

图 9-4　图像描述示例

钻进鞋子玩耍。

　　人脸检测识别、医学生物图像检测分析、文档分析识别、虚拟现实、辅助驾驶领域等都是计算机视觉领域的热点。尽管计算机视觉技术强大且应用广泛，但其仍然有许多难点尚未攻克，可以说是机遇与挑战并存。

　　目前仍然存在以下计算机视觉技术不能正常应用的特殊环境：

- 光照场景多变或不均匀，例如一些逆光的场景；
- 成像质量有差异，例如不同的相机拍出来的照片质量不同；
- 背景复杂，易混淆，例如雪地里的一只白猫，如图 9-5 所示；
- 存在干扰和遮挡；
- 图片失焦、透视变形。

　　计算机视觉技术的很多功能都远超于人类的视觉水平。比如，医学领域运用建立在计算机视觉技术基础上的腾讯觅影，可以高效、准确地筛查出食道癌，用时短且准；媒体领域运用计算机视觉技术，可节省接近一半的视频内容审核时间。计算机视觉技能图如图 9-6 所示。当前，计算机视觉技术呈现出良好的应用效果，但这并不意味着计算机视觉技术就是完美的，其依然存在很多缺陷，亟待完善。例如，计算机视觉技术缺乏可用于人

图 9-5　雪地里的白猫

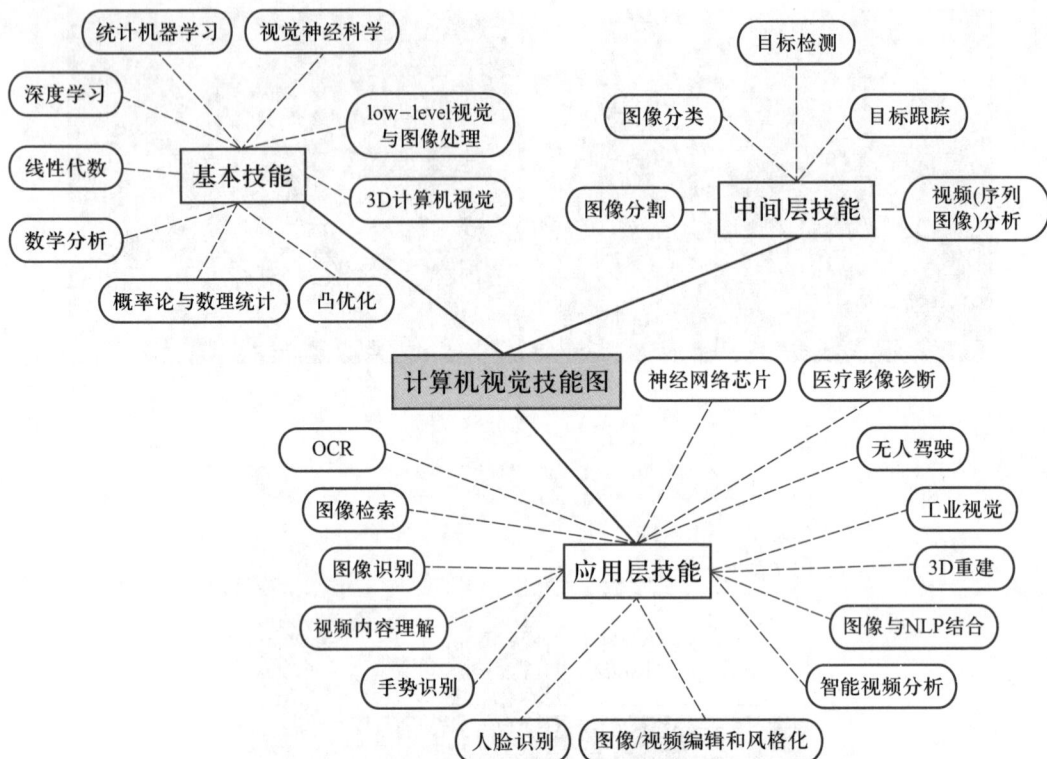

图 9-6 计算机视觉技能图

工智能模型训练的大规模数据集，在应用场景中没法进行数据标注，这就使得数据不能共享，同时也没有办法形成闭环。另外，该技术在工程化经验方面也有所欠缺，从技术到产品再到规模化应用，计算机视觉技术应用经验并不是很丰富。

9.1.2 语音识别技术

语音识别技术，即自动语音识别（Automatic Speech Recognition，ASR）技术，其目标是将人类语音中的词汇内容转换为计算机可读的输入，如按键、二进制编码或者字符序列。

语音识别技术的系统框架包含声学特征提取、声学模型的训练、语言模型与语言处理 4 个部分。声学特征提取是指对模拟的语音信号进行采样得到波形数据之后，首先要输入特征提取模块，提取出合适的声学特征参数供后续声学模型训练使用。如今主流的语音识别系统都采用隐马尔可夫模型（Hidden Markov Model，HMM）作为声学模型。语言模型包括由识别语音命令构成的语法网络与由统计方法构成的语言模型。语言处理可以进行语法、语义分析。

语音识别技术常用的方法有以下 4 种。

1. 基于语言学和声学的方法

这是最早应用于语音识别的方法，但是这种方法涉及的知识过于困难，导致现在并没有得到大规模普及。

2. 随机模型法

该方法目前应用得较为成熟，主要采用提取特征、训练模板、对模板进行分类及对模板进行判断的步骤来对语音进行识别。该方法涉及的技术一般有 3 种：动态时间规整（Dynamic

Time Warping，DTW）技术、HMM 算法和矢量量化（Vector Quantization，VQ）技术。其中，HMM 算法相较于其他两者的优点是更简便、优质，在语音识别方面的性能更优异。

3. 人工神经网络（Artificial Neural Network，ANN）方法

此方法是在语音识别发展后期才有的识别方法。它其实是一种模拟人类神经活动的方法，同时具有人的一些特性，如自动适应和自主学习。其较强的归类能力和映射能力在语音识别技术中具有很高的利用价值。业界将 ANN 与传统的方法结合，各取所长，使得语音识别的效率得到了显著的提升。

4. 概率语法分析法

这是一种能够识别长语段的技术，用概率统计的方法分析语言成分之间的概率关系以及句子结构的统计规则。这种方法最大的不足就是，建立一个有效、适用的知识系统还存在一定的困难。

语音识别一般来说具有两种工作模式：识别模式和命令模式。语音识别程序的实现会根据两种模式的不同而采用不同类型的程序。识别模式的工作原理是：引擎系统在后台直接给出一个词库和识别模板库，任何系统都不需要再进一步对识别语法进行改动，只需要根据识别引擎提供的主程序源代码进行改写就可以了。命令模式相对来说实现起来比较困难，其词典必须要由程序员自己编写，然后再进行编程，最后还要根据语音词典进行处理和更正。识别模式与命令模式最大的不同就是，命令模式需要程序员根据词典内容进行代码的核对与修改。

9.1.3　自然语言处理技术

自然语言处理（Natural Language Processing，NLP）泛指各类处理自然语言的数据并将其转换为计算机可以"理解"的数据的技术。NLP 是计算机科学领域与人工智能领域的一个重要方向，研究能实现人与计算机之间用自然语言进行有效通信的各种理论和方法，主要包括机器翻译、机器阅读理解和问答系统等。2010 年后，深度学习应用于 NLP 领域，一系列的产品和功能逐渐走进人们的生活。各大企业也在纷纷布局相关产业，重金招揽相关领域的人才。

NLP 技术的体系结构如图 9-7 所示。NLP 技术基于云计算、大数据、机器学习、语言学

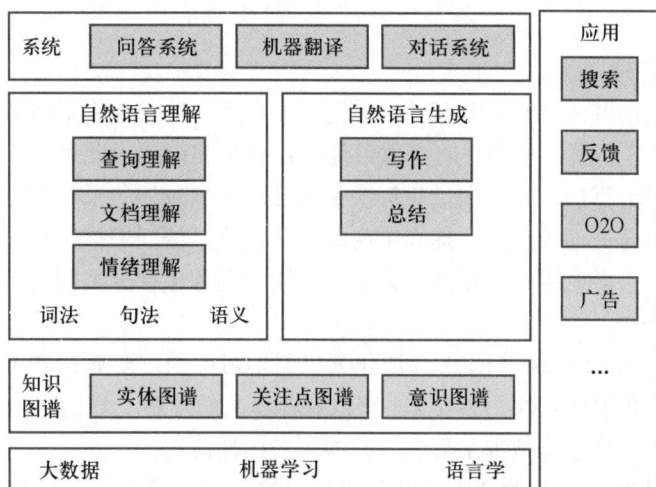

图 9-7　NLP 技术的体系结构

等技术和资源，可以形成机器翻译、深度问答、对话系统等，进而形成各类实际业务和产品。

NLP 基础技术，包括词汇、短语、句法语义、篇章的表示和分析，如对分词、词性标注、语义分析做一些加工。后面的其他新技术或者应用都必须要用到基础技术。

NLP 核心技术，包括机器翻译、提问和回答、信息检索、信息提取、聊天和对话、知识工程、语言生成、推荐系统等。

NLP 应用技术，实际上就是把 NLP 技术深入应用于各个系统和垂直领域。比较有名的是搜索引擎、智能客服、商业智能和语音助手，还有很多在垂直领域（法律、医疗、教育等）的应用。

9.1.4　机器学习

机器学习的常见算法有决策树、朴素贝叶斯、支持向量机、随机森林、人工神经网络、Boosting 与 Bagging、关联规则、期望最大化等算法。下面就这几种常用的算法进行简要的介绍。

1. 决策树算法

决策树及其变种是一类将输入空间分成不同的区域，每个区域有独立参数的算法。决策树算法充分利用了树状模型，其中，根节点到一个子节点是一个分类的路径规则，每个子节点代表了一个判断类别。先将样本分成不同的子集，再进行分割递推，直至每个子集都得到了同类型的样本；从根节点开始测试，到子树再到子节点，即可得出预测类别。此方法的特点是结构简单、数据处理效率较高。

2. 朴素贝叶斯算法

朴素贝叶斯算法是一种分类算法。它不是单一算法，而是一系列算法，它们都有一个共同的原则，即被分类的每个特征都与任何其他特征的值无关。朴素贝叶斯分类认为这些特征中的每一个都"独立"地贡献概率，而不管特征之间的任何相关性。然而，特征并不总是独立的，这通常被视为朴素贝叶斯算法的缺点。简而言之，朴素贝叶斯算法允许使用概率给出一组特征来预测一个类。与其他常见的分类算法相比，朴素贝叶斯算法需要的训练很少。在进行预测之前必须完成的唯一工作是找到特征个体概率分布的参数，这通常可以快速且确定地完成。这意味着即使处理高维数据点或大量数据点，朴素贝叶斯分类器也可以表现良好。

3. 支持向量机算法

支持向量机算法的基本思想可概括为：首先，要利用一种变换将空间高维化，当然这种变换是非线性的；然后，在新的复杂空间中取最优线性分类表面。由此种方式获得的分类函数在形式上类似于神经网络算法。支持向量机算法是统计学习领域的一个代表性算法，但它与传统的思维方法很不同，通过输入空间、提高维度将问题简化，使问题被归结为线性可分的经典解问题。支持向量机算法多应用于垃圾邮件识别、人脸识别等多种分类问题。

4. 随机森林算法

随机森林（Random Forest，RF）算法作为机器学习中的重要算法之一，是一种利用多个树分类器进行分类和预测的算法。近年来，随机森林算法的发展十分迅速，已经在生物信息学、生态学、医学、遗传学和遥感地理学等领域开展了应用性研究。

在构建随机森林时，需要做到数据的随机性选取和待选特征的随机选取来消除过拟合问题。此方法的优点有很多，包括可以产生高精度的分类器、能够处理大量的变数、平衡分类资料集之间的误差、防止过拟合等；缺点是大量的树分类器造成训练速度很快，但预测模型的结果计算速度过慢。

5. 人工神经网络算法

人工神经网络是一种具有非线性适应性信息处理能力的算法，可弥补传统人工智能算法在模式、语音识别、非结构化信息处理方面的缺陷。人工神经网络与神经元组成的异常复杂的网络大体相似，由个体单元互相连接而成，每个单元有数值量的输入和输出，形式可以为实数或线性组合函数。它先要根据一种学习准则去学习，然后才能进行工作。当网络判断错误时，它会通过学习降低犯同样错误的可能性。它是从人类的大脑结构（神经元之间通过神经突触和神经树连接在一起）产生的灵感。每个神经元都会对其应该传递的信号的情况做特殊规定。改变这些连接的强弱，可以使得相关的网络计算更快。现在神经网络的结构通常由如下部分组成：输入层（获得目标的描述）、隐藏层（主要部分，在这些层中学习）、输出层（对于每个种类都有一个神经节点，分数最高的节点就是预测的种类）。在学习过程结束之后，新的物体就能够送入这个网络，并且能够在输出层看到每个种类的分数。此方法有很强的泛化能力和非线性映射能力，可以对信息量少的系统进行模型处理。从功能模拟角度看，它具有并行性，且传递速度极快。

6. Boosting 与 Bagging 算法

Boosting 算法是一种通用的增强基础算法性能的回归分析算法。它不需构造一个高精度的回归分析，只需一个粗糙的基础算法，反复调整基础算法就可以得到较好的组合回归模型。它可以将弱学习算法提高为强学习算法，可以应用到其他基础回归算法（如线性回归、神经网络等）中，以提高它们的精度。Bagging 算法和 Boosting 算法大体相似但又略有差别，其主要想法是给出已知的弱学习算法和训练集，它需要经过多轮计算才可以得到预测函数列，最后采用投票的方式对示例进行判别。

7. 关联规则算法

关联规则算法是用规则去描述两个变量或多个变量之间的关系，是客观反映数据本身性质的算法。它是机器学习的一大类任务，可分为两个阶段：先从资料集中找到高频项目组，再去研究它们的关联规则，其得到的分析结果即对变量间规律的总结。

8. 期望最大化算法

在进行机器学习的过程中需要用到极大似然估计等参数估计算法，在有潜在变量的情况下，通常选择期望最大化（Expectation Maximization，EM）算法。它不是直接对函数对象进行极大估计，而是添加一些数据进行简化计算，再进行极大化模拟。它是对本身受限制或比较难直接处理的数据的极大似然估计算法。

9.1.5　深度学习

目前，深度学习是非常流行的机器学习技术，深度学习框架已演变成人工智能基础设施中的重要部分。近几年，深度学习的研究和应用广泛进行，各种开源的深度学习框架层出不穷，如 TensorFlow、PaddlePaddle、PyTorch、MindSpore 等。由于一个深度学习框架一旦成为工业标准，就会占据人工智能各种关键应用的入口，对各类垂直应用、基于私有部署的技术服务、公有云上的人工智能服务业务，甚至底层专用硬件市场都有举足轻重的影响。

本小节主要介绍 TensorFlow 和飞桨（PaddlePaddle）。

1. TensorFlow

2015 年 11 月 9 日，深度学习框架 TensorFlow 发布并宣布开源。从此，在 GitHub 一个面向开源及私有软件项目的托管平台上，TensorFlow 成为最流行的深度学习框架之一。TensorFlow 在图形分类、音频处理、推荐系统和自然语言处理等场景下都有丰富的应用，方便各类人群在 Apache 2.0 开源协议下使用。

TensorFlow 是一个采用数据流图（Data Flow Graph）、用于进行数值计算的开源软件库。它具有高度的灵活性、真正的跨平台开发可移植性、多语言支持、丰富的算法库和完善的使用说明文档，让用户可以在多种平台上展开计算，如台式计算机中的一个或多个 CPU（或 GPU）、服务器、移动设备等。

2. PaddlePaddle

PaddlePaddle 是中国首个自主研发、功能完备、开源开放的产业级深度学习平台，集深度学习核心训练和推理框架、基础模型库、端到端开发套件和丰富的工具组件于一体。截至 2022 年 12 月，PaddlePaddle 已汇聚 535 万名开发者，服务 20 万家企事业单位，基于 PaddlePaddle 开源深度学习平台构建了 67 万个模型。开源开放的 PaddlePaddle 已经成为中国深度学习市场应用规模第一的深度学习框架和赋能平台。

作为国内首个大规模且功能完备的深度学习框架，PaddlePaddle 具有以下优势。

① 在业内率先实现了动静统一的框架设计，兼顾灵活性与高性能，并提供一体化设计的高层 API 和基础 API，确保用户可以同时享受开发的便捷性和灵活性。

② 在大规模分布式训练技术上，PaddlePaddle 率先支持了千亿稀疏特征、万亿参数、数百个节点并行训练的能力，并推出业内首个通用异构参数服务器架构，达到国际领先水平。

③ 拥有强大的多端部署能力，支持云端服务器、移动端以及边缘端等不同平台设备的高速推理；PaddlePaddle 推理引擎支持广泛的人工智能芯片，已经适配和正在适配的芯片或 IP 达到 29 款，处于业界领先地位。

④ 围绕企业实际研发流程量身定制打造了大规模的官方模型库，算法总数达到 270 多个，服务企业遍布能源、金融、工业、农业等多个领域。

【拓展阅读】

对人工智能发展至关重要的 4 项技术

虽然人工智能驱动的设备和技术已经成为人们生活的重要组成部分，但机器智能仍可能在一些领域做出重大改进。为了填补这些隐喻性的空白，非人工智能技术便派上用场，并且这些非人工智能技术会让人工智能变得更先进。

（1）半导体：改善人工智能系统中的数据传输

半导体结构的改变可以提高人工智能电路的数据使用效率，半导体设计的改变可以提高人工智能内存存储系统的数据传输速度。除了增加传输速度，存储系统也可以变得更高效。

（2）物联网：增强人工智能输入数据

人工智能在物联网中的引入改善了二者的功能，并无缝解决了各自的缺点。正如人们所知，物联网包含多种传感器、软件和连接技术，使多个设备以及其他数字实体能够通过互联网相互通信和交换数据。这些设备可以是日常生活用品，也可以是复杂的组织机器。从根本上说，物联网减少了观察、确定和理解一个情况或其周围环境的几个互联设备的人为影响。相机、传感器和声音探测器等设备可以自行记录数据，这就是人工智能的用武之地。机器学习总是要求它的输入数据集来源尽可能广泛，而物联网拥有大量连接设备，为人工智能研究提供了更广泛的数据集。

（3）图形处理单元：为人工智能系统提供计算能力

随着人工智能的日益普及，图形处理单元（GPU）已经从单纯的图形相关系统组件转变为深度学习和计算机视觉过程的一个组成部分。与标准 CPU 相比，GPU 通常包含更多的内核，允许这些系统为跨多个并行进程的多个用户提供更好的计算能力和速度。此外，深度学习操作处理大量数据，GPU 的处理能力和高带宽可以轻松满足这些要求。

（4）量子计算：升级人工智能的方方面面

量子计算允许人工智能系统从专门的量子数据集中获取信息。为了实现这一点，量子计算系统使用称为量子张量的多维数字阵列。然后使用这些张量创建大量数据集供人工智能处理。为了在这些数据集中找到模式和异常，部署了量子神经网络模型。最重要的是，量子计算提高了人工智能算法的质量和精度。

除此之外，未来可能还有其他几种技术和概念可以成为人工智能发展的一部分。在其概念诞生 60 多年后，人工智能在当今的几乎所有领域都比以往任何时候更加重要。无论它从哪里开始，人工智能的下一个进化阶段都将是引人入胜的。

9.2　人工智能的行业应用

随着人工智能理论与技术的成熟，人工智能与传统行业的融合不断加深，其应用范畴和领域不断扩大，为数字经济的发展发挥了重大作用。

9.2.1　AI+ 交通——改变人类的出行方式

随着人工智能、通信、计算机等相关技术的发展，利用人工智能技术改造传统城市公路，建立新一代城市公路运输系统成为可能。城市公路智能运输系统是中国城市公路系统的发展趋势，也是城市公路的研究热点。城市级的人工智能大脑，实时掌握着城市道路上通行车辆的轨迹信息，合理调配资源、疏导交通，实现机场、火车站、汽车站、商圈的大规模交通联动调度，提升整个城市的运行效率，为居民的出行畅通提供保障。

目前人们有 65% 的交通高峰时间在公路和城市道路上旅行，而 10% 的每日城市旅行是在拥挤的条件下进行的。现有的道路网络无法应付日益增长的需求，已被确定为 10 年中最紧迫的基础设施问题之一。近几十年来，交通问题已成为一种社会和经济上的尴尬：交通拥堵、道路安全恶化、移动性倒退和交通对环境的影响被广泛认为是重要的问题。过去的习惯是用更多更宽的道路来应对日益增加的拥堵，目前正在让位于更复杂的管理和控制系统以及道路定价政策。当出现不良情况时，交通管理或控制系统应调用适当的干预行动。所需的系统应该是智能的，并且能够基于驱动动态数据进行动态操作，它将

微课 9-2
人工智能的
行业应用

微课 9-3
人脸识别-
人工智能的
玫瑰花

与现有的应用程序相互连接。一个集成的动态交通管理和信息系统（IDTMIS）的目标是开发一个包含所有与交通管理和交通控制相关的系统框架，从而创建一个多用户、多学科的交通管理系统，将所有应用程序和参与交通运输的人集成在一起。这个项目的目的是了解自治和分布式的适用性，它是交通工程领域的人工智能系统。提高智能系统在自动化方面的自主性是一个关键因素，其目的是减少对人类干预的需求；帮助人们参加其他更复杂的程序，并在决策过程中提供智能协助。这对交通控制特别有帮助，因为许多简单的要求必须在连续的基础上执行。在自动化和智能化系统的帮助下，人类干预已经成为现实。通过智能自治（Agent）或智能子系统，可以将进一步的自动化与更多的灵活性和更好的性能结合起来。一个完整的动态交通管理和信息系统能够实时适应和响应交通状况，并在整个系统内保持其完整性和稳定性。对综合动态交通管理和信息系统的初步调查显示，该系统对经济、环境和社会的影响可能是重大的，因为更多的交通控制可能性、用户之间的更多合作、较少的意外交通堵塞和更快的行程，取决于更好的预测、更好的道路安全和所有交通（包括公共交通）的一体化，都需要正确和综合的数据收集、数据处理和交通管制行动，以及提供给公众使用的旅行和交通信息。通过这种方式，可为信息和交通管理和控制系统创造适当的环境。

城市化背景下，人们的出行更为便利，但各种交通问题更为严重，传统交通管理模式无法满足新时期的管理要求。信息化时代背景下，城市交通需向着智能化方向转变，积极引入先进的人工智能技术，针对目前的问题进行分析，从而有效解决交通问题。现阶段，人们关注人工智能技术发展，该技术在交通领域应用也是必然发展方向。

1. 高清视频监控系统

如图 9-8 所示，城市智能交通管理过程中利用高清视频系统，指的是利用互联网技术将智能计算机与摄像头连接，利用图像监测技术对各个区域的道路交通情况进行分析，便于交警掌握道路通行状态及信号灯情况，对信号灯进行智能化调整，从而缩减道路交通堵塞的问题。此外，智能交通系统在停车场及交通堵塞的道路上应用，有利于协助管理人员对停车资源进行管理，

图 9-8　车辆识别

通过电子显示屏向驾驶员提供停车位导向等，避免驾驶者在停车过程中浪费大量的时间，从而提升车位管理的便捷性，也能在一定程度上降低汽车尾气排放及污染等问题，保障交通秩序。

就目前人工智能技术在交通领域的应用来看，其在车牌识别中的应用效果最为理想。虽然并没有如一些厂家宣传那般可达 99%，但车牌识别准确率很高。下面以高速公路上探头拍下的车牌照片为例，分析人工智能技术在车牌自动识别中的具体应用，如图 9-9 所示。其原理是借助计算机智能来识别照片里面的数字。对于车牌号码识别来说，车牌照片就是输入对象，而车牌号码则是输出对象。其间需要将照片的清晰度设为权重，以图像比对算法作为感知器，得到的结果会是一个概率。比如，车牌号码某位有 80% 的概率为数字 5，要设置一个阈值，如果比这个值低，就认定得出的结果是无效的。一般会将一组识别好的车牌照片作为一组数据输入到模型中，经过无数次参数调整和甄别，模型最终挑选出正确率最高的一组参数组合，其即为车牌识别结果。

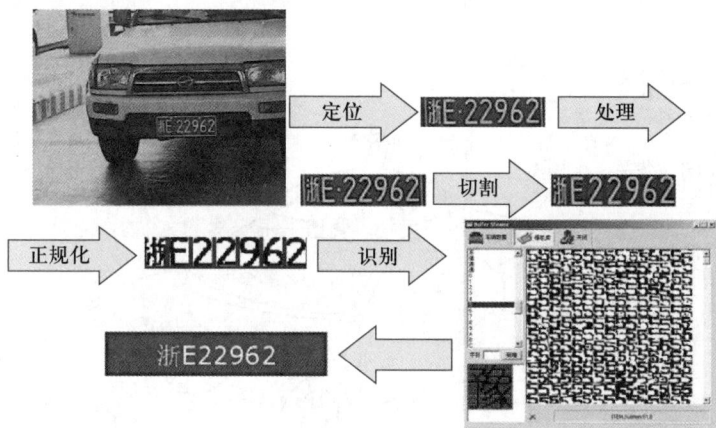

图 9-9　车牌识别

2. 智能交通警察

城市智慧交通管理过程中，智能交通警察具有重要的作用，有利于对道路路口进行管理。智能交通警察对实际情况进行监督，根据算法及辅助性技术，与交通信号灯系统完成配合，合理对信号灯进行调整。智能交通警察具有手臂智能等功能，并告知行人应当遵守的交通规则，提升行人的安全意识，针对交通违规问题利用图像识别技术进行监测，最大程度缩减交通警察的工作量。图 9-10 所示为智能交通警察。

3. 自动驾驶汽车

眼不用紧盯前方，手不需紧握方向盘，脚不必踩着油门制动，车辆行驶过程中，司机完全可以做个"甩手掌柜"……这样的"美事"正随着自动驾驶技术的日渐成熟而加速到来。自动驾驶是利用人工智能技术及计算机系统达到无人驾驶的目的，如图 9-11 所示。自动驾驶汽车利用计算机视觉及定位技术等规划线路，在无人驾驶的情况下达到安全运行目的，半自动驾驶具有自动化功能，需要驾驶员完成对应的操作。全自动驾驶无须驾驶员进行操作。近几年，人工智能技术进入全新的阶段，自动驾驶汽车产量随之增加，部分互联网公司利用技术优势推出车联网相关的产品，深化自动驾驶领域的同时，对智能交通建设具有重要意义，也能很大程度地规避交通运输安全事故。

图 9-10   智能交通警察

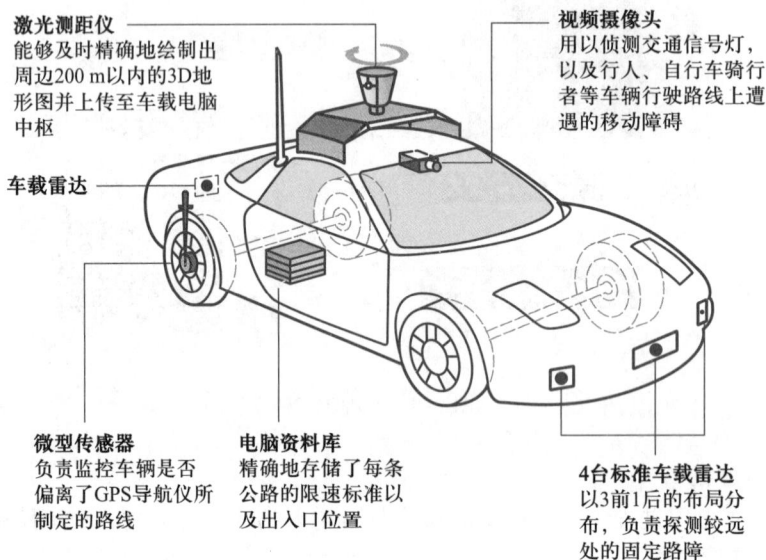

激光测距仪
能够及时精确地绘制出
周边200 m以内的3D地
形图并上传至车载电脑
中枢

视频摄像头
用以侦测交通信号灯，
以及行人、自行车骑行
者等车辆行驶路线上遭
遇的移动障碍

车载雷达

微型传感器
负责监控车辆是否
偏离了GPS导航仪所
制定的路线

电脑资料库
精确地存储了每条
公路的限速标准以
及出入口位置

4台标准车载雷达
以3前1后的布局分
布，负责探测较远
处的固定路障

图 9-11   自动驾驶

　　在中国的自动驾驶技术中，处于技术领先位置的企业，首推百度。百度的自动驾驶布局开始于 2013 年，虽然晚于相关国际竞争对手，但在国内的自动驾驶领域，凭借其拥有自动驾驶安身立命之本——地图产品，扛起了国内自动驾驶研发的大旗。作为百度旗下的一个小产品，随着百度的战略转型，百度地图被调整为百度的战略级产品，不断开疆扩土，其重要的应用场景是辅助驾驶、自动驾驶，以及智慧交通。从百度地图入手，转入自动驾驶研发，百度快速掌握了自动驾驶核心技术，如高精度地图、定位、感知、智能决策与控制四大模块。2017 年 4 月，百度正式将其自动驾驶领域业务命名为"Apollo"（阿波罗）计划，目标是"成为自动驾驶行业的第一人"。目前，百度 Apollo 已积累超 4600 项自动驾驶专利族。而且《百度人工智能专利白皮书 2022》显示，连续 4 年，百度自动驾驶专利申请量均全球第一。百度自动驾驶已从"技术验证"升级走向"用户体验"。

4. 智能地图

伴随智能化地图在各个领域的广泛应用，车载系统与城市交通配合，可观察前方是否拥堵，为广大群众出行提供便利。部分智能化地图构建信息服务平台，包括腾讯地图、百度地图及高德地图，大数据技术在地图中的价值不断凸显，为群众节省时间及提供便捷的同时，也能降低城市交通运输的压力。GPS 车辆监控系统对车辆信息完成一体化监控。现阶段，GPS 在物流配送及私家车安全管理等各个方面得到应用，且能帮助交通警察定位车辆，打击违规行驶问题，为车辆安全行驶及道路交通安全管理提供保障。图 9-12 所示为智能地图导航。

图 9-12　智能地图导航

5. 车辆控制中的应用

现阶段，人工智能技术在城市交通系统的应用非常广泛，在实际应用过程中涉及较多的层面，例如在车辆控制方面。伴随交通系统对车辆管理的要求提高，需要汽车制造商生产高质量汽车的同时，关注车辆的先进性及智能性，满足消费者需求。人工智能技术在车辆管理过程中，主要是自动控制车辆及管理车辆，汽车系统不断优化升级，尤其是在汽车稳定性及防震刹车方面应当引起注意。根据相关调查显示，汽车的控制过程主要是利用遗传算法。该技术具有较大的优势，不仅能降低汽车在运行过程中产生的消耗，也能保证汽车运行的稳定性。随着自动驾驶技术的高速发展，人工智能技术在车辆控制过程中主要使用两种技术，分别为人工神经网络及模糊逻辑技术。众多先进技术的应用在保证汽车安全性的同时，也能为汽车行业发展提供帮助。

6. 道路及事故预测中的应用

车辆在运行过程中，人们主要关注行驶安全，道路安全管理系统是智能交通的一部分，对人们出行安全具有重大的影响。城市汽车数量在不断增加的同时，事故发生率随之增加。引发交通事故的因素较为复杂，如交通情况、环境情况、驾驶员情况，若想保证车辆稳定运行，还需将重点放在事故预测上，对车辆行驶状态进行监督，提出相关的管理策略，尽量规避交通事故。在道路安全事故预测过程中，使用多样化人工智能技术，其中主要有模糊逻辑技术及人工神经网络、遗传算法。研究人员对道路交通事故预测系统展开进一步分析，并提出不同的研究理论，侧面促进了人工智能技术在道路交通事故预测的应用发展，但研究方法存在差异，均应当以人工智能技术为基础，从而对道路安全及事故进行预测，保证人们出行的安全性。

9.2.2　AI+ 教育——因材施教

在信息技术飞速发展的今天，人工智能也悄悄走进课堂教育。"智能教育"已经不是一个新名词，早在 20 世纪就已经被提出来了，但是由于人工智能教育对软硬件以及使用者的要求较高，我国在 2017 年《新一代人工智能发展规划》颁布后，对人工智能教育的研究更加深入。在课堂中运用人工智能技术也不再新鲜，从物理、化学、生物实验模拟，到智能乐器运用到教学中，传统的技术已经无法满足多样化课堂的需求，人工智能赋能教育，将教育和人工智能结合，变革了教育的传统形态，满足了师生对于智能化教学的需求。

1. 人工智能与教育的关系

人工智能与教育之间的关系可以归纳为人工智能在教育中的应用和面向人工智能素养提升的教育。人工智能在教育中的应用涉及在教学中使用人工智能辅助工具，包括利用人工智能支持学习者、教师和教育行政管理者（如招聘、课程表和学习管理）。面向人工智能素养提升的教育涉及提高所有年龄段公民（从初等教育到终身学习者）及其教师的人工智能知识和技能，既包括人工智能的技术维度，即人工智能的相关技术，如机器学习、自然语言处理等；也包括人工智能的人的维度，即确保所有公民为人工智能对生活可能产生的影响做好准备，帮助他们了解人工智能伦理、数据偏见、监控，以及对就业的潜在影响等问题。可见，只有充分理解人工智能的本质，即技术和人两个维度，才能具备人工智能素养。

（1）人工智能教育应用

在过去的 40 年里，多数人工智能教育研究的重点都聚焦于支持学习者的人工智能，即自动化教师的职能，从而使学习者能够不依赖教师进行学习。然而，现有的人工智能教育大部分采用了相当原始的教学方法，而且经常把重点放在自动化这些陈旧的教学方法上，而不是推动教学创新。例如，人工智能经常被用于辅助传统考试，却很少被用于设计创新的方法来评估和认证学习。尽管如此，支持学习者的人工智能已经在主流教育中流行起来，并发展出了各种各样的应用。最近有研究依据可用性（从成熟的商业应用到获取投资的设想）对其进行了分类，主要包括：智能辅导系统、人工智能学习应用（如翻译软件、作业解答）、人工智能模拟仿真（如增强现实、基于游戏的学习）、支持特殊学习者的人工智能、自动化论文写作、聊天机器人、自动化形成性评价、学习网络配置、基于对话的辅导系统、探索性学习环境，以及人工智能终身学习助手。

随着人工智能对社会各个领域发展的冲击，世界各地获得数百万美元投资的人工智能教育公司数量不断上升，由此证明全球对于支持学习者的人工智能的需求在持续增长。然而，现有支持人工智能工具有效性的证据，大多源自基于限定条件下的短期研究。排除营销手段和政策制定者的愿景，目前尚未有足够证据表明在资源充足的教室中，广泛使用人工智能的合理性。因此，在缺乏强有力独立研究证据的情况下，人工智能将显著改善学习者学习方式这一说法，显得过于理想化或具有一定猜测性。

与此同时，很少有研究关注支持教师的人工智能（除了常见的仪表盘）。近期逐渐有一些研究和个别商业产品开始关注这一方面，如抄袭检测、学习资源智能管理、课堂监控、自动化总结性评价、人工智能教学、评估助手以及课堂编排等。支持教育行政管理的人工智能研究也在起步，包括招生、课程规划、日程安排、课程表、学校安全、识别辍学和有风险的学生以及电子监考等。

（2）人工智能素养

虽然只有少数学习者会因为想成为人工智能设计者或开发者而学习人工智能，但鼓励和支持所有公民具备一定水平的人工智能素养，是未来社会的必然要求。无论是从技术角度还是从人的角度，公民都应该拥有以开发、实施和使用人工智能技术为核心的知识、技能和价值观。现代公民需要了解人工智能可能会产生的影响，包括能做什么、不能做什么，何时有用、何时应该受到质疑，还要引导人工智能为公众利益服务。

人工智能素养通常被认为是信息技术素养或数字素养的延伸，包括：数据素养，即理解人工智能如何收集、清理、处理和分析数据的能力；算法素养，即理解人工智能算法如何识别数据中的模式（Patterns）和关联（Connections）的能力。然而，人工智能在本质上与大多数数字技术不同，人工智能素养也不能仅限于技术部分。换言之，人工智能素养应该包括人工智能的技术和人的维度，即人工智能的运作方式（技能和技术）和对人的影响（认知、隐私、能动性等）。

总之，尽管人工智能技术的教学很重要，但也不应忽视采用自动化决策背后的人、权利和政治动机。强调人工智能素养的人的维度，是要让每个人都能够了解与人工智能共存意味着什么，以及如何在最大限度地利用人工智能提供优势的同时，保护人的行为或尊严不受任何不当影响。因此，应该帮助年轻人了解人工智能、自动化，尤其是自动化决策将如何影响他们的社会待遇。换句话说，如果年轻人想要像精通数学一样精通人工智能，就需要了解其有意或无意接触的人工智能是否公平地对待了他们。

2. 未来人工智能教育面临的挑战

值得关注的是，由于存在用于监控、剥夺教师权利和削弱学生能动性的倾向，许多人工智能工具在教育中的应用已经受到广泛质疑。因此，有必要对人工智能教育所面临的深层次问题进行全面剖析，具体包括：教学法，伦理，人权，个性化，节约教师时间，智能、效能和影响，技术解决主义（techno-solutionism），信任等。

虽然现有的商业人工智能辅导工具采用了先进的技术，并时常以认知科学为基础，但它们几乎都仅仅体现了简单的教学方法，其本质是根据学生表现灌输预先设定的学习内容，从而避免失败。尽管这些人工智能工具声称可以给每个学生提供不同的建议，但本质上还是基于行为主义或讲授主义理论，并未体现近 60 多年来教学研究的新发展。长此以往，人工智能将剥夺教育工作者的权利，使他们成为单纯的技术促进者；并削弱学生的能动性，使得他们别无选择，只能做人工智能要求的事情，失去发展自主技能或自我实现的机会。人工智能教育教学工具的典型方法忽视了深度学习、引导式发现学习、有益的失败、基于项目的学习、主动学习等。这种行为主义取向，尤其是填鸭式的方法，将记忆优先于思考，将了解事实优先于批判性参与，最终会损害真正的学习。

9.2.3　AI+ 电商——精准营销

当前智能化在全球范围内如火如荼地开展，随着互联网的不断发展与进步，尤其是移动互联网模式的形成，网民的数量逐渐增加，人们的文化素养不断提升，因而对于智能网络的需求也在扩大。在此背景下，人工智能技术可以发挥其作用，通过互联网获取大量网民的基本信息，同时结合大数据、物联网等各项技术手段分析网民的基本诉求，进而为合适的用户推送恰当的营销内容。相较于传统的营销策略，采用互联网结合人工智能技术开展营销活动更为有效，可以引起更多网民的兴趣，突破时间和空间的阻碍，能够帮助企业更加精准地开展营销活动，帮助企业进一步成长起来。

1. 互动性与人性化

企业营销与人工智能的结合可以吸引用户参与其中，增加互动性。传统的线下营销传播范围小、传播速度慢，并且缺乏个性化特色与互动的可能。当前很多用户为上班族，很少有时间评价企业的营销效果，并且缺乏购物的时间和精力，而借助人工智能的手段则可以获取大部分网民的消费习惯，从中挖掘潜在消费者。同时，通过在网络平台中发放问卷的形式了解用户的根本诉求，采用合理的营销手段让用户提出改进的建议，不断丰富营销内容，在满足用户需求的同时达到了企业营销的目的。

2. 新媒体营销模式

当前全球处于科技高速发展的阶段，网络中拥有海量资讯，人们可以随时随地从网络中获取想要的信息。企业营销借助人工智能的方式可以符合人们获取信息的特点，将营销方案采用互联网的方式展现出来。例如，用推送的方式出现在某个 App 的首页，采用广告的模式推送给用户等，用户能够结合互联网了解企业产品，通过文字、图片、视频对产品有更深的认识。根据多媒体的特色，人工智能可以及时反馈企业营销的效果，收集广告浏览量、用户观看时长等，更加精准地界定目标群体，为企业未来开展更好的营销活动积累经验。

3. 跨时空营销模式

企业营销中应用人工智能技术，可以快速获取来自全世界及全国各地的用户的基本信息。结合人工智能的数据分析处理，可将用户的日常浏览内容、浏览记录、偏好迅速筛选出来，及时为用户推送符合其喜好的营销信息。传统的企业营销仅仅能在当地可以完成相关的营销策略活动，而应用人工智能技术则可以将企业营销推广到全世界，企业的品牌影响力显著提升，可以促进更多的人了解企业的产品和营销内容。

9.2.4   AI+ 制造——改变人类的生产方式

智能制造装备作为智能制造产业的重要组成部分，能够显著提高生产效率和产品的制造精度，是制造业转型升级的重点发展方向。当今，工业发达国家重视技术的创新，致力于以技术创新引领产业升级，注重资源节约、环境友好和可持续发展，因此智能化、绿色化已成为制造业发展的必然趋势，智能制造装备的发展也将成为世界各国竞争的焦点。由此可见，智能制造正在世界范围内兴起，它是制造技术发展，特别是制造信息技术发展的必然，是自动化和集成技术向纵深发展的结果。智能装备面向传统产业改造提升和战略性新兴产业发展需求，重点包括智能仪器仪表与控制系统、关键零部件及通用部件、智能专用装备等。它能实现各种制造过程自动化、智能化、精益化、绿色化，带动装备制造业整体技术水平的提升。

现在一提到智能制造，大家就会看到一系列的技术名词，如机器人、智慧工厂、大数据和工业互联网等。工业 4.0 是制造领域的一种新模式，是对传统制造业的革新，是一种高度智能的制造模式智能制造系统（Smart Manufacturing Systems，SMS），是工业 4.0 时代最重要的应用之一，是利用现代数字技术实现自动化、优化生产过程的一种系统，与传统的生产系统相比具有众多的优势，因此迅速地被作为制造企业绩效提升的一种策略而得到了广泛的应用。构建 SMS 必须连接的几个关键技术，包括工业物联网（Industrial Internet of Things，IIoT）、大数据、机器人、区块链、5G 通信和人工智能等。目前，SMS 正在被企业广泛地采用，尤其是在食品、饮料、医药和消费品行业。通过与其他数字化转型解决方案集成，企业能够利用其生产中所用到的先进技术来提高产品性能。

　　未来的工厂预计由智能自学习机器人和网络化信息物理系统组成，机器可以随时追踪目标并提供服务，让工业更有智慧，如图 9-13 所示。尽管具有众多优势，但行业数字化也存在许多缺点，包括访问、可用性、数据存储和审计、管理、高速连接、隐私和安全等问题。

图 9-13　让工业更有智慧

9.2.5　AI+ 建筑——让生活随心所欲

　　中国智能建筑起步较晚，随着智能技术快速发展而逐步完善。在早期，国家对民用建筑智能化建设进行了一些阐述，但并没有提出智慧建筑这一理念，是以办公自动化、楼宇自动化明确相关概念和标准，虽然在名称上有一定的差异，但在内容上基本相似。都是基于智能建筑的控制，使用计算机技术将建筑结构中的子系统进行集成，以这样的方式达到减少非必要设施空间占比，美观建筑效果的目的，为人们提供舒适的生活环境。

　　但随着智能技术的快速发展，国家在智能建筑设计标准领域出台的相关文件，如《建筑与建筑群综合布线系统工程设计规范》《智能建筑设计标准》等，对行业发展进行进一步规范，用于智能建筑的规划设计、施工评估。然而从智能建筑发展的本质来看，真正支撑智能技术快速发展的仍然是计算机技术、通信技术以及现代控制技术，特别是随着大数据、物联网、人工智能等信息技术的快速应用，不断提升了智能建筑的智能效果，使建筑功能更加多样化，逐步推动智能建筑向更高领域发展——"建筑智慧化"。

　　对于智能建筑理念的定义，主要强调了智能建筑建设过程中要使用先进成熟的技术，能够对智能建筑的各个子系统进行集成化管理。近些年，随着人工智能技术的快速发展，计算机网络技术、现代控制技术、数据卫星通信技术、可视化技术等信息技术的发展应用，快速成为智能化建筑建设的一个有机组成部分，大幅提升了智能建筑的智能化水平，为人工智能技术的深入拓展应用提供了基础。可利用智能计算机系统实现对智能建筑的各子系统集成化管理，提升智能化功能，最终达到智能、灵活、安全的智能化建设效果。智能建筑是未来城市建筑发展的趋势，是智慧城市建设的关键节点，在未来智能化的城市建设过程中，依靠人工智能技术的使用，构建智慧环境、智慧医疗、智慧交通等智慧单元，从而构成万物互联的智慧型新型城市，实现对城市的智慧高效管理，为人们提供舒适便捷的居住环境。

9.2.6　AI+ 医疗——提升人类的健康水平

近年来，智能医疗在国内外的发展热度不断提升。根据 2017 年专业投资机构报告，医疗健康是人工智能最热的投资领域。一方面，图像识别、深度学习、神经网络等关键技术的突破带来了人工智能技术新一轮的发展，大大推动了以数据密集、知识密集、脑力劳动密集为特征的医疗产业与人工智能的深度融合。另一方面，随着社会进步和人们健康意识的觉醒，人口老龄化问题的不断加剧，人们对于提升医疗技术、延长人类寿命、增强健康的需求也更加迫切。而实践中却存在着医疗资源分配不均，药物研制周期长、费用高，以及医务人员培养成本过高等问题。对于医疗进步的现实需求极大地刺激了以人工智能技术推动医疗产业变革升级浪潮的兴起。

从全球创业公司实践的情况来看，智能医疗的具体应用包括洞察与风险管理、医学研究、医学影像与诊断、生活方式管理与监督、精神健康、护理、急救室与医院管理、药物挖掘、虚拟助理、可穿戴设备以及其他。总结来看，目前人工智能技术在医疗领域的应用主要集中于以下 5 个领域。

1. 医疗机器人

机器人技术在医疗领域的应用并不少见，比如智能假肢、外骨骼和辅助设备等技术修复人类受损身体，医疗保健机器人辅助医护人员的工作等。目前实践中的医疗机器人主要有两种：一种是能够读取人体神经信号的可穿戴型机器人，也称为"智能外骨骼"；另一种是能够承担手术或医疗保健功能的机器人，典型代表有骨科手术机器人和脑出血手术机器人。

2. 智能药物研发

智能药物研发是指将人工智能中的深度学习技术应用于药物研究，通过大数据分析等技术手段，快速、准确地挖掘和筛选出合适的化合物或生物，达到缩短新药研发周期、降低新药研发成本、提高新药研发成功率的目的。人工智能通过计算机模拟，可以对药物活性、安全性和副作用进行预测。借助深度学习，人工智能已在心血管药、抗肿瘤药和常见传染病治疗药等多领域取得了新突破；在抗击埃博拉病毒中智能药物研发也发挥了重要的作用。

3. 智能诊疗

智能诊疗就是将人工智能技术用于辅助诊疗中，让计算机"学习"专家医生的医疗知识，模拟医生的思维和诊断推理，从而给出可靠诊断和治疗方案。智能诊疗场景是人工智能在医疗领域最重要、也是核心的应用场景。人工智能能够更快地处理海量数据，通过深度学习从大数据中总结、发现规律，归纳总结出带有规律性的差异，从而进行疾病的诊断。

4. 智能医学影像

智能医学影像是将人工智能技术应用在医学影像的诊断上。人工智能在医学影像上的应用主要分为两部分：一是图像识别，应用于感知环节，其主要目的是对影像进行分析，获取一些有意义的信息；二是深度学习，应用于学习和分析环节，通过大量的影像数据和诊断数据，不断对神经元网络进行深度学习训练，促使其掌握诊断能力。

5. 智能健康管理

智能健康管理是将人工智能技术应用到健康管理的具体场景中，目前主要集中在风险识别、虚拟护士、精神健康、在线问诊、健康干预，以及基于精准医学的健康管理。

- 风险识别：通过获取信息并运用人工智能技术进行分析，识别疾病发生的风险及提供降低风险的措施。
- 虚拟护士：收集病人的饮食习惯、锻炼周期、服药习惯等个人生活习惯信息，运用人工智能技术进行数据分析并评估病人整体状态，协助规划日常生活。
- 精神健康：运用人工智能技术从语言、表情、声音等数据进行情感识别。
- 在线问诊：结合人工智能技术提供远程医疗服务。
- 健康干预：运用人工智能对用户体征数据进行分析，定制健康管理计划。

【拓展阅读】

BAT 三巨头的 AI 革命

随着技术的变革，时代的发展，人工智能逐渐"入侵"人们的生活领域，百度、阿里、腾讯等中国互联网企业也开始涉足 AI。

（1）百度的 AI 布局

百度布局人工智能业务较早。百度公司的总裁曾说过：在人工智能时代要把几个东西抓好，一个是家，一个是车，一个是企业。这就是百度人工智能领域的三大核心板块：家就是对话式人工智能系统"DuerOS"，车就是自动驾驶平台"阿波罗"，企业就是通过云，核心则是"百度大脑"。

目前，DuerOS 已与国内众多知名企业达成合作，将 DuerOS 的对话能力广泛应用到智能家居、可穿戴和车载场景中。在自动驾驶领域，百度开放了 Apollo（阿波罗）自动驾驶平台，将自身掌握的自动驾驶核心技术能力开放给合作者，帮助他们快速搭建属于自己的、完整的自动驾驶系统，以降低行业壁垒、加速自动驾驶产业落地和技术突破。

（2）阿里的 AI 布局

以电商起家的阿里在 AI 领域的布局没有那么高调，但是也已经渗透到了各个环节，包括机器智能推荐系统、客服机器人"阿里小蜜"、AI 设计师"鲁班"、机房运维机器人"天巡"等。

除了在电商、物流等零售服务业务之外，阿里还陆续在城市、工业、零售、金融、汽车、家庭等多个场景推出 ET 大脑等"产业 AI"方案。ET 大脑包括 ET 城市大脑、ET 工业大脑、ET 农业大脑、ET 环境大脑、ET 医疗大脑、ET 航空大脑六大领域。

（3）腾讯的 AI 布局

腾讯在人工智能方面的愿景是"AI in all"，希望能够开放 AI 技术，助力各行各业，目前腾讯聚焦计算机视觉、语音识别、自然语言处理和机器学习 4 个领域。

优图实验室的成立，是腾讯在人工智能领域里程碑式的起点，在不同的垂直领域展开合作，重点包括 AI+ 工业生产检测、AI+ 社交娱乐、AI+ 零售、AI+ 文化、AI+ 科研、AI+ 技术应用、AI+ 医疗、AI+ 围棋等。

9.3 案 例 实 战

9.3.1 求解一元二次方程

👆【问题导入】

求解一元二次方程的问题，相信大家在中学时代就已经接触过了。但是，如何借助程序设计语言来求解一元二次方程呢？

通过本案例实战讲解利用 Python 求解一元二次方程的方法，以帮助读者更好地了解 Python 在数学领域的应用情况。

👆【问题描述】

在现实生活中，人们经常会遇到诸如求解图形面积、计算销售利润等问题。这些问题通常可以通过求解一元二次方程的方法来解决。而 Python 语言的出现为这类问题提供了更加便捷、有效的解决方案，主要原因是 Python 拥有很丰富的库，加之它在编程方面的强大功能，为其提供了快速的数据处理能力。

在本实战中，将借助 Python 语言，带领大家开启 Python 的数学之旅，充分体验 Python 在数学领域的魅力。

👆【解决思路】

一元二次方程 $y=ax^2+bx+c$ 的两个根可表示为：

$$x_1, \ x_2 = \frac{-b \pm \sqrt{b_2 - 4ac}}{2a} \tag{9-1}$$

在数学中，人们将一元二次方程的 3 个系数 a、b、c 代入式（9-1），即可求解出该方程的两个根。本实战将运用 Python 封装好的函数，轻松解决此类求解方程的问题，具体的流程如图 9-14 所示：

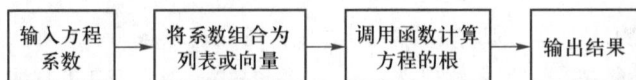

输入方程系数 → 将系数组合为列表或向量 → 调用函数计算方程的根 → 输出结果

图 9-14　解方程的流程

本案例实战借助 Python 的第三方库 NumPy 的函数 roots 来求解方程的根，该函数的参数是一个定义该方程的参数向量，即将方程按照未知数降幂排列，然后将各项未知数的系数依次填入一个向量，并将该向量作为参数传入函数 roots，即可返回该方程的解。

👆【操作步骤】

步骤一：按未知数的幂次高低从键盘依次输入方程的系数，将它们存放在一个列表里，具体实现代码为：

```
vec=[]
for i in range（2，-1，-1）:
    val=eval（input（'请输入 x^'+str（i）+'的系数：'））
    vec.append（val）
function = 'y='+str（vec[0]）+'x^2+'+str（vec[1]）+'x+'+str（vec[2]）
print（'输入的方程为：'，function）
```

步骤二：导入 NumPy 库，调用库中专门用于计算方程根的函数 roots，将步骤一中构造有方程系数的列表 vec 作为该函数的参数，计算并打印输出该方程的根，具体实现代码为：

```
import numpy as np
result=np.roots（vec）
print（'方程'，function，'的根是：'，result）
```

调用 NumPy 中的 roots 函数即可求解出一元二次方程 $y=x^2+6x+8$ 的两个根。其实，借助 Python 中丰富的第三方库，人们不仅可以实现方程的求解等问题，还可以完成高等数学中的各类数学问题，如求极限、导数与微分、积分等。感兴趣的同学快快动手试一试吧。

9.3.2　识别图像中的动物

☞【问题导入】

你喜欢去动物园游玩吗？动物园里有很多种动物，你都认识哪些呢？
通过本案例实战讲解如何快速对图片上的动物进行识别，以更好地分辨和了解动物。

☞【问题描述】

动物园中有各种各样的动物，有可爱的、凶猛的、动作敏捷的、高大的，还有些动物是非常神秘的。人们从动物的外观上无法去深入地认知、了解它们，虽然在很多时候动物园的工作人员会为每一类动物准备铭牌，借助铭牌人们可以快速地获取动物的名称、分布范围、生活习性等信息，但是当这些铭牌变得模糊或者信息不全时，有没有一种快速、便捷的方式去解决这个尴尬的问题呢？

随着 5G 技术和人工智能技术的普及，为解决这类问题提供了无限的可能。如今各种识别工具层出不穷，当人们在野外与小动物不期而遇时，只需给它拍个照，就可以借助人工智能技术快速识别图像的功能来辨别眼前的动物，以便充分地了解该动物的相关信息，这着实是一件令人愉悦的事情。

在本案例实战中，将借助百度智能云技术带领读者开启动物的识别之旅，充分体验人工智能技术的魅力。

☞【解决思路】

基于一些智能云服务，如百度智能云、华为人工智能云等，人们可以快速识别图片上的动物，这些云平台均提供了动物识别功能，当人们将需要识别的图片上传至智能云平台时，相关的人工智能软件即可快速、准确地帮助人们识别出图片上的动物，以帮助人们进一步了解该动物的相关信息，具体识别流程如图9-15所示。

图9-15 动物识别流程

本案例实战以百度智能云为例介绍动物的识别流程。

百度智能云是百度提供的公有云平台，于2015年正式开放运营。百度智能云以"云智一体"为核心赋能千行百业，致力于为企业和开发者提供全球领先的人工智能、大数据和云计算服务及易用的开发工具，社会各个行业提供安全、高性能、智能的计算和数据处理服务，让智能的云计算成为社会发展的新引擎。目前，百度智能云可提供的服务见图9-16。

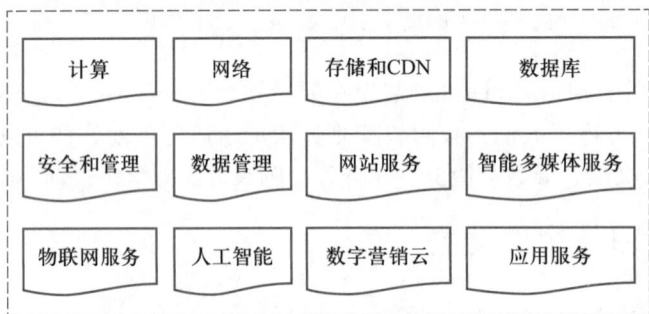

图9-16 百度智能云所提供的服务

其中百度智能云所提供的人工智能服务可快速帮助人们实现诸如图像识别、人脸识别、文字识别等功能，具体见图9-17。

图9-17 人工智能服务所提供的功能

因此，可以基于百度智能云平台上的人工智能服务，轻松实现本案例实战中的动物识别功能。

【操作步骤】

步骤一：准备一张动物图片，可用手机拍摄或计算机下载一张感兴趣的动物照片。

步骤二：进入百度AI开放平台网站，选择其动物识别功能，如图9-18所示。

步骤三：按照图9-18所示步骤进入动物识别网站，如图9-19所示。

步骤四：单击动物识别界面下方的"功能演示"选项，进入图片上传界面，如图9-20所示。

步骤五：在该界面单击"本地上传"按钮，上传在步骤一中准备好的动物图片，当然也可粘贴含有动物图像的URL，等待片刻，即可得到识别结果，如图9-21所示。

图 9-18　百度 AI 开放平台

图 9-19　动物识别界面

图 9-20　图片上传

图 9-21　动物识别结果

由识别结果可知，该动物是赤狐的可能性最大，可信度高达 97.7%。

通过上述案例，不难发现基于现有的各类开放平台，可以非常方便地完成诸如此类的识别任务。但是大家是否思考过这些问题呢：其在识别过程中的识别依据是什么？可能会存在哪些因素影响最终的识别结果？可否自己编写程序来实现该识别功能？

带着这些问题，可以充分利用本模块学习的相关知识，完成更多的识别任务。

【实训任务】

人工智能技术无疑已融入人们生活的方方面面，并为人们的生活提供了诸多的便利。请结合自己所学的专业，思考人工智能技术在本专业领域的应用情况，并查询资料，探索人工智能技术对自己所学专业未来的发展有何影响。

【单元测试】

一、选择题

1. 下列选项中没有用到人工智能的是（　　　）。

A. 机器人 AlphaGo 挑战围棋世界冠军

B. 开车时使用高德导航进行导航

C. 戴虚拟现实头盔后，你看到的所有影像将能完整地把你包围

D. 阅读外国文献时遇到看不懂的文章，使用翻译软件

2. 手机的功能：按住"麦克风"按钮后，对手机讲话，能将声音信息识别并转换为文本信息。这采用的主要是（　　　）。

A．人工智能技术　　　　　　　　　　B．视频技术

C．虚拟现实技术　　　　　　　　　　D．数据压缩技术

3．利用计算机来模拟人类的某些思维活动，如模式识别、医疗诊断、机器证明等，这些属于（　　）应用。

A．分布计算　　　　B．自动控制　　　　C．远程教育　　　　D．人工智能

4．下列关于人工智能的叙述中不正确的是（　　）。

A．人工智能技术与其他技术相结合，极大地提高了应用技术的智能化水平

B．人工智能是科学技术发展的趋势

C．人工智能的系统研究是从 20 世纪 50 年代开始的，非常新，所以十分重要

D．人工智能极大地促进了社会的发展

5．教学楼内安装的考勤系统使用了（　　）。

A．语音识别技术　　　　　　　　　　B．智能代理技术

C．虚拟现实技术　　　　　　　　　　D．模式识别技术

6．下列应用中，没有体现人工智能技术的是（　　）。

① 在 Word 中输入的成语中出现错别字时，被自动更正

② 购买奶茶时使用手机扫描二维码进行支付

③ QQ 聊天时使用手写输入法输入文字

④ 机场测温终端快速对进出人员进行体温侦测

⑤ 通过智能音箱语音控制房内电子设备

A．①③　　　　　　B．①②　　　　　　C．④⑤　　　　　　D．②④

7．智能技术与信息技术的融合，进一步扩展了信息技术的应用领域，实现了人们生活方式向智能化和信息化转变。以下不属于信息技术应用的是（　　）。

A．利用转基因技术生产人工胰岛素

B．汽车的感应启动、远程遥控启动和指纹启动等

C．AlphaGo 机器人挑战人类围棋高手

D．智能手机中加入北斗芯片，实现实时定位功能

8．用微信或支付宝付款的时候，会生成一个条形码，收银员可以扫描此条形码收款，这种技术属于人工智能中的（　　）技术。

A．人脸识别　　　　B．语音识别　　　　C．条码识别　　　　D．字符识别

9．人工智能研究的领域不包括（　　）。

A．自然语言理解　　B．自动程序设计　　C．程序设计方法　　D．自动定理证明

10．某人回到家说了一声"灯光"，房间的灯就亮了，这主要应用了人工智能中的（　　）。

A．文字识别技术　　　　　　　　　　B．指纹识别技术

C．语音识别技术　　　　　　　　　　D．光学字符识别技术

二、简答题

1．简述人工智能关键技术包含的内容。

2．简述人工智能的应用领域。

3．简述人工智能在交通行业的应用情况。

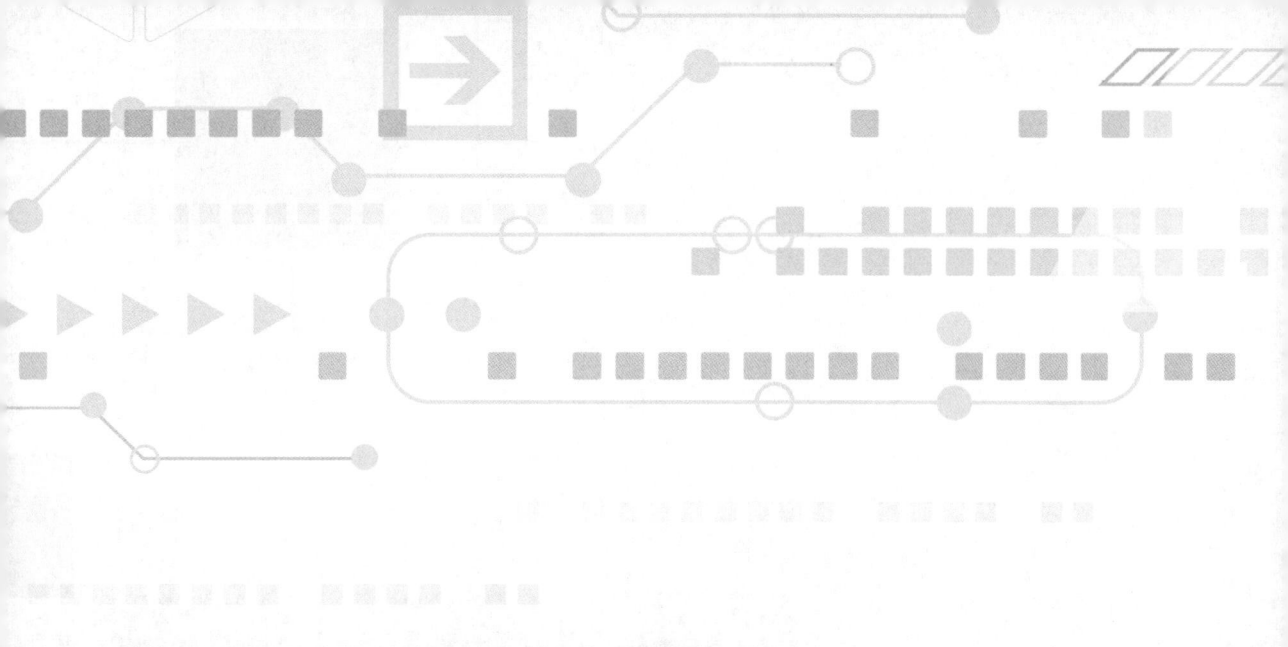

模块五　走进使信息自由的云计算技术

单元 **10**

探索云计算技术

【学习目标】

知识目标：

1. 了解云计算的概念和特征，认识云计算在中国的发展历程。

2. 理解云计算的三种主要服务模式。

3. 了解支持云计算的主要产品和工具以及掌握其技术原理和应用方法。

技能目标：

1. 能够理解和应用云计算的三种服务模式、特点和适用场景。

2. 能够理解和应用云计算的虚拟化技术。

3. 能够识别云计算的应用场景。

素养目标：

1. 具备计算机科学和信息技术的素养，能够理解和应用云计算。

2. 具备创新思维的素养，能够基于实际问题，提出创新的想法和解决方案。

3. 具备创新实践的素养，能够将云计算技术应用到实际项目中。

【思维导图】

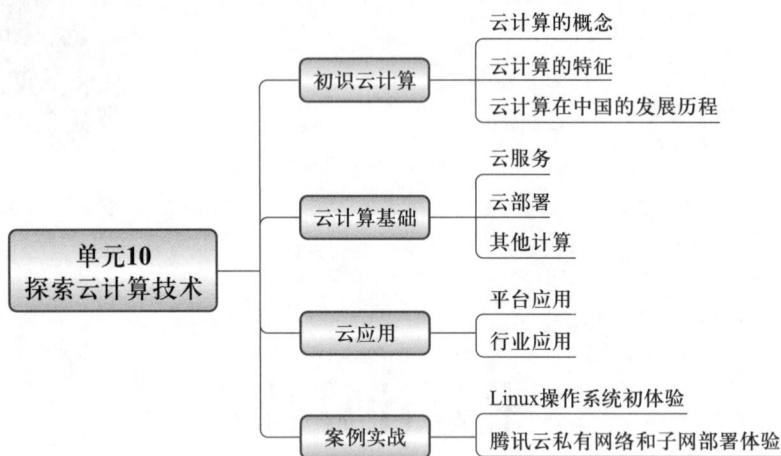

图 10-1　单元 10 知识图谱

【案例导入】

在这个网络快速发展的时代，互联网技术也在随其不断地创新，云计算技术已经使互联网的使用变得更加便捷。在人们的日常工作和生活中，到处都有云计算的存在，它给人们的工作和生活带来了数不胜数的便捷。

"司机已接单，请在 5 分钟内到达上车点。"简单的一句话，是现在人们最习以为常的生活场景之一。在出门前，打开网约车平台，输入出发地、目的地，点击呼叫，在非高峰期时段往往只需几分钟就可以匹配到车。乘客在约定好的时间、地点上车，快速抵达目的地。

在网约车平台高质量的服务背后，是云计算的强大支撑。乘客发起乘车需求后，订单发给附近哪些司机，多个司机抢单时如何快速筛选出最适合的一位……要解决这些问题，都需要云计算的强大数据分析能力。

这只是云计算的众多应用场景之一。那么，云计算究竟是什么？它在日常生活中还带给了人们哪些便利？在未来，它会有怎样的发展？

10.1　初识云计算

微课 10-1
认识云计算

随着数据量业务需求的不断变化，信息化数据的传播形式由本地单机向区域网络办公、系统集成、智慧商务转化。云计算作为传统计算机技术、网络技术和数据技术规模发展融合的产物，它的出现离不开互联网技术的发展，更离不开国家政策的推动。

10.1.1　云计算的概念

信息社会数据规模的指数级增长以及大数据时代的发展，对建立存储规模更大、运算速度更快的数据中心来进行海量数据的处理和存储有着迫切的需求。在这样大量需求的背景下，许多大公司纷纷建立了自己的云计算数据中心，如图 10-2 所示。这些数据中心为了给将来产生的数据留有余地，其规模通常都会建得比当前实际使用量更大。此时，这些公司发现自己还要为这些空闲的运算能力、存储空间承担管理及电力成本，会造成非常大的浪费。与此同时，一些小公司虽然也有数据存储及数据处理的需要，但是因为经费或者技术能力的限制，而不能建设自己的数据中心。

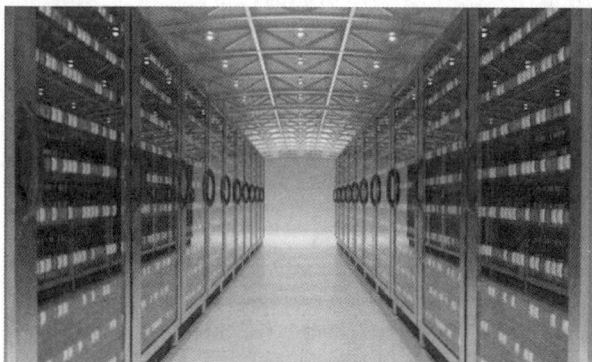

图 10-2   云计算数据中心

那么，是不是可以想一个办法让大公司将闲置的运算资源通过收取一定费用的方式租给小公司使用呢？基于这种考虑，出现了"云计算"（Cloud Computing）概念。对云计算的定义有多种说法。现阶段广为人知的定义是：云计算是一种按使用量付费的模式，这种模式提供可用的、便捷的、按需的网络访问，进入可配置的计算资源（网络、服务器、存储、应用软件、服务）共享池，这些资源能够被快速提供，只需投入很少的管理工作，或与服务供应商进行很少的交互。

云计算是基于互联网的相关服务的增加、使用和交付模式，通常涉及通过互联网来提供动态、易扩展且经常是虚拟化的资源。云是网络、互联网的一种比喻说法。过去在绘图中往往用云来表示电信网，后来也用云表示互联网和底层基础设施的抽象。因此，云计算甚至可以让用户体验 10 万亿次 /s 的运算能力，拥有这么强的计算能力，使得它可以模拟核爆炸、预测气候变化和市场发展趋势。如图 10-3 所示。用户可通过计算机、笔记本计算机、手机等方式接入

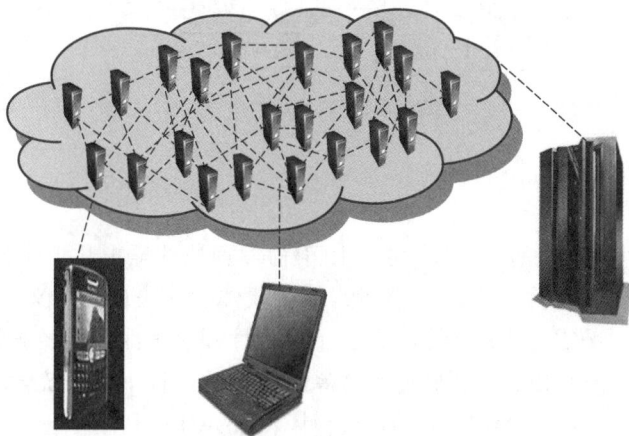

图 10-3   用户访问数据中心

数据中心，按自己的需求进行运算。

10.1.2   云计算的特征

云计算从诞生以来，市场规模急剧扩大，据统计，2020 年全球云计算市场规模已达到 3 120 亿美元。而在中国，以云计算、物联网等为代表的新一代信息技术产业被列为我国战略性新兴产业，受到国家的高度重视。目前，国内主流互联网服务商及通信企业如阿里、腾讯、华为、中国移动、中国电信、360 等都在大力发展自己的云服务能力，其中阿里云已经成为亚太地区第一大云。如图 10-4 所示，云计算实现了基于网络将资源整合至大量的分布式计算机上，使企业、组织或个人等能够按需申请资源使用权限，达到按需访问计算机的目的。

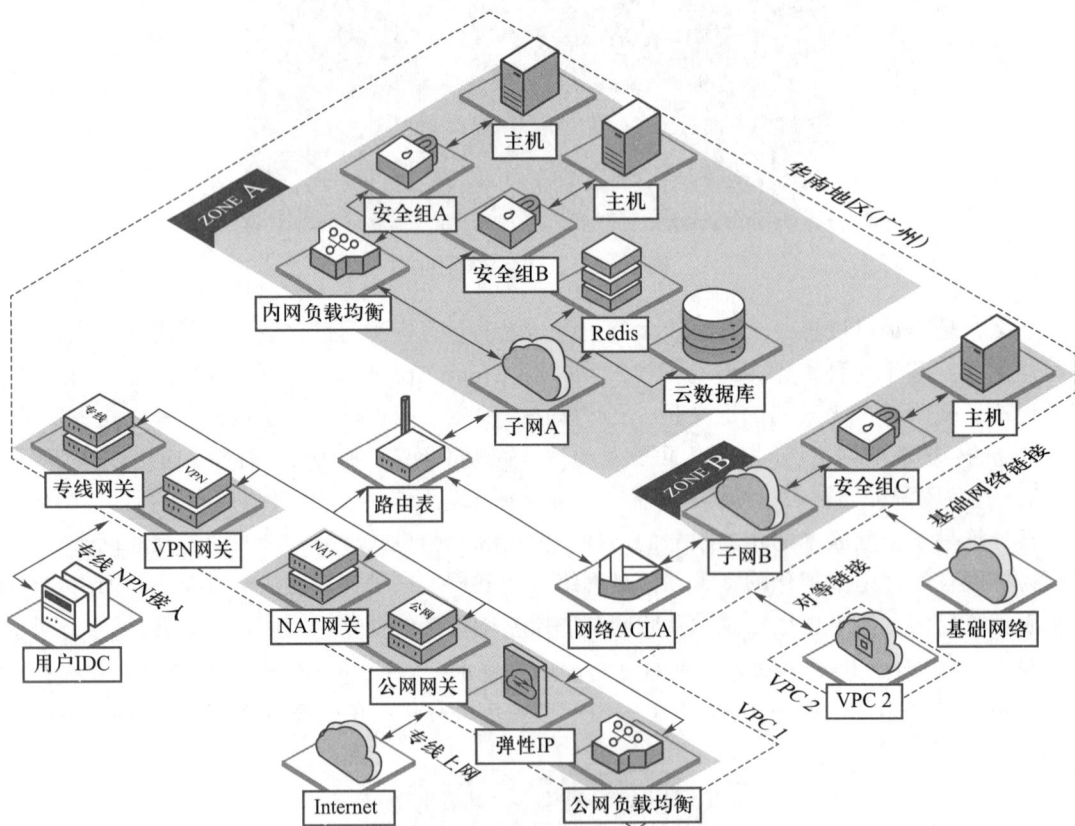

图 10-4   云计算的组成

简要来讲，云计算具有如下特征。

1. 虚拟化技术

虚拟化技术是云计算的核心技术，主要用于物理资源的虚拟化。虚拟化主要指通过虚拟化技术将一台计算机虚拟为多台逻辑计算机，使用软件的方法重新定义、划分 IT 资源。传统的虚拟化手段满足用户按需使用的需求以及保证可用性和隔离性，已经成为一种被广泛认可的服务器资源共享方式，它可以在按需构建操作系统实例的过程中为系统管理员提供极大的灵活性。例如，我们通过 Windows 管理器查看自己计算机的 CPU 利用率，可以看到通常利用率都没有达到 10%，这就意味着 CPU 有超过 90% 的运算能力被浪费了。采用虚拟化技术能够更好地发挥出物理机的最大性能，从而能更高效地使用服务器，产生更大收益。

2. 广泛的网络接入

广泛的网络接入是指可通过网络、采用标准机制访问物理和虚拟资源的特性。这里的标准机制有助于通过异构用户平台使用资源。这个关键特性强调云计算使用户更方便地访问物理和虚拟资源：用户可以从网络覆盖的任何地方，使用各种客户端设备，如手机、平板电脑、笔记本计算机和工作站等，访问资源。

3. 超大规模

超大规模是指将云服务提供商的物理或虚拟资源进行集成，以便服务于一个或多个云服务客户的特性。这个关键特性强调云服务提供商既能支持多客户，又能通过抽象屏蔽处理复杂性。对客户来说，他们仅仅知道服务在正常工作，但是通常并不知道资源是如何提供或分布的。而资源池化是指将原本属于客户的部分工作，如维护工作，移交给了供应商。需要指出的是，即使存在一定的抽象级别，用户仍然能够在某个更高的抽象级别指定资源分配。对于一个"云"来说，理论上其可以拥有无限规模的物理资源。根据阿里云官方数据，2020 年阿里云全球部署的服务器总数接近 200 万台，如果把这些服务器堆叠起来，整体高度会超过 20 个珠穆朗玛峰。超大规模的一个优势就是让单机购买和管理成本降低。

4. 按需自服务

按需自服务是指云服务客户能根据需要自动或通过与云服务供应商的最少交互配置计算能力的特性。这个关键特性强调云计算为用户降低了时间成本和操作成本，因为该特性赋予了用户无须借助额外的人工交互就能够在需要的时候做需要做的事情的能力。用户可以按照自己的需求向"云"申请虚拟资源。云计算平台通过虚拟分拆技术，为用户提供一台到上千台虚拟计算机的服务。实现按需分配后，按量计费也成为云计算平台向外提供服务时的有效收费形式，类似水电收费模式一样，使用多少计算服务就收多少费用，不使用不收费。

5. 弹性伸缩和动态可扩展

快速的弹性和可扩展性是指物理或虚拟资源能够快速、弹性地供应（有时是自动化地供应），以快速增减资源的特性。对云服务客户来说，可获取的物理或虚拟资源很多，可在任何时间购买任意数量的资源，购买量仅受服务协议的限制。用户可以自行定义规则，让自己租用的云上资源可以根据规则动态变化，以满足实际业务的变化需求。例如，一个部署在云上的在线商城平时一台服务器就可以支撑业务流量，但是在"双 11"这样的购物节来临时，可以动态地向"云"租用更多的服务器来扩展服务能力；而当购物节结束后，又可以根据规则及时释放部分资源以节约成本。而"云"可以在不停机状态下通过增加硬件资源扩展其计算能力。也就是添加、删除、修改云计算环境的任一资源节点，抑或任一资源节点发生了异常宕机，都不会导致云环境中的各类业务的中断，也不会导致用户数据的丢失。

10.1.3　云计算在中国的发展历程

随着数字化转型进程的深入，数字经济已逐渐发展成为国民经济增长的重要驱动力，数字中国建设上升为国家重要战略目标，国家及地方政府陆续出台了一系列数字产业相关政策，云计算作为新兴数字产业之一，为数字经济发展提供强有力的基础支撑，成为国家"十四五"期间的重点发展产业之一。

如图 10-5 所示，云计算在中国的发展先后经历了以下 4 个阶段。

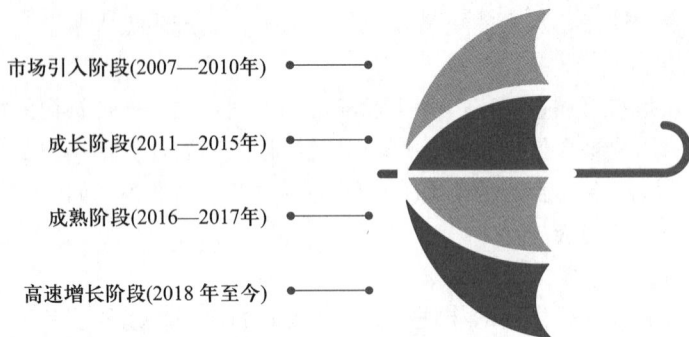

图 10-5　中国云计算发展历程

① 市场引入阶段（2007—2010 年）。云计算概念不够明确，重点厂商各自为政，成功案例十分匮乏，人们对云计算的认知度较低。

② 成长阶段（2011—2015 年）。人们开始对云计算逐步了解，越来越多的厂商开始步入云计算行业，应用案例逐渐丰富，能够给客户提供大量功能丰富的应用解决方案。

③ 成熟阶段（2016—2017 年）。云计算厂商竞争格局基本形成，SaaS 模式的应用逐渐成为主流，解决方案更加成熟、优秀。

④ 高速增长阶段（2018 年至今）。云计算市场整体规模偏小，落后于全球云计算市场 3~5 年。从细分领域来看，国内 SaaS 市场缺乏行业领军企业。

【拓展阅读】

云计算上演中国故事

十多年前，云计算刚刚登陆中国。中国企业仰望着微软等国外云厂商，满是敬佩和美慕。而今天，中国成为全球云计算市场增速最快的国家，全球排名前 6 的云厂商中，中国厂商占其 3。云计算已广泛应用在千行百业，与人们的生产、生活形影不离。中国云厂商也开始走出国门，成功在海外市场打响了"中国云"品牌。短短十余年，中国云完成了一次又一次令人惊叹的突破——破茧而出、羽化成蝶，实现由"量"及"质"的华丽蝶变。从零起步，到现在的花开遍地，中国云的故事还在继续讲述着精彩。

（1）"云上奥运"打造全新技术标准

2016 年，年仅"七岁"的阿里云凭借"世界之最"的"双 11"流量洪峰相关数据与案例，以及在现场仅用 10 分钟就部署起广播级直播环境（传统 IT 架构需要几个月才能完成），刷新了国际奥组委相关专家对中国云计算的认知，最终被国际奥委会选为奥运会唯一云服务商。

从平昌冬奥会的首次亮相，到东京奥运会转播云首次运行，再到北京首届"云上奥运"成功举办，中国云计算不负所望，一次又一次展现出了强悍的实力。

（2）漂洋过海，中国云世界扬名

如今，在国内经历过重重洗礼、迭代与成长的中国云正走向世界。

腾讯云于 2016 年开始布局海外业务，短短 6 年时间就已在全球部署了超过 2 800 个加速节点，覆盖 70 多个国家和地区，现有可用区数量达到之前的 6 倍。

阿里云已面向全球四大洲开服运营 27 个公共云地域、83 个可用区，并在海外设立了数百个云数据中心，在全球 200 个国家拥有超 400 万付费用户。

华为云已在海外市场与伙伴在全球 23 个地理区域运营 45 个可用区，累计服务全球 150 多个国家。在亚太，华为云是增速最快的主流公有云提供商。在拉美，华为云是节点数量最多的云服务提供商。

除此之外，京东云、百度智能云、青云（QingCloud）等越来越多的中国云厂商也纷纷加入"出海"队伍中来，而且中国云厂商的出海范围已经不限于近水楼台的东南亚、日韩、中东等地区，而是逐渐开始远赴欧美、非洲等市场。中国云品牌正在全球范围内扩张，影响力日益增加，大有从"Copy to China"（复制到中国）到"Copy from China"（从中国复制）的势头。中国云计算所彰显出的磅礴力量也正在被世界看见。

10.2　云计算基础

通过了解云计算的基本概念和基本特征，根据用户当前的信息化状况、未来的期望状态、掌握的技术能力以及抗风险能力等因素，思考如何给用户提供自助的服务、部署和使用云。

微课 10-2
认识·云计算的服务和部署

10.2.1　云服务

云服务类别是拥有相同质量集的一组云服务。一种云服务类别可对应一种或多种云能力类型。典型的云服务包括以下类别。

- 通信即服务（CaaS）：为云服务客户提供实时交互与协作能力的一种云服务类别。
- 计算即服务（CompaaS）：为云服务客户提供部署和运行软件所需的配置和使用计算资源能力的一种云服务类别。
- 数据存储即服务（DSaaS）：为云服务客户提供配置和使用数据存储相关能力的一种云服务类别。
- 基础设施即服务（IaaS）：为云服务客户提供云能力类型中的基础设施能力类型的一种云服务类别。
- 网络即服务（NaaS）：为云服务客户提供传输连接和相关网络能力的一种云服务类别。
- 平台即服务（PaaS）：为云服务客户提供云能力类型中的平台能力类型的一种云服务类别。
- 软件即服务（SaaS）：为云服务客户提供云能力类型中的应用能力类型的一种云服务类别。

以上这些云服务类型都可以归为 3 种服务模式 IaaS、PaaS 和 SaaS 中的一种。

1. 基础设施即服务

基础设施即服务（IaaS）是云计算的主要服务类型之一，即在"云端"根据需要虚拟化出诸如计算机、存储、网络等设备为用户提供基础硬件服务。例如，一个用户在云端租用了一台计算机（云主机），其可以像操作本地计算机一样操作该云主机，如安装操作系统、安装应用软件、部署自己的网络服务等。因此，如果要在网络中租用一台完整计算机，则应使用 IaaS

云计算平台。

2. 平台即服务

平台即服务（PaaS）在"云端"为用户提供开发平台和测试环境。使用这类服务的用户一般是软件开发人员。如云地图、微信小程序等，都是由 PaaS 云计算平台提供的服务。用户可以使用简单的几行代码将 PaaS 云计算平台提供的服务嵌入到自己的软件中，以实现复杂功能。

3. 软件即服务

软件即服务（SaaS）通过互联网面向最终用户，提供按需付费使用的应用软件。如钉钉远程办公、Office 在线文档编辑、金山公司的 WPS 在线文档管理、腾讯云会议等都属于 SaaS 云计算平台提供的网络应用软件，其不用安装，可以在云上直接使用。

云计算的 3 种服务模式如图 10-6 所示。

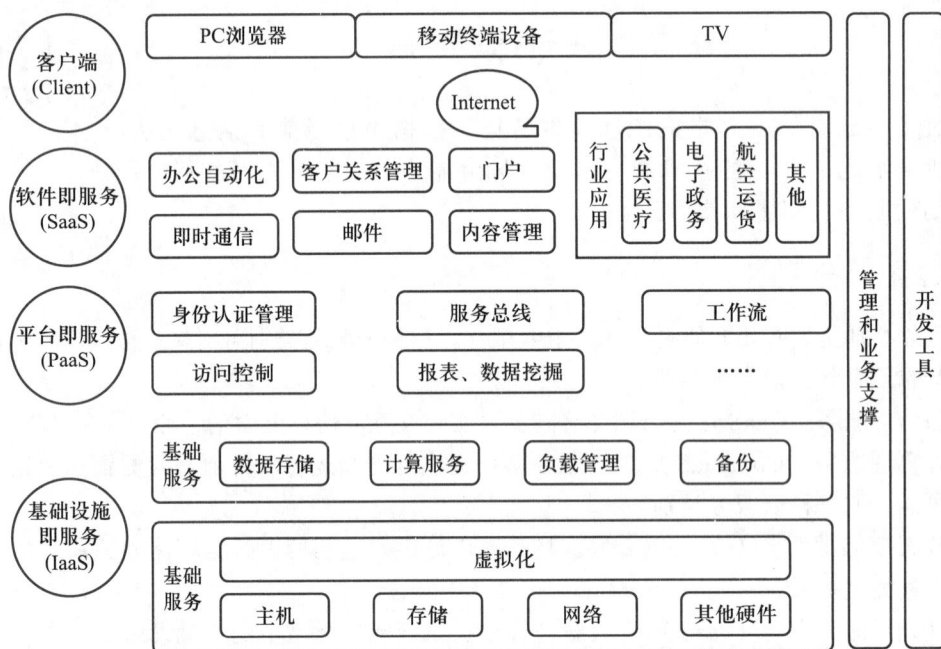

图 10-6　云计算的 3 种服务模式

3 种服务模式之间没有必然的联系，都是基于互联网，按需求、时长付费使用，如同水、电、煤气一样。但在实际的商业模式中，由于提供了开发平台后 SaaS 的开发难度降低，以至于 PaaS 的发展着力促进了 SaaS 的发展。

从用户体验的角度而言，3 种服务模式之间的关系是相互独立的，因为它们面向的是不同的用户群体。从技术角度而言，它们之间不是简单的继承关系，SaaS 可以基于 PaaS 或者直接部署在 IaaS 之上；其次 PaaS 可以构建在 IaaS 之上，也可以直接构建在物理资源之上。

这 3 种服务模式都是采用外包的方式，减轻了云用户的负担，降低了管理与维护服务器硬件、网络硬件、基础架构软件和应用软件的人力成本。从更高的层次上看，它们都试图去解决同一个问题，即用尽可能少甚至为零的资本支出获得功能、扩展能力、服务和商业价值。而成功的 SaaS 和 IaaS 可以很容易地延伸到平台领域，如图 10-7 所示。

云服务模式	服务对象	使用方式	关键技术	用户的控制等级	系统实例
IaaS	需要硬件资源的用户	使用者上传数据、程序代码、环境配置	虚拟化技术、分布式海量数据存储等	使用和配置	Amazon EC2、Eucalyptus等
PaaS	程序开发者	使用者上传数据、程序代码	云平台技术、数据管理技术等	有限的管理	Microsoft Azure、Hadoop等
SaaS	企业和需要软件应用的用户	使用者上传数据	Web服务技术、互联网应用开发技术等	完全的管理	Salesforce CRM等

图 10-7　基本云服务模式的比较

10.2.2　云部署

云计算的部署由数以万计的计算机组成，并通过计算机网络对外提供云计算服务，云端使用的计算资源可以随时随地进行扩展和压缩，使所有的计算机硬件资源都能充分发挥各自的效能，最大限度地减少硬件资源的使用，降低成本。

对于云端数据的存储和处理，云计算通过计算机机群来进行存储和处理，利用数据处理中心管理大量计算机组成的机群，按照用户的需求进行计算资源分配，实现和超级计算机一样的访问速度和处理效果，却大大降低了硬件成本。

如图 10-8 所示，云计算包括公有云、私有云、混合云和社区云等的部署方式，每一种都具有独特的功能，用以满足不同用户群体的不同需求。

1. 公有云

公有云，也称外部云，通常指云计算服务提供商为公众提供的能够使用的云计算平台。公有云建立在一个或多个数据中心上，并由云计算服务提供商操作和管理，公有云的服务通过公共的基础设施提供给多个用户。

在公有云部署方式下，应用程序、资源、存储和其他服务都由云服务供应商提供给用户，这些服务多半是付费的，也有部分供应商出于推广和市场占有需要提供免费服务，这种模式只能使

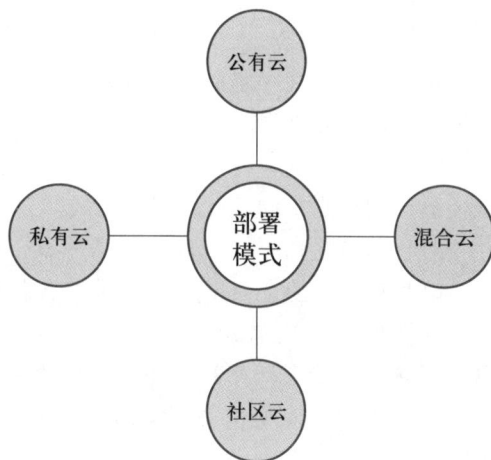

图 10-8　云部署模式

用互联网来访问和使用。同时，这种模式在私人信息和数据保护方面比较有保证，通常都可以提供可扩展的云服务并能高效设置。

目前，典型的公有云有微软的 Windows Azure Platform，以及国内的阿里、用友、伟库等。对于用户而言，公有云的最大优点是其所应用的程序、服务及相关数据都存放在公有云的提供者处，用户无须做相应的投资和建设。由于数据不存储在用户自己的数据中心，

其安全性存在一定的风险。同时，公有云的可用性不受使用者控制，在这方面也存在一定的不确定性。

2. 私有云

私有云也称内部云，是建立在私有网络上的云计算产品。私有云是为用户单独使用而构建的，因而可以提供对数据、安全性和服务质量的最有效控制。一般来说，私有云是企业自身使用的云，它所有的服务不供别人使用，而只供企业内部人员或分支机构使用，它的核心属性是专有资源。与私有云相关的网络、计算以及存储等基础设施都是为用户所独有的，并不与其他的用户分享。

私有云的部署比较适合于有众多分支机构的大型企业或政府部门。随着这些大型企业数据中心的集中化发展，私有云将会成为它们部署 IT 系统的主流模式。相对于公有云，私有云部署在企业自身内部，所以其数据安全性、系统可用性都可以由企业自身控制。

3. 混合云

混合云是两种或两种以上的云计算模式的混合体，如公有云和私有云的混合，它是介于公有云和私有云之间的一种折中方案。它们相互独立，但在云的内部又相互结合，可以发挥出所混合的多种云计算模型各自的优势。一般来说，混合云由内部及外部供应商共同构建。使用混合云计算模式，用户在公有云上运行非核心应用程序，而在私有云上支持其核心程序以及内部敏感数据。

企业是混合云的主要用户，这是因为企业用户愿意将数据存放在私有云中，但是同时又希望可以获得公有云的计算资源。在这种情况下混合云被越来越多的企业采用，混合云将公有云和私有云进行混合和匹配，以获得最佳的效果，这种个性化的解决方案，达到了既省钱又安全的目的。

4. 社区云

社区云是指在一定的地域范围内，由云计算服务提供商统一提供计算资源、网络资源、软件和服务能力所形成的云计算形式。社区云基于社区内的网络互连优势和技术易于整合等特点，通过对区域内各种计算能力进行统一服务形式的整合，结合社区内的用户需求共性，实现面向区域用户需求的云计算服务模式。

社区云就是由一个社区而不是一家企业所拥有的云平台。社区云一般隶属某个企业集团、机构联盟或行业协会，也服务于同一个集团、联盟或协会。如果一些机构联系紧密或者有着共同（或类似）的 IT 需求，并且相互信任，它们就可以联合构造和经营一个社区云，以便共享基础设施并享受云计算的好处。凡是属于该群体的成员都可以使用该云架构。为了管理方便，社区云一般由一家机构进行运维，但也可以由多家机构共同组成一个云平台运维团队来进行管理。

10.2.3 其他计算

在云计算出现之前的主要计算方法有网格计算、并行计算、分布式计算、效用计算、自主计算等。云计算虽然是一个新的概念，但与它们关联紧密。

1. 网格计算

网格计算是指分布式计算中两类广泛使用的子类型：一类是在分布式的计算资源支持下，作为服务被提供的在线计算或存储；另一类是由一个松散连接的计算机网络构成的虚拟超级计算机，可以执行大规模任务。

网格计算强调将工作量转移到远程的可用计算资源上，侧重并行的计算集中性需求，难以自动扩展。云计算强调专有，即任何人都可以获取自身的专有资源，并且这些资源是由少数团体提供的，使用者不需要贡献自己的资源。

2. 并行计算

并行计算是指同时使用多种计算资源解决计算问题的过程，是为了更快速地解决问题、更充分地利用计算资源而出现的一种计算方法。并行计算通过将一个科学计算问题分解为多个小的计算任务，并将这些小的计算任务在并行计算机中执行，利用并行处理的方式达到快速解决复杂计算问题的目的。实际上，并行计算是一种高性能计算。并行计算的缺点在于，由被解决的问题划分而来的模块之间是相互关联的，若其中一个模块出错，则必定影响其他模块，再重新计算会降低运算效率。

3. 分布式计算

分布式计算利用互联网上众多闲置计算机，将其联合起来解决某些大型计算问题。与并行计算同理，分布式计算也是把一个需要巨大计算量才能解决的问题分解成许多小的部分，然后把这些小的部分分配给多台计算机进行处理，最后把这些计算结果综合起来得到最终的正确结果。与并行计算不同的是，分布式计算所划分的任务相互之间是独立的，一个小任务出错并不会影响其他任务。

4. 效用计算

效用计算是一项提供计算资源的技术，用户从计算资源供应商处获取和使用计算资源，并基于实际使用的资源付费。效用计算主要给用户带来经济效益，是一种分发应用所需资源的计费模式。对于效用计算而言，云计算是一种计算模式，它在某种程度上共享资源，进行设计、开发、部署、运行、应用，并支持资源的可扩展、收缩性和对应用的连续性。

5. 自主计算

自主计算是"能够保证电子商务基础结构服务水平的自我管理技术"，其最终目的在于使信息系统能够自动地对自身进行管理，并维持其可靠性。自主计算的核心是自我监控、自我配置、自我优化和自我恢复。

10.3　云　应　用

"云应用"是"云计算"概念的子集，是云计算技术在应用层的体现。云应用与云计算最大的不同在于，云计算作为一种宏观技术发展概念而存在，而云应用则是直接面对客户解决实际问题的产品。

微课 10-3
认识云计算的平台应用和行业应用

10.3.1　平台应用

云计算作为一种新型的计算模式，目前还处于早期发展阶段，众多提供商提供了各自基于云计算的应用服务。

1. 百度智能云

百度智能云作为中国人工智能的先行者，在深度学习、自然语言处理、语音技术和视觉技术等核心人工智能技术领域优势明显，百度大脑、飞桨深度学习平台则是人工智能产业基

础设施。

百度智能云提供稳定、高可用、可扩展的云计算服务。2022年百度智能云成绩斐然，同时在人工智能公有云、对话式人工智能、人工智能工业质检三个领域蝉联中国市场第一，并在金融云、智慧城市、数字人、物联网等多个核心领域居领导者位置。

2. 阿里云

阿里云是阿里集团旗下云计算品牌，也是全球卓越的云计算技术和服务提供商，创立于2009年，在杭州、北京、硅谷等地设有研发中心和运营机构。目前，阿里云的服务范围覆盖全球200多个国家和地区。

阿里云致力于为企业、政府等组织机构，提供安全、可靠的计算和数据处理能力，让计算成为普惠科技和公共服务，为万物互联的数据处理技术世界提供源源不断的新能源。阿里云在全球各地部署高效节能的绿色数据中心，利用清洁计算支持不同的互联网应用。

3. 腾讯云

腾讯云是腾讯公司倾力打造的面向广大企业和个人的公有云平台，主要提供云服务器、云数据库、云存储和内容分发网络（Content Delivery Network，CDN）等基础云计算服务，以及提供游戏、视频、移动应用等行业解决方案。以卓越的科技能力打造丰富的行业解决方案，构建开放共赢的合作生态，推动产业互联网建设，助力各行各业实现数字化升级。

10.3.2　行业应用

云应用不仅可以帮助用户降低IT成本，更能大大提高工作效率，因此传统软件向云应用转型的发展革新浪潮已势不可挡。

1. 教育云

云计算在教育领域中的迁移称之为"教育云"。教育云是利用先进的云计算技术，将教育信息化资源和系统进行整合和信息化，在云平台上进行统一部署和实现，通过互联网给广大师生乃至社会人员提供服务的系统。

在新的信息技术出现的情况下，可以看到这样的趋势：在服务化的驱使下能够帮助教育系统更加完善，包括各类高等学校和中小学校在信息化转型过程中更为平滑，实际上云计算就是这样的代表。

云计算在教育信息化领域的应用可以分为以下三个方面。

① 校园教育云。可以理解为高校或者中小学校里边的私有云。

② 区域教育云。是在一个区域内，如一个教育局下面的很多中小学，运营商与教育局牵头，把中小学的教育资源都托管到统一的云计算中心，实现对区域内中小学教育资源的集约运用和教育资源的共享。

③ 社会教育云。

2. 金融云

金融云是利用云计算的一些运算和服务优势，将金融业的数据、用户、流程、服务及价值通过数据中心、客户端等技术手段分散到"云"中，以改善系统体验，提升运算能力，重组数据价值，为用户提供更高水平的金融服务，并同时达到降低运行成本的目的。金融云服务旨在为银行、基金、保险等金融机构提供IT资源和互联网运维服务。

云计算在金融行业有广泛的应用可能，作为一种技术架构和服务模式，云计算可以被应用到金融业务价值链的方方面面，包括 IT 基础资源服务管理、业务流程管理（BPM）、内容管理、后台处理、客户关系管理（CRM）、个人银行服务、支付服务等诸多业务领域。从某种意义上来说，金融业务的每个环节，都可以采用云计算的方式重新审视和改造其支撑技术和业务模式。例如，被广泛使用的微信二维码和支付宝等专业网络支付服务，已经是一种金融支付的云服务模式，使大量中小型企业商户方便快捷地获得电子支付结算服务。

3. 医疗健康云

云健康又称健康云，是指通过云计算、云存储、云服务、物联网、移动互联网等技术手段，通过医疗机构、专家、医疗研究机构、医疗厂商等相关部门的联合、互动、交流、合作，为医疗患者、健康需求人士提供在线、实时、最新的健康管理、疾病治疗、疾病诊断、人体功能数据采集等服务与衍生产品开发。使用云计算的理念来构建医疗健康服务云平台，利用云计算技术巩固和发展现代医疗健康管理服务，构建新型卫生服务体系，提高医疗机构服务效率，降低服务成本，方便居民就医，减轻患者经济负担。

4. 交通云

交通云是指面向政府决策、交通管理、企业运营、百姓出行等需求，建立的智能交通云服务平台。开展与铁路、民航、公安、气象、国土、旅游、邮政等部门数据资源的交换共享，建立综合交通数据交换体系和大数据中心，通过监控、监测、交通流量分布优化等技术，建立包含车辆属性信息和静、动态实时信息的运行平台。

交通云将车辆监控、路况监视、驾驶员行为习惯等错综复杂的信息，集中到云计算平台进行处理和分析，并推送到云终端；建立一套信息化、智能化、社会化的交通信息服务系统，使交通设施发挥最大效能；可以为每位驾驶员和每辆机动车建立档案，收集车辆位置、车况、车内空气、车辆保养、车辆维修、司机驾驶行为等信息。经过云计算处理后，一方面把结果（如交通路况、驾驶提醒、保养提醒等）反馈给司机和他的家人；另一方面利用大数据分析，预测车辆故障和交通事故的发生，提前采取预防措施，这将大大减少交通事故和人员伤亡。同时交管部门、汽车厂商、保险公司、维修部、汽车俱乐部等部门通过交通云都能获取相应的信息。

【拓展阅读】
云计算，让服务触手可及——看云平台如何改变生活

当今世界，信息技术创新日新月异，数字化、网络化、智能化深入发展，在推动经济社会发展、促进国家治理体系和治理能力现代化、满足人民日益增长的美好生活需要方面发挥着越来越重要的作用。

在我国，以云计算为基础的社会服务升级正如火如荼地展开。云计算以信用云、公证云、文化云、医疗云等作为一种基于大数据的共享服务模式，通过搭建数据平台、优化计算方式、丰富应用场景，不断提升社会治理的精细化水平和公共服务的便捷化水平。

（1）"抬头见云"，以低成本带来算力提升，让传统产业实现智能化转型

在云计算的环境下，用户无须知道自己是如何获得诸如上网、使用软件等计算服务的，这些服务就好像都集中在天上的"云"上，用户则可以像"抬头见云"一样方便地获取

这些服务。

云计算最基础的是计算能力，在数据时代，云计算正在成为像自来水和电力一样的公共服务，让任何企业、机构和个人只需要连上互联网就能获得计算能力，典型应用场景如"双 11"和"春运抢票"。

随着技术的进步，人们对云的价值也日益了解，使其在各个领域得到了广泛的应用，催生了众多互联网创新，也让传统产业实现了数字化、智能化转型。

（2）打破"数据孤岛"，政府引领运用，创新力借助云计算模式得到释放

政府带头创造出采用新技术的氛围，使创新力在新技术领域通过云计算的平台模式得到释放，云计算的创新生态发展迅速。

政务云平台通过数据打通，创新社会治理模式，让数据跑腿代替了群众跑路。例如，浙江省的"最多跑一次"改革，通过"政务云"使省级部门间的数据共享比例从之前的不足 4% 提高到 83%，群众办理的 100 个高频事项所需要提交的证照材料减少七成。

（3）释放数字价值，机遇与挑战并存，期待为社会服务提供更多解决方案

云计算技术发展迅速，但是风险和挑战依然存在。一方面需要在效率、品质和安全方面进一步突破，另一方面还面临不同行业应用模式复杂性的挑战，打通、融合、运用数据也是释放云计算与大数据价值的关键点。

未来云计算将成为藏在一切数字生活背后的"动力"，每个人的生活都将与云计算紧密相连。

10.4 案 例 实 战

10.4.1 Linux 操作系统初体验

👆【问题导入】

在了解云计算的基础知识后，小李有了一个想成为一个云计算服务商的想法。打算尝试做一个能提供基础云服务的云计算平台，将自己的一台高性能计算机变成几台云主机分享给其他同学使用。要想实现这个目标，首先要进行调研以决定选用什么软件来搭建云计算平台。

👆【问题描述】

通过调研，小李决定采用 OpenStack 来搭建 IaaS 云计算管理平台。由于 OpenStack 需要 Linux 操作系统支持，小李首先需要给物理机安装一款 Linux 操作系统。

作为一款提供云服务的软件平台，OpenStack 通常需要多台服务器甚至是服务器集群来做硬件支撑，而小李只有一台高性能计算机，所以决定采用虚拟机软件将一台计算机虚拟成多台计算机来安装 CentOS Linux 操作系统。

CentOS 安装好以后，小李发现自己还不会使用 Linux 的指令来管理操作系统。由于安装

和运维 OpenStack 云计算平台需要大量使用 Linux 操作指令，因此小王决定学习与 OpenStack 安装和运维密切相关的部分 Linux 指令。

【解决思路】

Linux 系统管理、文件管理、网络管理是在 OpenStack 云计算平台搭建与运维中常用的 Linux 操作系统操作。重启或关闭是系统运维的基本与常见操作，由于 Linux 通常用在服务器上，采用直接断电的方式或者采用硬重启的方式都有可能造成数据丢失，因此通常不会使用硬关机与硬重启的方式。

【操作步骤】

步骤一：在虚拟机中打开 CentOS Linux 操作系统。

步骤二：打开 Linux 终端。

步骤三：输入下列命令进行操作体验。

（1）init 命令

init 命令是 Linux 操作系统中不可或缺的基础命令之一，它是一个由内核启动的用户级进程。

命令格式：

init < 级别 >

"init 0" 和 "init 6" 可以实现操作系统的关闭和重启。

（2）shutdown 命令

shutdown 命令通过调用 init 命令来实现关机操作。

命令格式：

shutdown [选项] < 关机时间 >

选项 "–r" 可以实现重启，"–h" 关机后关闭电源。

【例】立即关闭系统：shutdown –h now；

【例】一分钟后关闭系统：shutdown –h +1；

【例】在中午 12 点 30 分定时重启系统：shutdown –r 12：30；

【例】取消设置的重启或关闭的定时时间：shutdown –c。

（3）halt 命令与 reboot 命令

halt 命令实际上就是调用 "shutdown –h" 命令，而 reboot 命令就是调用 "shutdown –r" 命令。

【例】关闭系统：halt；

【例】重启系统：reboot。

10.4.2　腾讯云私有网络和子网部署体验

【问题导入】

企业 A 需要搭建一套在互联网上发布的论坛平台，但是企业内部并没有完善的基础架构设施，难以保证论坛平台的高可用性和高安全性。经过 IT 部门相关专家分析讨论，决定在腾讯云上完成整套论坛平台的部署。

🖐【问题描述】

在本案例实战中，将使用腾讯云私有网络 VPC 在腾讯云上完成私有网络和子网的搭建，并能够通过浏览器连接腾讯云官方网站。案例实战数据规划见表 10-1，配置表见表 10-2。

表 10-1　数据规划表

数据项	数据	说明
腾讯云账号	账号：××××××××× 密码：×××××××××××	涉及产品如下： VPC CVM CBD for MySQL CFS

注：本案例实战只涉及 VPC。

表 10-2　配　置　表

购买产品	规格	备注
腾讯云 VPC	地域：广州	免费

🖐【解决思路】

（1）实战要求

借助计算机、浏览器，链接腾讯云官方网站。

（2）实验流程

首先创建 VPC，然后创建子网。

（3）实战目标

通过该实战，能够掌握腾讯云 VPC 私有网络的基本配置（创建私有网络、初始化子网和路由表）。

🖐【操作步骤】

步骤一：在"腾讯云控制台"中，将鼠标依次悬停"云产品""网络""私有网络"，单击"私有网络"按钮，单击"新建"按钮，具体流程为：

① "所属地域"选择"华南地区（广州）"；

② 在"名称"文本框中输入"Lab1-VPC01"；

③ 在"IPv4CIRD"保持默认值"10.0.0.0/16"；

④ 在"子网名称"文本框中填写"Lab1- SBN01"；

⑤ 子网"IPv4CIRD"保持默认值"10.0.0.0/24"；

⑥ 在"可用区"下拉列表中选择"广州三区"；

⑦ 单击"确定"按钮，如图 10-9 所示。

步骤二：在私有网络控制台成功查看到刚才创建的 VPC，如图 10-10 所示。

图 10-9　操作流程

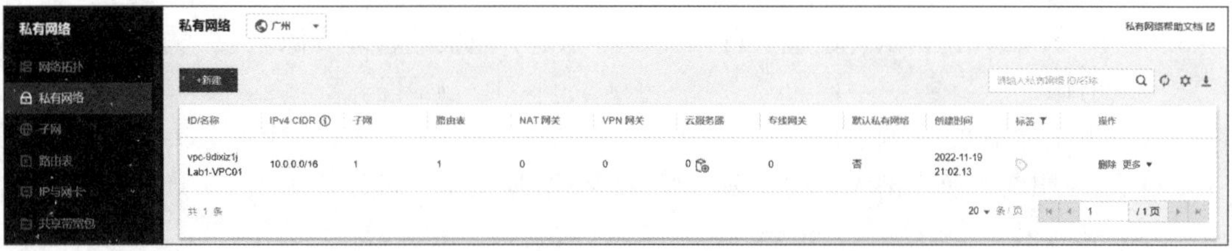

图 10-10　创建结果

【实训任务】

　　大学生小李的一天是这么度过的：早上起来先通过"网易云音乐"听一曲音乐，打开"百度云网盘"查看昨天在云计算协会中领到的任务，再通过"腾讯会议"召集项目组成员对工作任务进行讨论，最后大家通过"钉钉云办公"协同完成任务。小李十分好奇：这里用到的这么多"云"到底是什么？它是如何为人们提供服务的？我们自己能不能成为"云服务商"对外提供"云服务"？

　　请分组调研，讨论小组成员使用了哪些云计算服务，这些服务属于 IaaS、PaaS、SaaS 中哪种类型的云服务，并将调研结果填入表 10-3。

表 10-3　身边的云计算服务

应用名称	分类		
	IaaS	PaaS	SaaS
微信小程序		√	

【单元测试】

一、选择题

1. 下列中促进了云计算的产生和发展的技术是（　　）。

    A. 物联网　　　　　　　B. 大数据　　　　　　　C. 人工智能　　　　　　D. 互联网

2. 最先提出云计算概念的是（　　）公司。

    A. 微软　　　　　　　　B. IBM　　　　　　　　C. 亚马逊　　　　　　　D. 苹果

3. 目前亚太地区最大的云服务商是（　　）。

    A. 阿里云　　　　　　　B. 腾讯云　　　　　　　C. 华为云　　　　　　　D. 微软云

4. 云计算是一种按（　　）付费使用的模式。

    A. 收入　　　　　　　　B. 购买力　　　　　　　C. 使用量　　　　　　　D. 地区

5. 对于一个云来说，从理论上其可以拥有（　　）规模的物理资源。

    A. 有限　　　　　　　　　　　　　　　　B. 无限

    C. 不超过 100 万台物理机　　　　　　　　　　　　　　　　　　　　D. 不确定

6. 如果只想为企业内部人员提供云服务以保证数据安全，可以选用（　　）。

    A. 私有云　　　　　B. 公有云　　　　　C. 混合云　　　　　D. 任意云

7. 如果想面向全体上网用户提供云服务，可以选用（　　）。

    A. 私有云　　　　　B. 公有云　　　　　C. 混合云　　　　　D. 任意云

8. 如果既想面向全体上网用户提供服务，又要保证数据安全性，可以选用（　　）。

    A. 私有云　　　　　B. 公有云　　　　　C. 混合云　　　　　D. 任意云

9. 如果要在线租用一台完整的计算机，可以向（　　）云计算平台申请。

    A. IaaS　　　　　　B. PaaS　　　　　　C. SaaS　　　　　　D. NaaS

10. 如果要直接使用在线文档编辑软件来完成具体工作，可以向提供应用的（　　）云计算平台申请。

A. IaaS　　　　　B. PaaS　　　　　C. SaaS　　　　　D. NaaS

二、简答题

1. 简述云计算的由来。
2. 简述云计算的服务模式。
3. 简述云计算的部署类型。
4. 简述云应用技术概念的特性。

单元 11

云计算与其他新兴技术

【学习目标】

知识目标：

1. 了解云计算的发展趋势。

2. 理解云计算与物联网、大数据等新一代信息技术的关联与交叉应用。

3. 了解其他典型的新兴技术。

技能目标：

1. 掌握云计算与物联网、大数据、人工智能等新一代信息技术的联系及应用。

2. 能够理解和应用云计算的大数据技术，包括数据存储、分析和可视化等。

3. 能够理解和应用云计算的人工智能技术，包括机器学习、深度学习和自然语言处理等。

素养目标：

1. 具备计算机科学和信息技术素养，能够理解和应用云计算技术。

2. 具备团队合作的素养，能够与他人协作，有效沟通和合作完成任务。

3. 具备自我学习的素养，能够主动获取新知识，不断提高自身能力和素养。

4. 具备创新思维，能够将云计算技术应用到实际项目中，实现创新实践。

【思维导图】

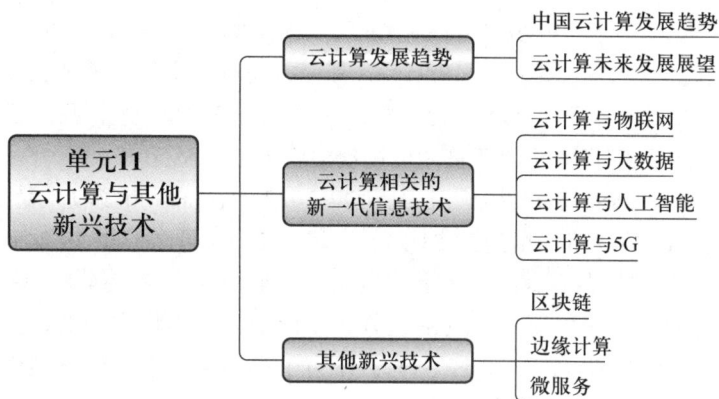

图 11-1　单元 11 知识图谱

【案例导入】

　　由中国信息通信研究院（以下简称"中国信通院"）和中国通信标准化协会联合主办的 2023 年可信云大会于 8 月 25 日在北京成功召开，大会发布了"2023 云计算十大关键词"。

　　在本次大会上，中国信通院发布并解读了《中国算力服务研究报告（2023 年）》，提出了算力服务发展指数评估体系，从资源服务化程度、应用赋能水平以及服务体验水平三个维度对我国各省（自治区、直辖市）算力服务化程度及产业赋能水平展开研究。经测算，我国北京、上海、广州算力服务发展指数处于领先位置，中西部提升明显但差距较大，进一步可分析出各省（自治区、直辖市）算力服务发展指数与其数字经济规模呈显著正相关关系。

　　应用现代化、一云多芯、分布式云等十大关键词揭示了云计算产业发展的重要趋势。透过 2023 年度十大关键词可以看出，当前经济社会加速数字化转型，云计算作为数字经济的重要"底座"，正在赋能千行百业转型升级，企业上云、用云持续深入，云计算服务模式创新提速，云安全重要性日渐提升。

11.1　云计算发展趋势

　　自云计算诞生以来，其相关产业一直以超高的速度发展。云计算重新定义了服务模式，SaaS、PaaS 和 IaaS 的采用率将以不同的增长率持续增长。全球各国将云计算看作抢占新一轮科技革命制高点的关键环节。云计算巨头厂商在全球化布局基础上，纷纷调整发展重心，并聚焦热点区域、热点领域和热点方向，试图在市场上抢得先机。

微课 11-1
云计算发展
趋势

11.1.1　中国云计算发展趋势

　　近年来在产业转型的过程中，我国各行业企业纷纷利用云计算、人工智能等新兴技术，提升企业生产效率、创新能力和资源利用率，带动发展模式变革，为最终实现数字化转型奠定了坚实基础。云计算已成为支撑企业数字化转型的核心基础设施。

1. 市场层面

从整体来看，我国云计算市场保持高速增长。据中国信通院统计，2022年我国云计算市场规模达4 550亿元，较2021年增长40.91%。其中，公有云市场规模增长49.3%至3 256亿元，私有云市场增长25.3%至1 294亿元。相比于全球19%的增速，我国云计算市场仍处于快速发展期，预计2025年我国云计算整体市场规模将突破万亿元。

从细分领域来看，PaaS、SaaS增长潜力巨大。2022年，IaaS市场收入稳定，规模在2 442亿元，是PaaS加SaaS的3倍，增速达51.21%，较2021年同比下降29.24%，预计长期增速将趋于平稳；PaaS市场受容器、微服务等云原生应用带来的刺激增长强势，总收入3 442亿元，增长74.49%，结合人工智能大模型等发展趋势，预计未来几年将成为增长主战场；SaaS市场保持稳定增长，营收472亿元，增速27.57%，作为中小型企业上云的典型模式，在政策对中小企业数字化转型驱动下，SaaS市场预计将迎来一波激增。

从厂商层面来看，运营商强势增长引领新一轮市场发展。财报数据显示，2022年电信运营商云计算市场增长迅猛，天翼云、移动云、联通云分别营收579亿元、503亿元和361亿元，增速均超100%，远超行业平均水平。据中国信通院调查统计，阿里云、天翼云、移动云、华为云、腾讯云、联通云占据中国公有云IaaS市场份额前六，在公有云PaaS方面，阿里云、华为云、腾讯云、天翼云、百度云处于领先地位。

2. 产业层面

从产业模式上，应用现代化赋能全场景应用，加速产业数字化升级。应用现代化是一个长期的、持续演进的，通过应用的现代化建设不断贴近从而最终实现业务价值、达成企业战略目标的过程，涵盖旧应用的现代化改造和新应用的现代化构建。

从产业架构上看，一云多芯既可以贴合多元算力新需求，又能够支撑业务场景多形态。一云多芯作为云计算的全新技术架构，通常指用一套云操作系统来管理不同类型芯片、架构、接口、技术栈等硬件服务器集群。在如今算力需求爆炸的人工智能时代，一云多芯为各行各业践行数字化转型提供了有力支持。

从产业流程上看，平台工程以产品化、自助式的开发者平台，满足多场景下应用研发需求。平台工程是一种自助式内部开发者平台的技术架构和运营管理模式，为云时代的软件工作组织提供应用交付和管理服务。平台工程师提炼出了一套可复用的组件服务和业务流程，工程化运作成为平台产品，平台产品随着组织变化而演进，其各个组件可根据实际使用情况来升级扩展。

从产业稳定上看，云上系统稳定性挑战持续存在，系统稳定性保障体系不断完善、技术不断创新。云上系统自带"分布式"属性，各模块之间依赖关系错综复杂，给服务性能分析、故障定位、根因分析等带来了诸多困难；云上系统故障率随设备数量的增加而呈指数级增长，单一节点问题可能会被无限放大，日常运行过程中一定会伴随"异常"发生；同时，节点分布范围更广，节点数量更多，对日常运维过程中的日志采集、变更升级等都带来了新的挑战。

从产业安全上看，云原生革新云上软件架构与应用模式，加速了云安全向云原生安全演进。云原生经过多年发展，已实现全行业高质量规模化落地。云原生革新了传统用云方式，驱动传统应用充分享受云原生化红利，也给传统安全防护体系带来了新的挑战。同时，云原生轻量敏捷、高可靠、可编排的技术优势又为传统安全注入了新的活力，为安全与基础设施、业务应用的深度融合提供了可能。

3. 行业层面

从行业应用来看，我国云计算应用已从互联网拓展至政务、金融、电信、工业、交通、能源等传统行业，但各行业应用水平参差不齐，应用深度呈现阶梯状分布。

第一梯队行业上云用云处于成熟期，已从全面上云过渡到深度用云，如政务、金融、电信等行业。上云已经成为各地政府、金融机构和电信运营商数字化转型的必选项。

第二梯队行业上云用云处于成长期，企业上云热度持续攀升，如工业、交通、医疗等行业。过去几年，我国工业制造、汽车、轨道交通、医疗等云市场呈现出爆发式增长态势。

第三梯队行业上云用云处于探索期，云平台建设与应用处于规划和发展阶段，如石油化工、钢铁冶金、煤矿、建筑等行业。第三梯队行业上云一般具有业务流程长且复杂、数据来源多且流通差、IT 技术储备不足等特点。

11.1.2　云计算未来发展展望

随着上云进程的持续加深，企业需求逐步向用云转移，效率、性能、安全等成为用户关注点，应用现代化、一云多芯、平台工程、云成本优化、系统稳定性、云原生安全等新技术层出不穷，满足用户多样性场景需求，助力产业数字化升级。

1. 云计算存在的问题

随着计算机网络的快速发展，一些亟待优化解决的问题也逐渐突显出来。这些问题主要体现在以下几个方面。

（1）设施的可用性

近年来，每当有云服务商的服务器集群发生失效问题时，所造成的经济损失都是巨大的。为了有效地为大量用户提供高质量的服务，云服务提供商必须首先保证其物理设施的高可用性。

（2）数据的同步性

由于同时使用部署在全球多个位置的服务器，所以如何保持不同位置的多集群之间的同步，使各个位置的用户及时获得相同的内容变得非常具有挑战性。

（3）接口的标准性

接口的标准性主要表现在两个方面：首先是云服务商的运营标准不同，难以对相似业务做出比较，导致竞争混乱；其次是不同厂商提供的 API 不同，提高了用户更换云服务商的成本。

（4）信息保密及法律法规问题

传统法律管辖权理论主要以地域和国籍为基础，基本上都对个人数据的跨境流动做出了严格的限制。然而，云计算与这种传统的法律模式存在矛盾。如果隐私保护法律对云计算进行地域限制，会束缚它的服务功能和效果，有违云计算的内在特性；如果对其毫无限制，又会使频繁进行跨境传输的个人数据处于失控状态，不能有效保护数据主体的权益。因此，云计算对传统的隐私管辖权理论提出了严重的挑战。如何在遵守当地法律的情况下保证其用户数据的私密性，不仅需要云服务商对其服务做出定制性的修改，也需要国家层面加速相关法律的制定和落实。

2. 云计算的发展展望

随着人工智能大模型、全真互联等应用发展，产业对多样性异构算力、高质量确定性网络的需求不断提升。在云计算的持续推动下，算力服务加速发展，并在架构、功能、模式等方面衍生出全新范式。

（1）以数据为中心支撑算力服务

以数据为中心的计算体系，面向管理流计算提供专用计算设备，将 CPU 从复杂的管理流数据处理中解放出来，以更好地让 CPU 在其擅长的计算领域发挥作用效能，从而实现整体算力的提升。云服务商替用户完成管理流与数据流的计算分离，支撑以计算为中心向以数据为中心过渡。

（2）持续驱动算力服务创新发展

云计算的发展促进算力分发链条中感知接入、路由转发和融合调度等方面创新升级。随着应用场景的不断丰富，通用计算已难满足日益增长的用户诉求，智算、超算等异构资源需求高涨，如何实现广泛、高效地泛在异构资源调用，成为算力服务演进道路上亟须解决的新问题。在此发展趋势下，产业依托云计算技术加快发展算力并网，通过引入区块链等技术，开发统一规范化的资源接口，实现对于跨地域、跨服务商、跨层级的算力资源的全局纳管与感知接入，打破资源提供商之间的壁垒，形成算力资源一张网，有效促进算力资源的流动。

（3）重构算力服务供需新模式

传统云服务交易模式，主要以使用方与云厂商之间进行"一对一"租赁模式为主，在云计算演进过程中，这种模式的弊端逐渐显露。传统模式下，使用方依靠自身能力决定所选择的云服务类型，云服务商提供资源进行部署，使用方无法感知到周围可能存在的其他更加高效的算力资源。随着云计算的发展，资源提供方与使用方逐渐产生新的诉求，资源提供方更加关注如何使算力资源得到充分利用，而资源使用方则更加关注在多重诉求之下，获得最优算力资源。

11.2　云计算相关的新一代信息技术

微课 11-2
云计算相关的新一代信息技术

云计算能够借助虚拟化技术将数十万台服务器虚拟成一个统一的系统，忽略各服务器硬件和操作系统方面的差异，实现资源的统一调度和部署，为用户提供强大的计算能力和海量存储能力。而在万物互联的时代，数据产生的速度越来越快，数据量也越来越大，各种新兴技术以及应用对响应时间和隐私保护也提出了更高的要求。

11.2.1　云计算与物联网

物联网是一个很基本的概念，简单来说，就是"在世界上所有东西之间建立连接"，如各种家用电器（冰箱、洗衣机、微波炉等）、可穿戴设备（手表、耳机、心脏起搏器等）、个人电子产品（手机、笔记本计算机等），还有环境中的各种装置（电梯、灯、开关、水阀等）。在工业领域，则是各种设备和部件之间的互联互通，如交通信号灯、机床上的各个组件、飞机发动机中的各个组成部分等。如果这一切都可以互联互通，就可以通过所采集和交换的数据得到更丰富的信息，从而为生活提供便利，同时也会重新塑造人们的工作模式。

云计算与物联网已密不可分。云计算作为功能强大且互联的计算网络，只要网络可达，就可以为世界上任一角落提供计算资源。对于物联网来说，各类设备、终端和传感器不断采集环境数据，要根据需求做出决策，就必须对数据进行汇总和分析，而这就是云计算平台的价值所在。例如，在一个典型的智慧城市场景中，每栋智能写字楼都具有上万个不同类别的传感器，通过利用云计算，将所有智能楼宇的传感器数据采集到一起进行分析，就可以为城市的电力、交通等系统提供决策意见，而在这个过程所需的大范围数据连接、大规模数据采集、海量数据分析和计算等都是云计算平台所擅长的，通过云计算，其成本和可伸缩性也会得到极大优化。

将云计算的云计算、云存储、云服务、云终端等技术应用于物联网的感知层、应用层及网络层，可以解决以下物联网中海量信息和数据的管理问题。

① 有效解决物联网中服务器节点的不可靠问题，降低服务器发生故障的概率。

② 实现弹性扩展，保障物联网的低投入和高产出。

③ 实现信息资源的共享。

云计算与物联网二者相辅相成，其中云计算是物联网发展的基石，同时作为云计算的最大用户之一，物联网又不断促进着云计算的迅速发展。

11.2.2　云计算与大数据

云计算对于大数据的发展具有非常重要的意义。大数据必然无法用单台计算机进行处理，必须采用分布式计算架构。大数据技术的特色在于对海量数据的挖掘，但它必须依托云计算的分布式处理、分布式数据库、云存储和虚拟化技术。所以，云计算平台为大数据提供了各种服务支撑，如存储、算力、安全等。云计算还能够在很大程度上为大数据拓展采集数据的渠道，因为云计算未来向行业领域的垂直发展将整合大量的行业数据，这对于大数据来说具有非常重要的意义。从这个角度来看，云计算是产生大数据概念的重要因素之一，如果没有云计算的发展，则很难有大数据技术的突破。

1. 大数据和云计算的相同点

大数据和云计算的相同点在于它们都涉及数据存储和处理服务，都需要占用大量的存储和计算资源，因而都要用到海量数据存储技术、海量数据管理技术等。随着数据量的递增、数据处理复杂程度的增加，相应的性能和扩展瓶颈将会越来越大。在这种情况下，云计算所具备的弹性伸缩和动态调配、资源虚拟化、按需使用及绿色节能等基本功能正好契合新型大数据处理技术的需求。在数据量呈爆发式增长和对数据处理要求越来越高的当下，实现大数据和云计算的结合，才能最大程度地发挥二者的优势，满足用户的需求，带来更高的商业价值。

2. 大数据和云计算的区别

① 目的不同：大数据是为了发掘信息价值，而云计算主要是通过互联网管理资源，提供相应的服务。

② 对象不同：大数据的对象是数据，而云计算的对象是互联网资源和应用等。

③ 背景不同：大数据的出现主要是由于用户和社会各行各业所产生的数据呈现几何级数的增长；而云计算的出现主要是由于用户服务需求的增长，以及企业处理业务能力的提高。

④ 价值不同：大数据的价值在于发掘数据的有效信息，而云计算则可以大量节约使用成本。

11.2.3　云计算与人工智能

人工智能是依靠海量数据归纳学习而产生的，而海量数据的处理离不开云计算。在云计算环境下，所有的计算资源都能够动态地从硬件基础架构上进行增减，通过弹性扩展伸缩以适应工作任务的需求。云计算基础架构的本质是通过整合和共享动态的硬件设备供应来实现IT投资的利用率最大化，这就使得使用云计算的单位成本大大降低，同时也非常有利于人工智能的商业化运营。

人工智能算法需要依赖于大量的数据，而这些数据往往需要面向某个特定的领域进行长期的积累收集。若没有数据，那么人工智能就是纸上谈兵。云计算服务提供商往往积累了大量数据，人工智能算法可以运行在这些数据之上，并将结果作为服务提供，即相当于云计算中的SaaS。同时，运行深度学习的人工智能算法需要极其强大的计算能力，而云平台提供的即时可用的、强大的、弹性伸缩的计算能力，能够保障人工智能算法在可接受的时间内运行成功。

11.2.4   云计算与5G

在面向5G的移动通信时代，移动云计算将成为其创新性服务技术的典型代表。结合5G移动通信技术，移动行业内部的基础设施、应用资源数据存储等方面均会产生巨大的变革。5G提供的远端智能计算服务，结合无线接入网技术，可以构建分布式移动计算网络，为移动用户提供更加丰富的应用以及更好的用户体验。

5G的落地应用对云计算的普及会起到全面的促进作用。由于5G技术明显提升了移动网络的响应效率、可靠性和单位容量，5G技术承载的移动互联网则能为云计算提供随时随地的、高带宽低时延的、性能可靠的、价格便宜的接入服务，这必将大大促进云计算的发展，使云计算的用户从原来必须依赖固定宽带线路的中心城市、城镇扩展到乡村或各种移动场景，实现随时随地的云接入。

在5G时代，云计算的发展趋势将有以下几个特点：一是在消费互联网领域终端计算将向云端迁移；二是在产业互联网领域云计算将与边缘计算结合应用；三是云计算将从行业的角度激发创新。

11.3   其他新兴技术

微课11-3
其他新兴
技术

随着网络以及信息技术的不断发展，越来越多的终端设备，如可穿戴设备、环境监控设备、传感器、虚拟现实设备等，具有了接入互联网的能力，并产生了海量的不同数据之间的交互，进而产生了一些新技术和交叉领域的融合发展。

11.3.1   区块链

区块链包含两个概念：分布式账本和智能合约。分布式账本是一个独特的数据库，这个数据库就像一个网络，每个使用区块链的人都会建立一个个人分布式账本。通过数学和密码学方法的处理，个人分布式账本可以始终记住一个固定的序列，并且内容很难被篡改。智能合约是交易双方相互联系的约定和规则，任何人都不能改变，以防止违约。

1. 区块链的特点
区块链技术的主要特点如下。
（1）分布式网络
区块链以分布式网络为基础构建，数据库账本分散在网络中的每个节点上，每个节点都有一个该账本的副本，所有副本同步更新，而不是集中存放在数据中心或某个服务器上，这体现了去中心化的特点。

（2）可建立信任

区块链跟大数据多少有点不同，它从根本上改变了中心化的信用创建方式。区块链技术通过数学原理而非中心化信用机构来低成本地建立信用，以算法程序来表达规则，规则公开透明，通过共识协议和可编程化的智能合约，来执行多方协作的交易、交互的商业模式，不需借助第三方权威机构建立信任关系；同时可以引入法律规则和监管节点，避免无法预知的交易风险。

（3）公开透明

除了对交易各方的私有信息进行加密外，区块链数据对所有人公开透明，所有用户看到的是同一个账本，所有用户都能看到这一账本记录的每一笔交易，任何人都能通过公开的接口，对区块链数据进行查询，并能开发相关应用。

（4）不可篡改

密码学算法和共识机制保证了区块链的不可篡改性。所谓不可篡改，即信息一旦经过验证并添加到区块链，就会被永久地存储起来，除非同时控制系统中超过 51% 的节点，否则单个节点对数据库的修改是无效的。因此，区块链数据的稳定性和可靠性都非常高。

2. 区块链与云计算的关系

云计算是一种按需分配、按使用量付费的模式，用户只要进入可配置的计算资源共享池，进行必要的管理或与服务提供者进行少量交互，这些资源就能被快速提供，而区块链则建立了一个信任系统。两者似乎没有直接的关系。但是区块链本身就是一种资源，并且存在按需供应的需求，这实际上也是云计算的重要特点。云计算和区块链是可以相互融合的，这种融合是如何实现的呢？

从宏观的角度来看，一方面，区块链可以使用现有的云计算基础服务设施或根据实际需求进行相应的改变，加快开发和应用流程，以满足初创企业、学术机构、开源机构、联盟和金融等机构对区块链应用的需求；另一方面，"可信、可靠、可控"是云计算必须跨越的门槛，而区块链技术的特点是分布式网络、可建立信任、公开透明和不可篡改，这与云计算的长期发展目标是一致的。

从存储的角度来看，云计算中的存储和区块链中的存储都是由普通存储介质组成的；不同之处在于，云计算中的存储是一种独立存在的资源，一般采用共享的方式，由应用来选择；区块链中的存储指的是链中每个节点的存储空间，区块链中存储的价值不是存储本身，而是相互链接的块，这是一种特殊的存储服务。

从安全性的角度来看，云计算的安全性主要是为了保证应用程序能够安全、稳定、可靠地运行，这种安全属于传统安全的范畴。区块链中的安全性是确保每个数据块不被篡改，并且没有私钥的用户不能读取数据块的记录内容。因此，只要将云计算和基于区块链的安全存储产品结合起来，就可以设计出加密存储设备。

11.3.2　边缘计算

边缘计算是在网络边缘执行计算的一种新型计算模型，它的基本理念是将计算任务卸载至更加接近数据源（用户端）的计算资源上运行。一方面，这些计算资源的实际部署位置较为灵活，没有明确限定。例如，面向具有高度时延敏感需求的新型应用用户，应首要考虑其边缘计算节点与终端设备之间的物理距离，为降低数据传输时延，如将边缘计算节点部署在基站等处；面向工业、企业、机构等专用应用用户时，应首要考虑业务应用服务的覆盖范围以及数据传播范围引起的数据隐私保护问题，将边缘计算平台部署在园区内部等处。另一方面，边缘平台可以是纯软件形态，也可以是集成中间件的硬件网关，结构多样。

边缘计算是去中心化或分布式的云计算，原始数据不传回云端，而是在本地完成分析和处理。由于边缘计算有着实际需求的支持，特别是在物联网中被大量应用，因此边缘计算有可能成为下一个像云计算一样成功的技术爆发点。边缘计算是为解决云计算时延、功耗、数据隐私和数据安全等问题而产生的技术。

边缘计算和云计算的本质是相同的，都是处理海量数据的一种计算方式，只是计算发生的位置不一样：边缘计算执行计算的位置在边缘，而云计算则在云端。边缘计算是云计算的延伸和扩展，需要云计算的强大计算能力及海量存储能力的支撑；云计算中心也需要边缘计算模型对海量物联网数据进行预处理，从而满足低时延、隐私保护、低功耗等需求。

边缘计算具有以下优势。

1. 实时性

如边缘计算在车联网中的应用，对于相当于一台高性能计算机的自动驾驶汽车来说，需要通过大量传感器实时对周围环境中的数据进行收集，所以对数据时延的要求比较高。云计算是在云端处理数据的技术，来回传输数据需要花费一定的时间，在汽车自动驾驶这种场景下，数据传输的时间过长，云计算的数据处理便会滞后，这是不可接受的。所以边缘计算脱颖而出，它可以让自动驾驶汽车的数据在车辆端就可以得到处理，而不需要上传到云端进行处理。

2. 在边缘节点可以完成智能性网络中的大量功能

传统架构中很多功能都需要中央服务器进行处理，而如今很多服务都可以直接在边缘进行，如身份验证、日志过滤、数据整合、图像处理和 TLS（HTTPS）会话设置等。

3. 数据聚合性

一台自动驾驶汽车运行时会产生海量的数据，这些数据可以在边缘节点进行初步处理，之后在中心服务器再进行处理。如同公司的各个部门负责人遇到一些困难时，会汇总各自部门面临的问题和一些困难，最终汇报给总经理，这样总经理看到的是他们整理过的很直观的数据。

11.3.3　微服务

微服务是应用程序架构领域的另一个热门话题，它被认为是面向服务的架构（Service-Oriented Architecture，SOA）下的最终产物。微服务作为一种架构模式，提倡将单一应用划分成一组小的服务，各服务能够独立运行，服务之间相互协调、相互配合，为用户提供最终价值。

微服务将原有业务功能分解成多个小的服务，每个服务运行在其独立的进程中，服务与服务间采用轻量级的通信机制相互沟通（通常是基于 HTTP 的 REST API），每个服务都围绕着具体业务进行构建，并且能够被独立地部署到生产环境、类生产环境中。

微服务架构模式已成为应用程序云端化的一种流行的架构模式，其核心是将复杂应用划分成小颗粒度、轻量级的自治服务，并围绕微服务开展服务的开发和服务的治理。

1. 微服务的特性

（1）自主性

微服务可以对其架构中的每个组件服务进行开发、部署、运营和扩展，而不影响其他服务的功能。这些服务不需要与其他服务共享任何代码或实施。各个组件之间的任何通信都是由通过明确定义的 API 进行的。

（2）专用性

微服务的每项服务都是针对一组功能而设计的，并专注于解决特定的问题。如果开发人员逐渐将更多代码增加到一项服务中并且使这项服务变得复杂，那么可以将其拆分成多项更小的服务。

2. 微服务的优势

（1）敏捷性

微服务促进若干小型独立开发团队形成一个组织，这些开发团队负责自己的服务。各开发团队在小型且易于理解的环境中行事，并且可以更独立、更快速地工作。这缩短了开发周期。并使开发团队可以从组织的总吞吐量中显著获益。

（2）灵活扩展

通过微服务，可使开发团队独立扩展各项服务以满足其支持的应用程序功能的需求。这使开发团队能够适当调整基础设施需求，准确衡量功能成本，并在服务需求激增时保持可用性。

（3）轻松部署

微服务支持持续集成和持续交付，可以轻松尝试新想法，并可以在无法正常运行时回滚。由于故障成本较低，因此可以大胆试验，更轻松地更新代码，并缩短新功能的发布时间。

（4）技术自由。微服务架构不遵循"一刀切"的方法。开发团队可以自由选择最佳工具来解决用户的具体问题。因此，构建微服务的开发团队可以为每项作业选择最佳工具。

（5）可重复使用的代码

将软件划分为小型且明确定义的模块，让开发团队可以将功能用于多种目的。专为某项功能编写的服务可以用作另一项功能的构建块。这样应用程序就可以自行引导，因为开发人员可以创建新功能，而无须从头开始编写代码。

（6）弹性

微服务的独立性增加了应用程序应对故障的弹性。在整体式架构中，如果一个组件出现故障，可能导致整个应用程序无法运行。通过微服务，应用程序可以通过降低功能而不导致整个应用程序崩溃来处理总体服务故障。

【拓展阅读】

《2023 年十大新兴技术报告》

世界经济论坛第十四届新领军者年会 2023 年 6 月 27 日在中国天津举行。论坛公布的《2023 年十大新兴技术报告》，揭示了在未来 3~5 年内将对世界产生最大影响的新兴技术。十大新兴技术主要包括柔性电池、生成式人工智能、可持续航空燃料、工程噬菌体、改善心理健康的元宇宙、可穿戴植物传感器、空间组学、柔性神经电子学、可持续计算、人工智能辅助医疗。

【实训任务】

互联网的发展推动了云技术的发展和应用，新一代信息技术的融合发展，改变了经济社会的管理方式，并将促进行业融合发展，推动产业转型升级，助力智慧城市建设，创新商业模式和改变科学研究的方法。请收集资料分析整理，综合阐述这些新一代信息技术对自身专业领域或感兴趣的行业领域的发展和影响。除了本书中提及的技术外，你还知道哪些新兴技术？

【单元测试】

一、选择题

1. IoT 是（　　）的缩写。

　A. 互联网　　　　　　　B. 物联网　　　　　　C. 车联网　　　　　　D. 企业内联网

2.（　　）不属于物联网的核心技术。

　A. 传感器　　　　　　　B. RFID　　　　　　　C. 网格计算　　　　　D. 云计算

3. 下列关于大数据的说法错误的是（　　）。

　A. 大数据处理技术是一种刚诞生的全新技术

　B. 大数据无法在一定时间范围内用常规软件工具进行捕捉、管理和处理

　C. 数据多样性是大数据的一个显著特点

　D. 大数据可分为结构化数据、非结构化数据和半结构化数据三类

4.（　　）不是人工智能的主要研究领域。

　A. 智能机器人　　　　　B. 机器学习　　　　　C. 专家系统　　　　　D. 并行计算

5. 5G 的落地应用对云计算进一步普及的最主要促进作用体现在（　　）。

　A. 5G 能为云计算提供随时随地的、高带宽低时延的、性能可靠的、价格便宜的接入服务

　B. 5G 能提高云计算的计算速度

　C. 5G 能为云计算带来丰富的应用场景

　D. 5G 使得云计算的服务更加便宜

6. 下列（　　）不是边缘计算的特点。

　A. 低时延　　　　　　　B. 离设备远　　　　　C. 高带宽　　　　　　D. 安全性

7. 边缘计算中的计算卸载是把移动终端的任务卸载到近处的边缘计算服务器上运行，下列（　　）不是计算卸载主要解决的问题。

　A. 资源存储　　　　　　B. 续航能力　　　　　C. 时延　　　　　　　D. 计算性能

8.（　　）是区块链最早的一个应用，也是最成功的一个大规模应用。

　A. 以太坊　　　　　　　B. 联盟链　　　　　　C. 虚拟货币　　　　　D. Rscoin

9.（　　）能够为金融行业和企业提供技术解决方案。

　A. 以太坊　　　　　　　B. 联盟链　　　　　　C. 虚拟货币　　　　　D. Rscoin

10.（　　）不是微服务的特点。

　A. 小　　　　　　　　　B. 独（独立性）　　　C. 廉（廉价）　　　　D. 松（松耦合）

二、简答题

1. 谈谈你对云计算发展趋势的看法。
2. 简述物联网、大数据、人工智能与云计算之间的关系。
3. 简述边缘计算技术与云计算的关系。
4. 谈谈对区块链的认识。

参考文献

［1］董娟，杨百灵，刘姝玉.新一代信息技术通识教程［M］.北京.高等教育出版社，2021.

［2］黄倩，桑一梅.新一代信息技术基础［M］.北京：人民邮电出版社，2022.

［3］韩毅刚，冯飞，杨仁宇.物联网概论［M］.北京：机械工业出版社，2018.

［4］郎为民，马卫国，张寅等.大话物联网［M］.北京：人民邮电出版社，2020.

［5］米勒.万物互联［M］.赵铁成，译.北京：人民邮电出版社，2016.

［6］徐卫卫.走进物联网［M］.北京：机械工业出版社，2019.

［7］林子雨.大数据导论：数据思维、数据能力和数据伦理：通识课版［M］.北京：高等教育出版社，2020.

［8］维克托·迈尔-舍恩伯格.大数据时代：生活、工作与思维的大变革［M］.盛杨燕，周涛，译.杭州：浙江人民出版社，2012.

［9］牟智佳.教育大数据与学习分析［M］.北京：电子工业出版社，2022.

［10］余庆，李玮峰.交通大数据分析、挖掘与可视化（Python 版）［M］.北京：清华大学出版社，2022.

［11］余明辉.人工智能导论［M］.北京：人民邮电出版社，2021.

［12］尼克.人工智能简史［M］.2 版.北京：人民邮电出版社，2021.

［13］丁艳.人工智能基础与应用［M］.北京：机械工业出版社，2021.

［14］钟柏昌.Python 基础案例教程（微课版）［M］.北京：人民邮电出版社，2022.

［15］江跃龙，孟思明，刘薇.人工智能——赋能万物智联的人工智能技术应用［M］.成都：西南交通大学出版社，2023.

［16］吕云翔，柏燕峥，许鸿智，等.云计算导论［M］.北京：清华大学出版社，2022.

［17］易海博，池瑞楠，张夏衍.云计算基础技术与应用［M］.北京：人民邮电出版社，2020.

［18］王良明.云计算通俗讲义［M］.3 版.北京：电子工业出版社，2019.

［19］华为有限公司.云计算技术［M］.北京：人民邮电出版社，2021.

［20］王瑞锦.区块链技术及应用［M］.北京：人民邮电出版社，2022.

读者意见反馈

为收集对教材的意见建议，进一步完善教材编写并做好服务工作，读者可将对本教材的意见建议通过如下渠道反馈至我社。

咨询电话　400-810-0598

反馈邮箱　gjdzfwb@pub.hep.cn

通信地址　北京市朝阳区惠新东街 4 号富盛大厦 1 座　高等教育出版社总编辑办公室

邮政编码　100029